"十三五"普通高等教育本科规划教材

U0287877

水力学

主　编　李朝明　李　寻
副主编　王东亮　李俊叶
编　写　李海林　李泽兵　张艳梅
主　审　赵　昕

中国电力出版社
CHINA ELECTRIC POWER PRESS

内 容 提 要

本书为"十三五"普通高等教育本科规划教材,是依据高等学校给排水科学与工程专业指导委员会关于水力学课程教学要求而编写的,讲授课时为 50~60 学时。全书共 9 章,主要内容包括水静力学,水动力学,流动阻力及其水头损失,量纲分析和相似原理,孔口、管嘴出流和有压管流,明渠流,堰流,渗流。教材覆盖了全国注册土木工程师水力学大纲要求的全部内容。

本书可作为高等院校给排水科学与工程专业、环境工程专业及土建类各相关专业教材,也可作为勘察设计注册工程师考试的参考用书,还可供从事水力学相关工作的工程技术人员参考。

图书在版编目(CIP)数据

水力学/李朝明,李寻主编. —北京:中国电力出版社,2018.8(2019.8 重印)

"十三五"普通高等教育本科规划教材

ISBN 978-7-5198-1901-9

Ⅰ. ①水…　Ⅱ. ①李…②李…　Ⅲ. ①水力学－高等学校－教材　Ⅳ. ①TV13

中国版本图书馆 CIP 数据核字(2018)第 066443 号

出版发行:中国电力出版社
地　　址:北京市东城区北京站西街 19 号(邮政编码 100005)
网　　址:http://www.cepp.sgcc.com.cn
责任编辑:孙　静(010-63412542)
责任校对:闫秀英
装帧设计:赵姗姗
责任印制:吴　迪

印　　刷:北京雁林吉兆印刷有限公司
版　　次:2018 年 8 月第一版
印　　次:2019 年 8 月北京第二次印刷
开　　本:787 毫米×1092 毫米　16 开本
印　　张:12.75
字　　数:305 千字
定　　价:32.00 元

前 言

水力学是给排水科学与工程专业的一门核心专业基础课程，主要研究液体运动的规律及液体与边界的相互作用，在水工程建设中广泛的应用，同时也是高等学校众多工科专业的必修课之一。

本书是依据高等学校给排水科学与工程本科指导性专业规范关于水力学课程教学要求编写的，注重物理概念的阐述及液体现象的分析，以水力学的基本概念、基本原理为主，避免繁琐的数学推导，力求与工程实际相结合。本书主要用于给排水科学与工程专业本科教学，适当兼顾环境工程、土木工程等专业的要求。同时每章精选了思考题和习题，方便学生熟练掌握各知识点。

本书以本科生培养目标和适用于水力学教学目的为总指导思想，在保证基础知识的前提下，精选、吸收现有国内外水力学教材的优点，适当反映学科新发展，力求更具启发性、先进性和教学的适用性。

本书主要介绍水力学的基本概念、基本理论和解决水力学问题的基本方法，内容包括水静力学和水动力学的基础理论，流动阻力与水头损失，孔口、管嘴出流和有压管流，明渠流动，堰流，渗流，量纲分析和相似原理等内容。教材覆盖了全国注册土木工程师水力学大纲要求的全部内容。

本书由李朝明、李寻主编，王东亮、李俊叶副主编。第 1、5、7、8、9 章由李朝明编写，第 2、3 章由李寻、李朝明编写，第 4 章由李俊叶、李朝明编写，第 6 章由王东亮、李朝明编写。李泽兵、李海林、张艳梅对全书进行了部分文字、图表校对工作。全书由李朝明统编定稿，赵昕主审。

本书在编写过程中得到了中国电力出版社、东华理工大学、华东交通大学、合肥工业大学、华东交通大学理工学院等单位的大力支持，并得到江西省高等学校省级精品资源共享课程水力学教学质量工程项目的支持，在此一并表示由衷的感谢。

由于编者水平所限，错漏和不当之处在所难免，恳请广大读者不吝指正。

编 者

2018 年 7 月

目 录

第1章 概 论

教学基本要求

明确水力学课程的性质和任务。要求了解液体的基本特征，连续介质和理想液体的概念及在水力学研究中的作用；了解质量力、表面力的定义，单位面积表面力（压强、切应力）和单位质量力的物理意义。重点掌握液体的重力特性、惯性、黏滞性，包括牛顿内摩擦定律及适用条件。理解液体5个主要物理性质的特征和度量方法。

学习重点

连续介质和理想液体的概念，液体的基本特征和主要物理性质，液体的黏滞性和牛顿内摩擦定律及其应用条件。

液体及水力学现象充斥在人们日常生活和生产的各个方面，如水的流动、管道内液体的流动、土壤内水分的运动、地球深处熔浆的流动、石油通过地质结构的运动等。水力学是土木工程、城市建筑工程、环境工程、水利工程、机械工程及生物工程等诸多领域研究和应用的最基础的学科之一。因此，从事与液体流动相关的研究和工程应用的技术人员都应该或必须了解水力学的基本原理及应用。

1.1 水力学的任务及其发展简史

水力学是高等工科院校很多专业的一门重要专业基础课，它是力学的一个分支，其发展和数学、普通力学的发展密不可分，也是人类长期和自然界斗争的结果，是人类智慧的结晶。

1.1.1 水力学的任务

水力学的主要任务是研究液体（主要是水）的平衡和机械运动规律及其实际应用。自然界的物质一般有三种存在形式，即固体、气体和液体。气体和液体统称为流体。在人们的生活和生产活动中随时随地都可遇到流体，所以水力学是与人类日常生活和生产事业密切相关的。大气和水是最常见的两种流体，大气包围着整个地球，地球表面的70%是水。大气运动、海水运动（包括波浪、潮汐、中尺度涡旋、环流等），乃至地球深处熔浆的流动都是流体力学的研究内容。本书主要探讨液体（主要是水）的运动。

水力学研究的对象主要是液体内部及其与相邻固体和其他液体之间的动量、热量及质量的传递和交换规律，这个问题不仅广泛存在于自然界和各种工程技术中，而且随着生产的发展、科学技术的进步和人民生活的改善，不断扩大、充实、更新和提高。

水力学是力学的基本原理在液体中的应用。力学原理包括质量守恒、能量守恒和牛顿运动定律。水力学的基本内容可以分为：研究液体处于平衡状态时的压力分布和对固体壁面作用的液体静力学；研究不考虑液体受力和能量损失时的液体运动速度和流线的液体运动学；

研究液体运动过程中产生和施加在液体上的力和液体运动速度与加速度之间关系的液体动力学。

1.1.2　水力学的发展简史

水力学是在人类同大自然作斗争、在长期的生产实践中，通过科学实验逐渐发展起来的。人们最早对流体知识的认识是从治水、供水、灌溉、航行等方面开始的，在远古时代就在诸多方面取得了很大的成就。早在公元前 2000—公元前 1000 年，埃及、古巴比伦、罗马、希腊和印度等地的水利工程、造船和航海等事业的发展就是很好的例证，说明人们在大量的与自然作斗争和生产实践中，对水流运动的规律有了一定的认识。而我们的祖先在水利工程方面也同样做出过许多杰出的贡献。公元前 300 多年，人们为了消除岷江水患和发展农业生产，在四川成都境内修建了著名的都江堰水利工程，将岷江分为内外两江。在枯水期，由内江满足下游的灌溉用水；在洪水期，由外江泄洪保证下游灌区的安全，由此总结出"深淘滩、低作堰"，说明当时人们对明渠水流和堰流已经有了一定的认识和掌握。由公元前 485 年开始修建直到隋朝才完成的大运河，全长 1782km，运河多处使用的船闸及各段设置的合理性，充分说明了我国劳动人民在建设水利工程领域的聪明才智。这些工程至今仍在农业生产和交通等方面起着重要作用。

西方记录最早从事水力学研究的是古希腊学者阿基米德（Archimedes，公元前 287—212）著的《论浮体》一书开始的。他第一个阐明了相对密度的概念，发现了各种不同的物体有不同的密度——密度原理；发现了水静力学的基本原理——浮力定律。他证明了任何一种液体的液面，在静止时与地球表面呈同一曲面，此曲面的中心即地心。他的这些著名论断至今仍是水静力学的重要基础。

15 世纪末以来，随着文化、思想及生产力的发展，水力学也与其他学科一起有了显著的发展。著名物理学家和艺术家列奥纳德·达芬奇（Leonardo da-Vinci，1452—1519）系统地研究了沉浮、孔口出流、物体的运动阻力等问题，促进了这一时期水力学的发展。1687 年，牛顿（Newton，1642—1727）提出了流体黏性的概念，通过实验建立了流体内摩擦力的确定方法——牛顿内摩擦定律，为黏性流体力学初步奠定了理论基础。1738 年，伯努利（Daniel Bernouli，1700—1783）对孔口出流和管道流动进行了大量的观察和测量研究，建立了流体位势能、压强势能和动能之间能量转换关系——伯努利方程。欧拉（L.Euler，1707—1783）可称为理论流体力学的奠基人，他提出了描述无黏性流体的运动方程——欧拉运动微分方程。拉格朗日（Lagrange，1736—1813）在前人基础上进一步发展了流体力学的解析方法，严格地论证了速度势的存在，并提出了流函数的概念，运用这些概念可将复杂的流体问题转化为纯数学问题。

从 19 世纪起，由于工农业生产的蓬勃发展，大大促进了流体力学的进展。随着生产规模逐渐扩大，技术更为复杂，以纯理论分析为基础的流体力学和以实验研究为主的水力学已不能适用技术发展的需要，因此出现了理论分析和实验研究相结合的趋势，在这种结合的研究中，量纲分析和相似原理起着重要的作用。1883 年，雷诺（O.Reynolds，1842—1912）通过实验证实了黏性流体的两种流动状态——层流和湍流的客观存在，并得到了判别流态的雷诺数，从而为流动受到的阻力和能量损失的研究奠定了基础。1894 年，雷诺又提出了湍流流动的基本方程——雷诺方程。瑞利（Reyleigh，1842—1919）的量纲分析法和雷诺、弗劳德（W.Froude，1810—1879）等人在相似理论方面的贡献，使理论分析和实验研究建立了有机联系。1904 年，普朗特（Prandtl, 1875—1953）提出了边界层理论，通过对层流边界层的研究，形成了层流边界层理论，解决了绕流物体的阻力计算问题。1933 年，尼古拉兹（J.Nikuradse）发表的论文中，公布了他对砂粒粗糙管内水流阻力系数的实测结果——著名的尼古拉兹曲线图，对各种人工光滑管和粗糙管的水头损失因素进行了系统的实验研究和量测，为管道的沿程水头损失的计算提供了依据。我国著名科学家钱学森早在 1938 年发表的论文中，便提出了平板可压缩层流边界层的解法，在空气动力学、航空工程技术等科学领域做出了许多开创性的贡献。

20 世纪 50 年代以来，科学技术的高速发展，特别是计算机技术迅猛发展，使得数值计算技术得到了快速发展，在求解水力学问题中得到了广泛的应用，水力学中数值计算已成为继理论分析和实验研究后的第三种重要的研究方法，是目前针对各种复杂的流体流动问题求解的重要工具。

水力学在很多工程中都有广泛的应用。例如，城市给水工程，一般都是利用水泵从江、河、湖或井中取水，经过处理达标后，再通过管道系统送至各个用水点，有时，为了调节水量负荷等问题，还需要修建水塔、高位水池等。整个工程设计过程中，需要解决大量的水力学问题，如取水口的布置、管道布置、管道直径及水塔高度计算，水泵流量、扬程和井的产水量计算等。在修建铁路、公路、城市地铁等工程时，也需要解决一系列水力学问题，如桥涵孔径设计，站场路基排水设计，隧道通风、排水设计等。因此，必须掌握好液体的各种力学性质和运动规律，才能有效、正确地解决工程实际中所遇到的各种水力学问题。

随着生产的发展，水力学所研究的问题会更加广泛深入，许多石油、化工、能源、环境保护等领域问题都涉及流体力学研究范畴，同这些相邻学科会越来越紧密，形成许多新分支或交叉学科，如计算流体力学、实验流体力学、非牛顿流体力学、化学流体力学、生物流体力学、多相流体力学、渗流力学等。这些新兴学科的出现和发展，使得流体力学这一古老的学科焕发出新的生机和活力。

1.2　连续介质假定和液体的主要物理性质

1.2.1　液体的连续介质假定

自然界中的所有物质都是由分子构成的，液体也不例外。由于分子间存在间隙，因此从微观上看液体是不连续的，描述液体运动的物理量（如流速、压强等）的空间分布也是不连续的。同时，由于分子的随机热运动，又导致物理量在时间上的不连续性。所以，水力学要研究的并不是个别分子的微观运动，而是研究大量分子组成的宏观液体在外力作用下的宏观运动。因此，在水力学中，取液体微团来作为研究液体的基元。所谓液体微团是一块体积为无穷小的微量液体，由于液体微团的尺寸极其微小，故可作为液体质点看待。这样，液体可看成是由无限多连续分布的液体微团组成的连续介质。

当把液体看成是连续介质后，表征液体性质的密度、速度、压强和温度等物理量在液体中也应该是连续分布的。因此，可将液体的各物理量看作是空间坐标和时间的连续函数，从而就可以引用连续函数的解析方法等数学工具来研究液体的平衡和运动规律，为水力学的研究提供了很大的方便。所以，连续介质假定是水力学中一个根本性的假设。

必须要指出的是，连续介质模型的应用是有条件的，对于某些特殊问题则不适用。例如，在高空非常稀薄的气体中运动的飞行器，其分子距与设备尺寸可以比拟，不再是忽略不计了。这时连续介质模型就不适用了，必须借助气体分子运动论的微观方法来解决有关问题。本书只研究连续介质的力学规律。

1.2.2 液体的主要物理性质

液体的物理性质取决于其分子结构，有些物理性质对液体受力和液体运动有着非常显著的影响，所以学习水力学及工程应用时首先必须了解液体的主要物理性质。本节介绍与液体运动密切相关的主要物理性质。

1. 液体的密度

惯性是液体保持原有运动状态的性质。质量是用来度量物体惯性大小的物理量，质量越大，惯性也就越大。液体和固体一样，也具有质量，通常用密度来表示其特征。

单位体积液体的质量称为液体的密度，以符号 ρ 表示，单位是 kg/m^3。在连续介质假设的前提下，对于均质液体，其密度的表达式为

$$\rho = \frac{m}{V} \tag{1.1}$$

式中　　V——液体的体积，m^3；

　　　　m——液体的质量，kg。

在工程计算中，常取 4℃时水的密度 $\rho=1000kg/m^3$ 作为计算值。

表 1.1 列举了水在一个标准大气压条件下，密度随温度的变化。

表 1.1　　　　　　　　　　　　水 的 密 度

密度（kg/m³）	999.87	999.73	998.23	995.67	992.24	988.07	983.24	971.83	958.38
测定温度（℃）	0	10	20	30	40	50	60	80	100

2. 重力特性

液体处于地球引力场中，它所受的重力是地球对液体的引力。

单位体积液体的重力称为液体的重力密度，以符号 γ 表示，单位是 N/m^3，对于均质液体，其重力密度的表达式为

$$\gamma = \frac{G}{V} \tag{1.2}$$

式中　　V——液体的体积，m^3；

　　　　G——液体的重力，N。

由于物体的重力等于质量与重力加速度的乘积，即重力为 $G = mg$，故密度与重力密度的关系为

$$\gamma = \rho g \tag{1.3}$$

不同液体的密度和重力密度各不相同，同一种液体的密度和重力密度则随温度和压强而变化。一个标准大气压下，常用液体的密度和重力密度见表 1.2。

表 1.2　　　　　　　　常用液体的密度和重力密度（标准大气压下）

名称	水	水银	纯乙醇	煤油	汽油	四氯化碳	海水
密度（kg/m³）	1000	13590	790	800～850	679～749	1590.7	1019～1028

名称	水	水银	纯乙醇	煤油	汽油	四氯化碳	海水
重力密度（N/m³）	9807	133318	7745	7848～8338	6659～7345	15600	9993～10082
测定温度（℃）	4	0	15	15	15	20	15

3. 黏滞性

黏滞性是液体所具有的重要属性，是有别于固体的主要物理性质。当液体相对于物体运动时，液体内部质点间或流层间因相对运动而产生内摩擦力（切向力或剪切力）以反抗相对运动，从而产生了摩擦阻力。这种在液体内部产生内摩擦力以阻抗液体运动的性质称为液体的黏滞性，简称黏性。必须注意的是，只有在液体流动时才会表现出黏性，静止液体不呈现黏性。

早在 1686 年，牛顿根据试验成果首先提出：处于相对运动的两层相邻液体之间的内摩擦力 T，其大小与液体的物理性质有关，并与流速梯度 $\dfrac{\mathrm{d}u}{\mathrm{d}y}$ 和流层的接触面积 A 成正比，而与接触面上的压力无关。其数学表达式为

$$T = \mu A \frac{\mathrm{d}u}{\mathrm{d}y} \tag{1.4}$$

式中 μ 为比例系数，在 A 和 $\dfrac{\mathrm{d}u}{\mathrm{d}y}$ 相同的条件下黏性越大的液体，其内摩擦力越大，因而 μ 也越大，故可以用 μ 来量度液体的黏性。μ 称为动力黏度，可简称黏度。在国际单位制中 μ 的单位为牛顿·秒/米²（N·s/m²）或帕斯卡秒（Pa·s）。

若以 τ 代表单位面积上的内摩擦力即切应力，则

$$\tau = \frac{T}{A} = \mu \frac{\mathrm{d}u}{\mathrm{d}y} \tag{1.5}$$

切应力 τ 的单位为 Pa。

式（1.5）中 $\dfrac{\mathrm{d}u}{\mathrm{d}y}$ 表示速度沿垂直于速度方向的变化率。为了更好地理解速度梯度的意义，在图 1.1（a）中垂直于流动方向的 y 轴上任取一边长为 $\mathrm{d}y$ 的方形流体质点 $acdb$，并将它放大，如图 1.1（b）所示。由于其下表面的速度 u 小于上表面的速度 $u+\mathrm{d}u$，经过 $\mathrm{d}t$ 时段以后，下表面移动的距离 $u\mathrm{d}t$ 小于上表面移动的距离 $(u+\mathrm{d}u)\mathrm{d}t$，因而方形 $acdb$ 变形为 $a'c'd'b'$，两流层间的垂直连线 ac 和 bd 在 $\mathrm{d}t$ 时段里变化了角度 $\mathrm{d}\theta$，由于 $\mathrm{d}t$ 是一个微小时段，因此转角 $\mathrm{d}\theta$ 也很小，所以

$$\mathrm{d}\theta \approx \tan(\mathrm{d}\theta) = \frac{\mathrm{d}u\,\mathrm{d}t}{\mathrm{d}y}$$

故

$$\frac{\mathrm{d}\theta}{\mathrm{d}t} = \frac{\mathrm{d}u}{\mathrm{d}y} \tag{1.6}$$

可见，速度梯度就是直角变形速度，它是在切应力作用下发生的，故又称剪切变形速度。所以，牛顿内摩擦定律也可以理解为切应力与剪切变形速度成正比。

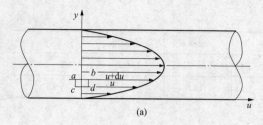

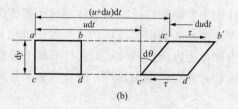

图 1.1　液体质点的剪切变形速度

工程问题中还经常用到动力黏度与密度的比值来表示液体的黏性，其单位是 m^2/s，具有运动学的量纲，故称为运动黏性系数，以符号 ν 表示，即

$$\nu = \frac{\mu}{\rho} \tag{1.7}$$

液体的黏性一般随温度和压强的变化而变化，但实验表明，在低压情况下（通常指低于 100 个大气压），压强的变化对液体的黏性影响很小，一般可以忽略。

温度则是影响液体黏性的主要因素，而且液体和气体的黏性随温度的变化规律是不同的，液体的黏性随温度的升高而减小，气体的黏性则随温度的升高而增大。其原因是黏性取决于分子间的引力和分子间的动量交换。因此，随温度升高，分子间的引力减小而动量交换加剧。液体的黏滞力主要取决于分子间的引力，而气体的黏滞力则取决于分子间的动量交换。所以，液体与气体产生黏滞力的主要原因不同，造成截然相反的变化规律。

表 1.3 列出了水在（一个大气压下）不同温度下的黏性系数。

表 1.3　　　　　　　　　　　水的黏性系数（一个大气压下）

温度（℃）	$\mu \times 10^{-3}$（Pa·s）	$\nu \times 10^{-6}$（m^2/s）	温度（℃）	$\mu \times 10^{-3}$（Pa·s）	$\nu \times 10^{-6}$（m^2/s）
0	1.781	1.785	40	0.653	0.658
5	1.518	1.519	45	0.589	0.595
10	1.300	1.306	50	0.547	0.553
15	1.139	1.139	60	0.466	0.474
20	1.002	1.003	70	0.404	0.413
25	0.890	0.893	80	0.354	0.364
30	0.798	0.800	90	0.315	0.326
35	0.693	0.698	100	0.282	0.294

最后需指出：牛顿内摩擦定律不是对所有液体都适用，有些特殊的液体不满足牛顿内摩擦定律，如人体中的血液、油漆、黏土和水的混合溶液等。这些液体称为非牛顿流体，能满足牛顿内摩擦定律的液体称为牛顿型流体，如水、空气和许多润滑油等。本课程仅涉及牛顿流体的力学问题。

例 1.1　长度 $L=1m$，直径 $d=200mm$ 水平放置的圆柱体，置于内径 $D=206mm$ 的圆管中以 $u=1m/s$ 的速度移动，已知间隙中油液的相对密度为 0.92，运动黏度 $\nu=5.6 \times 10^{-4} m^2/s$，求所需拉力 F 为多少？

解　间隙中油的密度为

$$\rho = \rho_{H_2O} d = 1000 \times 0.92 = 920 (kg/m)^3$$

动力黏度为

$$\mu = \rho \nu = 920 \times 5.6 \times 10^{-4} = 0.5152 (Pa \cdot s)$$

根据牛顿内摩擦定律

$$F = \mu A \frac{\mathrm{d}u}{\mathrm{d}y}$$

由于间隙很小，速度可认为是线性分布

$$F = \mu A \frac{u-0}{\dfrac{D-d}{2}} = 0.5152 \times 3.14 \times 0.2 \times 1 \times \frac{1}{\dfrac{206-200}{2}} \times 10^3 = 107.8(\mathrm{N})$$

4. 压缩性和热胀性

液体的压缩性是指在温度不变的条件下，液体的体积随压强的增加而缩小；液体的热胀性是指在压强不变的条件下，液体的体积随温度的升高而增大。

液体的压缩性一般用体积压缩系数或体积弹性模量来度量。在一定温度下，液体原有的体积为 V，在压强增量 $\mathrm{d}p$ 作用下，体积改变了 $\mathrm{d}V$，则体积压缩系数为

$$\beta = -\frac{\mathrm{d}V/V}{\mathrm{d}p} \tag{1.8}$$

式中　β——液体体积压缩系数，m^2/N；

　　　V——压缩前液体的体积，m^3；

　　$\mathrm{d}V$——液体体积变化量，m^3；

　　$\mathrm{d}p$——压强的增加值，N/m^2。

式中的 "–" 是由于 $\mathrm{d}p>0$，$\mathrm{d}V<0$，为使压缩系数为正值而加的。

体积压缩系数的倒数为体积弹性模量，用 E_V 表示，单位是 N/m^2，即

$$E_V = \frac{1}{\beta} = -V \frac{\mathrm{d}p}{\mathrm{d}V} \tag{1.9}$$

β 值越大或 E_V 越小，则液体的压缩性也越大。

表 1.4 为 0℃时水在不同压强下的压缩系数。

表 1.4　　　　　　　　　　　　水在不同压强下的压缩系数

压强（kPa）	500	1000	2000	4000	8000
压缩系数（m²/N）	0.538×10^{-9}	0.536×10^{-9}	0.531×10^{-9}	0.528×10^{-9}	0.515×10^{-9}

由表 1.4 可知，水的压缩系数是很小的。例如，压强由 4000kPa 增加到 8000kPa 时，相对体积的变化为

$$-\frac{\Delta V}{V} = \beta \Delta p = 0.515 \times 10^{-9} \times (8000 - 4000) \times 10^3 = 0.21 \times 10^{-2}$$

该数值表明，此时水的相对体积的变化大约为 0.2%。所以工程上一般可将液体视为不可压缩的，即认为液体的体积（或密度）与压力无关。但在瞬间压强变化很大的特殊场合（如本书第 6 章讨论的水击问题），则必须考虑水的压缩性。

液体的热胀性一般用体积热胀系数 α 来度量。在一定的压力下，液体原有的体积为 V，当温度升高 $\mathrm{d}T$ 时，体积变化为 $\mathrm{d}V$，则热胀系数为

$$\alpha = \frac{\mathrm{d}V/V}{\mathrm{d}T} \tag{1.10}$$

式中 α——液体的体积热胀系数，1/K；

V——热胀前液体的体积，m^3；

$\mathrm{d}V$——液体体积变化量，m^3；

$\mathrm{d}T$——温度的增加值，K。

水的密度在4℃时具有最大值，高于4℃后，水的密度随温度升高而下降。液体热胀性非常小，表1.5列举了水在一个大气压下不同温度时的容重及密度。

表 1.5　　　　　　　　　　　　一个大气压下水的容重及密度

温度 （℃）	重力密度 （N/m³）	密度 （kg/m³）	温度 （℃）	重力密度 （N/m³）	密度 （kg/m³）	温度 （℃）	重力密度 （N/m³）	密度 （kg/m³）
0	9806	999.9	20	9790	998.2	60	9645	983.2
1	9806	999.9	25	9778	997.1	65	9617	980.6
2	9807	1000	30	9775	995.7	70	9590	977.8
3	9807	1000	35	9749	994.1	75	9561	974.9
4	9807	1000	40	9731	992.2	80	9529	971.8
5	9807	1000	45	9710	990.2	85	9500	968.7
10	9805	999.7	50	9690	988.1	90	9467	965.3
15	9799	999.1	55	9657	985.7	100	9399	958.4

由表1.5可知，温度升高1℃时，水的密度降低仅为万分之几。因此，一般工程中也不考虑液体的热胀性。但在热水采暖工程中，当温度变化较大时，需考虑水的热胀性，并应注意在系统中设置膨胀水箱。

一般情况下，气体的压缩性和热胀性要比液体大，但是，具体问题也要具体分析，对于气体速度较低的情况，在流动过程中压强和温度的变化较小，密度仍可以看作常数，这时的气体可认为是不可压缩的。在供热通风工程中，所遇到的大多数气体流动，都可当作不可压缩流体看待。

总之，在可以忽略液体的压缩性时，引出"不可压缩液（流）体"的概念，这是不计压缩性对液体物理性质的简化。对一般的水利工程来说，认为水不可压缩是足够合理精确的。

5. 表面张力

液体具有附着力和黏附力，两者都是分子的吸引力，附着力使液体能够附着到另一个物体上，而黏附力使液体抵抗切向应力。在液体和气体的交界面处和在两种互不相容液体的界面处，分子间附着力和黏附力产生的向外的平衡吸引力使液体形成了一个明显的表面液膜并在液膜表面内产生了张力，液体的这个特性称为表面张力，用符号 σ 表示，其单位是 N/m。水的表面张力在结冰点和沸点之间的变化范围为 0.0075～0.0589N/m。

对液体来讲，表面张力在平面上并不产生附加压力，它只有在曲面上才产生附加压力，以维持平衡。

在实际工程中，液体只要有曲面的存在就会有表面张力的附加压力的作用。例如，液体中的气泡、气体中的液滴、液体的自由射流、液体表面和固体表面相接触等，所有这些情况，都会出现曲面，都会引起表面张力，从而产生附加压力。不过在一般情况下，这种影响是比较微弱的。

由于表面张力的作用，如果把两端开口的玻璃管竖立在液体中，液体就会在细管中上升或下降 h 高度，如图 1.2 所示。这种现象称毛细现象，其形成是由于黏附力和附着力的作用。当附着力大于黏附力时，液体将浸润与它接触的固体表面，并在接触点处上升；反之，液体表面在接触点处收缩。毛细现象使作用在玻璃管内的水位上升，使水银收缩并低于实际高度。

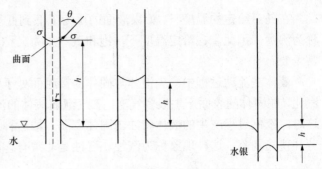

图 1.2 表面张力与毛细现象

管内上升的毛细高度，可由表面张力形成的提升力和重力相平衡得到，即

$$2\pi r\sigma\cos\theta = \pi r^2 h\rho g$$

所以

$$h = \frac{2\sigma\cos\theta}{\rho gr} \tag{1.11}$$

式中　　σ ——表面张力，N/m；

　　　　θ ——浸润角，（°）；

　　　　ρ ——液体密度，kg/m³；

　　　　r ——管半径，m；

　　　　h ——毛细高度，m。

式（1.11）可以用来计算管内液体上升或下降的毛细高度。如果管子是干净的，水的浸润角为 0°，水银的浸润角为 140°。管子的直径越大，毛细高度越小。对于直径大于 12mm 的管子，可以忽略毛细现象。

表面张力的影响在实际工程中是被忽略的，但在水滴和气泡的形成、液体雾化、气液两相流传热与传质的研究中，将是重要不可忽略的因素。

6. 汽化压强

所有液体都会蒸发或沸腾，将它们的分子释放到表面外的空间中。这样宏观上，在液体的自由表面就会存在一种向外扩张的压强（压力），即使液体沸腾或汽化的压强，这种压强就称为汽化压强（或汽化压力）。因为液体在某一温度下的汽化压强与液体在该温度下的饱和蒸汽压力所具有的压强对应相等，所以液体的汽化压强又称为液体的饱和蒸汽压强。

分子的活动能力随温度升高而升高，随压力升高而减小，汽化压强也随温度升高而增大。水的汽化压强与温度的关系见表 1.6。

表 1.6　　　　　　　　　水在不同温度下的汽化压强

温度 （℃）	汽化压强 （kPa）	温度 （℃）	汽化压强 （kPa）	温度 （℃）	汽化压强 （kPa）
0	0.61	30	4.24	70	31.16
5	0.87	40	7.38	80	47.34
10	1.23	50	12.33	90	70.10
20	2.34	60	19.92	100	101.33

在任意给定的温度下，如果液面的压力降低到低于饱和蒸汽压力时，蒸发速率迅速增加，称为沸腾。因此，在给定温度下，饱和蒸汽压力又称为沸腾压力，这在涉及液体的工程中非常重要。

液体在流动过程中，当液体与固体的接触面处于低压区，并低于汽化压强时，液体产生汽化，在固体的表面产生很多气泡；若气泡随液体的流动进入高压区，气泡中的气体便液化，这时，液化过程产生的液体将冲击固体表面。如这种运动是周期性的，将对固体表面造成疲劳并使其剥落，这种现象称为汽蚀。汽蚀是非常有害的，在工程应用时必须避免汽蚀。

1.3　作用在液体上的力

无论液体处于运动状态还是平衡状态，都是受力作用的结果。因此，在研究液体的运动或平衡规律之前，必须首先分析作用在液体上的力的种类和性质。

在分析液体运动时，通常在液体中取出一段隔离体，这个隔离体是一个封闭表面所包围的一部分液体，将作用在隔离体上的力根据作用方式不同分为表面力和质量力两大类。

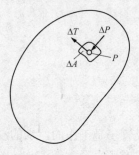

1.3.1　表面力

表面力是作用在隔离体表面上的力，其大小和受力作用的表面积成正比。表面力是相邻液体或其他物体对隔离体作用的结果。由于液体内部不能承受拉力，所以表面力又可分为垂直于作用面的压力和平行于作用面的切力。如果在隔离体表面上取一个包含 A 点的微小面积 ΔA，作用在 ΔA 上的法向力 ΔP（即垂直于作用面上

图 1.3　隔离体表面受力分析

的压力），切向力为 ΔT（见图 1.3），则 ΔA 上的平均压应力（平均压强）$\bar{p}$ 和平均切应力 $\bar{\tau}$ 分别为

$$\bar{p} = \frac{\Delta P}{\Delta A} \tag{1.12}$$

$$\bar{\tau} = \frac{\Delta T}{\Delta A} \tag{1.13}$$

若 ΔA 面积无限缩小至 A 点，则 A 点的压强和切应力为

$$p = \lim_{\Delta A \to 0} \frac{\Delta P}{\Delta A} \tag{1.14}$$

$$\tau = \lim_{\Delta A \to 0} \frac{\Delta T}{\Delta A} \tag{1.15}$$

压强和切应力的国际单位均为 Pa。

1.3.2　质量力

质量力是指作用在隔离体内每个液体质点上的力，其大小是和液体的质量成正比的。在均质液体中，质量力和受作用液体的体积成正比，所以质量力又称为体积力，如重力和惯性力都属于质量力。

设在液体中取一个质量为 m 的质点，作用在这个质点上的质量力为 F，则单位质量力 f 为

$$f = \frac{F}{m} \qquad (1.16)$$

若 $\boldsymbol{F}$ 在每个坐标轴上的分力为 F_x、F_y、F_z，则单位质量力 $\boldsymbol{f}$ 在三个坐标轴上的分量分别为

$$f_x = \frac{F_x}{m}, \quad f_y = \frac{F_y}{m}, \quad f_z = \frac{F_z}{m} \qquad (1.17)$$

即

$$\boldsymbol{f} = f_x \boldsymbol{i} + f_y \boldsymbol{j} + f_z \boldsymbol{k}$$

单位质量力的单位为 $\mathrm{m/s^2}$，与加速度单位相同。

水力学中碰到的普遍情况是液体所受的质量力只有重力。由于重力 G 的大小与液体的质量 m 成正比，即 $G = mg$，所以液体所受的单位质量力的大小等于重力加速度，即 $G/m = g$。当采用直角坐标系时，取 z 轴垂直向上为正，重力在各向的分力为 G_x、G_y、G_z，单位质量力在相应坐标的投影为

$$f_x = G_x/m = 0$$

$$f_y = G_y/m = 0$$

$$f_z = G_z/m = -g$$

思 考 题

1．为什么可以把液体看作连续介质？为什么要把液体看作连续介质？

2．何谓液体的压缩性和膨胀性？

3．何谓液体的黏性？液体的黏性与液体的宏观运动是否有关？静止的液体是否有黏性？静止液体内部是否有黏性切向应力？

4．作用在液体上的力包括哪些？在什么情况下有惯性力？在什么情况下有摩擦阻力？

5．什么是表面力？试对表面力现象作物理解释。

习 题

1.1　体积为 $2.5\mathrm{m^3}$ 的汽油重 17.5kN，求其密度。

1.2　某种液体的密度为 $815.5\mathrm{kg/m^3}$，求它的重力密度。

1.3　已知压强为 1 个标准大气压，5℃时空气的密度为 $1.27\mathrm{kg/m^3}$，求 85℃时空气的密度和重力密度。

1.4　使水的体积减少 0.1% 及 1% 时，分别求其应增大的压强。

1.5　温度对液体黏性系数有何影响？原因何在？

1.6　某液体的运动黏度为 $3\times10^{-6}\mathrm{m^2/s}$，密度为 $800\mathrm{kg/m^3}$，问其动力黏度是多少？

1.7　如图 1.4 所示，平板面积为 40cm×45cm，厚度为 1.0cm，质量 $m=5\mathrm{kg}$，沿着涂有厚度 $\delta=1.0\mathrm{mm}$ 油的斜面向下做等速运动，其速度 $u=1.0\mathrm{m/s}$，带动油层的运动速度呈直线分布，斜坡角 $\theta=22.62°=0.3846$，试分别求油的动力黏性系数和运动黏性系数（油的密度 $\rho=950\mathrm{kg/m^3}$）。

1.8　计算 10℃的水在内径为 0.8mm 的干净玻璃管内上升的毛细高度,如果管径为 2mm,上升高度又是多少?

1.9　某活塞油缸如图 1.5 所示,油缸内壁直径 D=12cm,活塞直径 d=11.96cm,活塞长 L=14cm,间隙中充满 μ=0.065N·s/m^2 的润滑油,若施于活塞的力 F=8.43N,试计算活塞移动的速度 u。

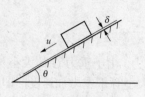

图 1.4　习题 1.7 图

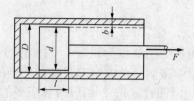

图 1.5　习题 1.9 图

第 2 章 水 静 力 学

教学基本要求

正确理解静水压强的两个重要特性和等压面性质；掌握静水压强基本公式和物理意义，会用基本公式进行静水压强计算；掌握静水压强的单位和三种表示方法：绝对压强、相对压强和真空度；理解位置水头、压强水头和测管水头的物理意义和几何意义；掌握静水压强的测量方法和计算。能正确绘制静水压强分布图，并熟练应用图解法和解析法计算作用在平面上的液体总压力。会正确绘制压力体剖面图，掌握曲面上静水总压力的计算。

学习重点

静水压强的两个特性及有关基本概念，重力作用下静水压强基本公式和物理意义，静水压强的表示和计算，静水压强分布图和平面上的液体总压力的计算，压力体的构成和绘制及曲面上静水总压力的计算。

2.1 静 水 压 强 及 其 特 性

2.1.1 静水压强

静水压力是指液体内部相邻两部分之间相互作用的力或指液体对固体壁面的作用力（或静止液体对其接触面上所作用的压力），其一般用符号 P 表示，单位是 kN 或 N。

1. 静水压强的概念

在静止液体中任取一点 m，围绕 m 点取一微小面积ΔA，作用在该面积上的静水压力为ΔP，如图 2.1 所示，则面积ΔA 上的平均压强为

$$\overline{p} = \frac{\Delta P}{\Delta A}$$

它反映了受压面ΔA 上液体静水压强的平均值。

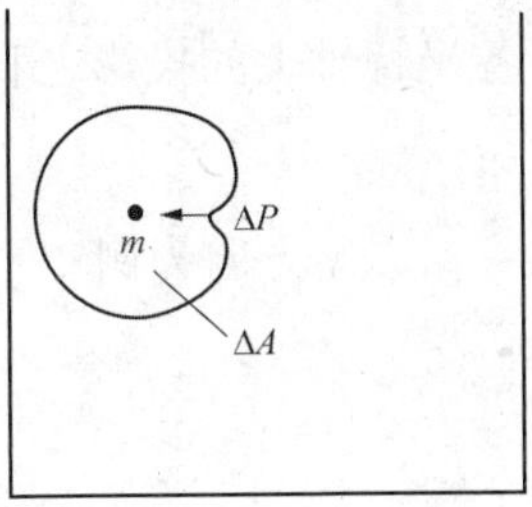

图 2.1 静水压强

2. 点压强

如图 2.1 所示，将面积ΔA 围绕 m 点无限缩小，当$\Delta A \to 0$ 时，比值$\dfrac{\Delta P}{\Delta A}$ 的极限称为 m 点的液体静水压强，即

$$p = \lim_{\Delta A \to 0} \frac{\Delta P}{\Delta A} \tag{2.1}$$

在法定计量单位中，静水压强的单位为 Pa 或 kPa。

2.1.2 静水压强的特性

特性 1：静水压强作用的垂向性，即静水压强的方向必垂直地指向受压面（受压面的内

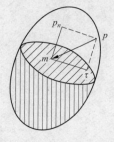

图 2.2 静水压强的垂向性

法线方向）。因为静止的液体既不能承受剪切变形，也不能承受拉力（见图 2.2）。

特性 2：静水压强的各向等值性，即静止液体中同一点处各个方向的液体静水压强都相等。

采用微元分析法可证明该性质。考察静止液体内如任意点 O 的应力状态（见图 2.3）。以任意点 O 为原点建立坐标系，选取微小四面体，其斜面为任意方向。

设四面体正交棱长为 $\mathrm{d}x$、$\mathrm{d}y$、$\mathrm{d}z$，四面体的倾斜面面积为 $\mathrm{d}A$，各表面上的压应力为 p_x、p_y、p_z、p_n。因四面体是在静止液体中取出的，它在各种外力作用下处于平衡状态；作用在四面体上的力有质量力和表面力。

1. 表面力

$$\begin{cases} \mathrm{d}P_x = p_x \mathrm{d}A_x = p_x \dfrac{1}{2}\mathrm{d}y\mathrm{d}z \\[2mm] \mathrm{d}P_y = p_y \mathrm{d}A_y = p_y \dfrac{1}{2}\mathrm{d}x\mathrm{d}z \\[2mm] \mathrm{d}P_z = p_z \mathrm{d}A_z = p_z \dfrac{1}{2}\mathrm{d}x\mathrm{d}y \\[2mm] \mathrm{d}P_n = p_n \mathrm{d}A_n \end{cases} \tag{2.2}$$

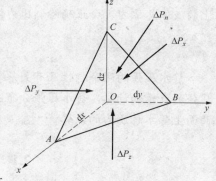

图 2.3 静水压强的各项等值性

2. 质量力

四面体的质量为 $\dfrac{1}{6}\rho\mathrm{d}x\mathrm{d}y\mathrm{d}z$，单位质量力在各方向上的分量分别为 f_x、f_y、f_z，则质量力在各方向上的分量为 $\dfrac{1}{6}\rho\mathrm{d}x\mathrm{d}y\mathrm{d}zf_x$、$\dfrac{1}{6}\rho\mathrm{d}x\mathrm{d}y\mathrm{d}zf_y$、$\dfrac{1}{6}\rho\mathrm{d}x\mathrm{d}y\mathrm{d}zf_z$。由于液体处于平衡状态，上述质量力和表面力在各坐标轴上的投影之和应分别等于零，即

$$\sum F_x = 0, \quad \sum F_y = 0, \quad \sum F_z = 0$$

以 x 方向为例

$$\sum F_x = p_x\mathrm{d}A_x - p_n\mathrm{d}A_n\cos(n,x) + \frac{1}{6}\rho\mathrm{d}x\mathrm{d}y\mathrm{d}zf_x = 0 \tag{2.3}$$

因为 $\mathrm{d}A_n\cos(n,x) = \mathrm{d}A_x = \dfrac{1}{2}\mathrm{d}y\mathrm{d}z$ 代入式（2.3）得

$$p_x - p_n + \frac{\rho}{3}\mathrm{d}xf_x = 0 \tag{2.4}$$

当四面体无限地缩小到 O 点时，上述方程中最后一项趋近于零，取极限得 $p_x - p_n = 0$，即

$$p_x = p_n \tag{2.5}$$

同理
$$p_y = p_n, \quad p_z = p_n$$

由此可知

$$p_x = p_y = p_z = p_n \tag{2.6}$$

式（2.6）说明，在静止液体中，任一点静水压强的大小与作用面的方位无关，但液体中不同点上的静水压强可以不等，因此，静水压强是空间坐标的标量函数，即

$$p = p(x, y, z) \tag{2.7}$$

$$dp = \frac{\partial p}{\partial x}dx + \frac{\partial p}{\partial y}dy + \frac{\partial p}{\partial z}dz \tag{2.8}$$

说明：以上特性不仅适用于液体内部，而且也适用于液体与固体接触的表面，如图 2.4 所示。

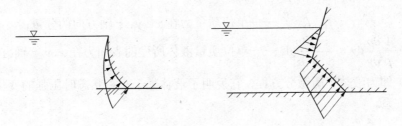

图 2.4　静水压强的特性

2.2　液体平衡微分方程

2.2.1　液体平衡微分方程的建立

在平衡条件下，液体平衡微分方程是质量力与表面力所满足的关系式。

如图 2.5 所示，在相对静止液体中，考察以点 O' 为中心的微小六面体，其微小质量为 $dm = \rho dx dy dz$，设单位质量上的质量力在 x、y、z 轴方向上的分量为 f_x、f_y、f_z，令作用在六面体左边铅垂面 $a'add'$ 上的压强为 p，则压力为 $p dy dz$。

由于 p 是坐标的连续函数，即 $p = p(x, y, z)$，当坐标微小变化时，p 也变化，可用泰勒级数展开，以 x 轴方向为例，在 $a'add'$ 上由于 x 坐标改变 dx，所以它的压强为

$$p + \frac{\partial p}{\partial x}dx$$

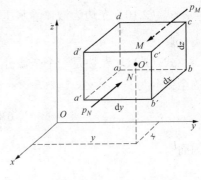

图 2.5　液体平衡微元分析

则压力为

$$\left(p + \frac{\partial p}{\partial x}dx\right)dy dz$$

因为在 x 轴方向处于平衡状态，则

$$p dy dx - \left(p + \frac{\partial p}{\partial x}dx\right)dy dz + f_x dm = 0$$

整理得

$$f_x - \frac{1}{\rho}\frac{\partial p}{\partial x} = 0$$

同理可得 y、z 轴方向上的表达式，如下式所示

$$\left.\begin{array}{l} f_x - \dfrac{1}{\rho}\dfrac{\partial p}{\partial x} = 0 \\[2mm] f_y - \dfrac{1}{\rho}\dfrac{\partial p}{\partial y} = 0 \\[2mm] f_z - \dfrac{1}{\rho}\dfrac{\partial p}{\partial z} = 0 \end{array}\right\} \!\!—— 欧拉平衡微分方程式 \tag{2.9}$$

式中　　　　　　　f_x、f_y、f_z —— 单位质量力在 x、y、z 轴方向的分量；

$-\dfrac{1}{\rho}\dfrac{\partial p}{\partial x}\mathrm{d}x$、$-\dfrac{1}{\rho}\dfrac{\partial p}{\partial y}\mathrm{d}y$、$-\dfrac{1}{\rho}\dfrac{\partial p}{\partial z}\mathrm{d}z$ —— 单位质量液体所受的表面力在 x、y、z 轴方向上的分量。

式（2.9）即为液体平衡微分方程，它说明了液体处于平衡状态时压强的变化率和单位质量力之间的关系。

说明：

（1）公式的物理意义：平衡液体中单位质量液体所受的质量力与表面力在三个坐标轴方向的分量的代数和为零。

（2）公式适用条件：理想液体、实际液体；绝对、相对静止；可压缩与不可压缩液体。

2.2.2　液体平衡微分方程的积分（压强分布公式）

对式（2.9）相加移项整理得

$$\frac{\partial p}{\partial x}\mathrm{d}x + \frac{\partial p}{\partial y}\mathrm{d}y + \frac{\partial p}{\partial z}\mathrm{d}z = \rho(f_x\mathrm{d}x + f_y\mathrm{d}y + f_z\mathrm{d}z) \tag{2.10}$$

式（2.10）左边为液体静水压强 p 的全微分 $\mathrm{d}p$，则可表示为

$$\mathrm{d}p = \rho(f_x\mathrm{d}x + f_y\mathrm{d}y + f_z\mathrm{d}z) \tag{2.11}$$

式（2.11）左边是一个全微分，右边也是某一函数的全微分，令势数为 $W(x,y,z)$，则 W 的全微分为

$$\mathrm{d}W = \frac{\partial W}{\partial x}\mathrm{d}x + \frac{\partial W}{\partial y}\mathrm{d}y + \frac{\partial W}{\partial z}\mathrm{d}z \tag{2.12}$$

因而有

$$f_x = \frac{\partial W}{\partial x}, \ f_y = \frac{\partial W}{\partial y}, \ f_z = \frac{\partial W}{\partial z} \tag{2.13}$$

符合式（2.13）的函数，称为力的势函数。

具有势函数的力称为有势的力（势是随空间位置而变化的函数，其数值与势能有关）。

结论：均质液体只有在有势的质量力作用下才能保持平衡，任意点上的压强等于外压强 p_0 与有势的质量力所产生的压强之和。

2.2.3　等压面

（1）定义：在同种连续静止的液体中，静水压强相等的点组成的面，即（$p = C$，C 为常数）

（2）方程

$$dp = \rho(f_x dx + f_y dy + f_z dz)$$

由
$$p = C \rightarrow dp = 0$$

得
$$f_x dx + f_y dy + f_z dz = 0 \qquad (2.14)$$

（3）等压面性质。

1）等压面就是等势面，因为 $dp = \rho dW$。

2）作用在静止液体中任一点的质量力必然垂直于通过该点的等压面。

证明：沿等压面移动无穷小距离 $d\vec{s} = i dx + j dy + k dz$，则根据空间解析几何知识，单位质量力做的功应为

$$\vec{F} \cdot d\vec{s} = (f_x,\ f_y,\ f_z) \cdot (dx, dy, dz) = f_x dx + f_y dy + f_z dz = 0$$

所以，质量力与等压面相垂直。

3）等压面不能相交。

4）绝对静止液体的等压面是水平面（$x=0$、$y=0$、$z=-g$）。

5）两种互不相混的静止液体的分界面必为等压面。

证明：在分界面上任取两点 A、B，两点间势差为 dW，压差为 dp。因为它们同属于两种液体，设一种为 ρ_1，另一种为 ρ_2，则有

$$dp = \rho_1 dW,\ \text{且}\ dp = \rho_2 dW$$

因为 $\rho_1 \neq \rho_2 \neq 0$，所以只有当 dp、dW 均为零时，方程才成立。

结论：同一种静止相连通的液体的等压面必是水平面（只有重力作用下），自由表面、不同液体的交界面都是等压面。

说明：等压面可能是水平面、斜面、曲面、分界面。

2.3　重力作用下液体静力学基本方程

如图 2.6 所示，在重力作用下的静止液体，选直角坐标系 $Oxyz$，自由液面的高度为 z_0，压强为 p_0。围绕某点取一水平微小面积 dA 为底，dz 为高的铅垂液柱体，则作用在液柱体上的力有

质量力 $\gamma dA dz$（向下）

表面力 $(p+dp)dA$（下），pdA（上）

而液柱侧面上的压力是水平方向的，所以在 z 方向上的外力代数和为零，即

$$pdA - (p+dp)dA - \gamma dA dz = 0 \qquad (2.15)$$
$$dp = -\gamma dz$$

积分得

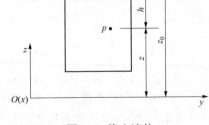

图 2.6　静止液体

$$p = -\gamma z + C_1 \ \text{或}\ z + \frac{p}{\gamma} = C \quad （静力学基本方程一） \qquad (2.16)$$

式（2.16）说明，当质量力仅为重力时，静止液体中任一点的 $z + \dfrac{p}{\gamma}$ 两项之和都相等。

坐标系的原点选在自由面上，z 轴垂直向上，液面上的压强为 p_0，则

$$f_x=0,\ f_y=0,\ f_z=-g$$

代入公式 $\mathrm{d}p = \rho(f_x\mathrm{d}x + f_y\mathrm{d}y + f_z\mathrm{d}z)$ 得

$$\mathrm{d}p = \rho(-g)\mathrm{d}z = -\gamma\mathrm{d}z \tag{2.17}$$

若 $z=z_0$ 时，自由表面上的液体静水压强为 p_0，则

$$C = z_0 + \frac{p_0}{\gamma}$$

则

$$p = p_0 + \gamma(z_0 - z) \tag{2.18a}$$

或

$$p = p_0 + \gamma h \ （静力学基本方程二） \tag{2.18b}$$

式中　h——淹没深度。

由液体静力学基本方程可得到以下两条规律：

（1）若自由表面压强 p_0 发生变化，则液体内所有各点的压强都随之发生变化（帕斯卡定律）。

（2）在只有重力作用下的静止均质液体中，自由表面下深度 h 相等的各点的压强均相等。

2.4　静水压强的表示、量测及分布图

2.4.1　静水压强的表示

1. 计算基准（见图 2.7）

（1）绝对压强（p_{abs}）。从绝对零点起算的压强称为绝对压强。

（2）相对压强（p）。以当地大气压强为零点起算的压强称为相对压强，又称为计示压强或表压强，即

$$p = p_{abs} - p_a \tag{2.19}$$

（3）真空度（p_v）。当液体中某点的绝对压强小于大气压强 p_a 时，则该点为真空，其相对压强必为负值，即

$$p_v = p_a - p_{abs} \tag{2.20}$$

2. 计量方法

（1）用单位面积上的力来表示，单位为 N/m^2 或帕（Pa），1Pa=1N/m^2。

（2）用液柱高度来表示

$$h = \frac{p}{\gamma}$$

常用单位为：米水柱（mH$_2$O）、毫米泵柱（mmH$_2$O），1mH$_2$O=9800Pa，1mmH$_2$O=9.8Pa。

（3）用大气压倍数表示。在水力学中，一般采用工程大气压，一个工程大气压 1at=98kN/m^2。

2.4.2　静力学基本方程式的意义

1. 几何意义

测压管：用于测量压强的两端开口的玻璃管。测压管上升的高度称为测压管高度。根据静水压强的基本公式，如图 2.8 所示有

$$z_1 + \frac{p_1}{\gamma} = z_2 + \frac{p_2}{\gamma}$$

或
$$z+\frac{p}{\gamma}=C$$

或
$$\begin{cases} p_1 = z_1 + \gamma h_1 \\ p_2 = z_2 + \gamma h_2 \end{cases} \quad (2.21)$$

式中 z——位置水头（位置高度）；

$\dfrac{p}{\gamma}$——压强水头（压强高度）；

$z+\dfrac{p}{\gamma}$——测压管水头。

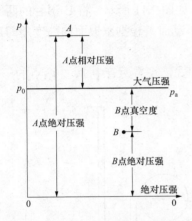

图 2.7 压强表示方法图示

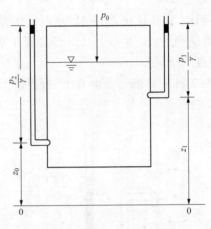

图 2.8 测压管水头

静力学基本方程式的几何意义是静止液体中各点的测压管水头是一个常数。

2. 物理意义各水头的能量意义

z——单位位能（单位质量液体相对于某一基准面的位置势能）；

$\dfrac{p}{\gamma}$——单位压能（单位质量液体所具有的压强势能），可理解为是一种潜在的势能，若在

某点压强为 p，接测压管，则在该压强作用下，液面上升的高度为 $\dfrac{p}{\gamma}$；

$z+\dfrac{p}{\gamma}$——单位势能。

静力学基本方程式的物理意义是静止液体中，单位质量液体的总势能是恒等的。

2.4.3 静水压强的量测

1. 测压管

这是一种最简单的量测仪器，一端连接在需测定的管道或容器的侧壁上，另一端开口和大气相通，如图 2.9 所示，由于相对压强的作用，与大气相接触的液面相对压强为零，根据液体在玻璃管中上升的高度 h_A，可得出 A 点的相对压强为

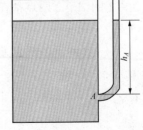

图 2.9 测压管

$$p_A = \gamma h_A$$

2. U 形汞压计

如图 2.10 所示，一个内装某种液体的 U 形管，管子一端与大气相通，另一端则与容器相连接，当一端与被测点 A 连接后，在液体静水压强的作用下，U 形管内的液体就会上升或下降。选 1-1 面为等压面，根据静力学基本方程式，分别对等压面两边列方程，可求得 A 点压强，即

$$\begin{cases} p_1 = p_A + \gamma h_2 \\ p_1 = \gamma_{Hg} h_1 \end{cases} \tag{2.22}$$

$$p_A = \gamma_{Hg} h_1 - \gamma h_2 \tag{2.23}$$

3. U 形压差计

压差计（又称比压计）是测量两处压强差的仪器，如图 2.11 所示。将 U 形管的两端分别接到需要量测的 A、B 点上，当 U 形管中水银面平衡不动时，根据水银面的高度差即可计算 A、B 两点的压强差。

在图 2.11 中，取等压面 0-0，根据静力学基本方程式，左右两管中 1、2 两点的压强为

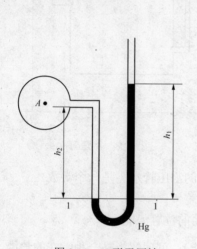

图 2.10 U 形汞压计

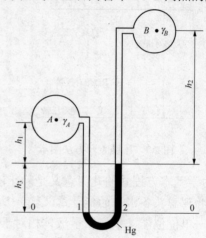

图 2.11 U 形压差计

$$p_1 = p_A + \gamma_A h_1 + \gamma_A h_3 \tag{2.24a}$$

$$p_2 = p_B + \gamma_B h_2 + \gamma_{Hg} h_3 \tag{2.24a}$$

由于 1、2 两点都在等压面 0-0 上，$p_1 = p_2$，因此

$$p_A + \gamma_A h_1 + \gamma_A h_3 = p_B + \gamma_B h_2 + \gamma_{Hg} h_3 \tag{2.25}$$

A、B 两点的压强差为

$$p_A - p_B = \gamma_B h_2 + \gamma_{Hg} h_3 - \gamma_A (h_1 + h_3) \tag{2.26}$$

若 $\gamma_A = \gamma_B = \gamma$，则

$$p_A - p_B = \gamma (h_2 - h_1) + (\gamma_{Hg} - \gamma) h_3 \tag{2.27}$$

若 $\gamma_A = \gamma_B = \gamma$，又 $h_1 = h_2$，即 A、B 两点位于同一高程，则

$$p_A - p_B = (\gamma_{Hg} - \gamma) h_3 \tag{2.28}$$

与 U 形压差计一样，若两个管道或容器中都为气体，则气柱高度 $\gamma_A h_1$、$\gamma_B h_2$ 和 $\gamma_A h_3$ 都可以忽略不计，则

$$p_A - p_B = \gamma_{Hg} h_3 \tag{2.29}$$

4. 斜管微压计

如图 2.12 所示，左端容器与需要量测压强的点相连，右端玻璃管改为斜放，设斜管与底板的夹角为 α，斜管读数为 l，则容器与斜管液面的高度差 $h = l\sin\alpha$，由于 $\alpha < 90°$，$\sin\alpha < 1$，所以 l 必大于 h，量测同一微小压强，斜管读数 l 比用直管量测的读数 h 要大，这就使读数可以精确些。

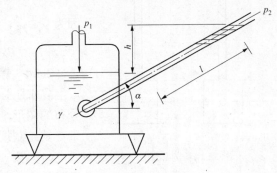

在图 2.12 中，根据静力学基本方程式，等压面上的压强为

$$p_1 = p_2 + \gamma h = p_2 + \gamma l\sin\alpha \tag{2.30}$$

由于 $p_2 = p_a$，所以微压计量测的绝对压强与相对压强为

图 2.12　倾斜微压计

绝对压强 $$p_{1,abs} = p_a + \gamma l\sin\alpha \tag{2.31}$$

相对压强 $$p_1 = \gamma l\sin\alpha \tag{2.32}$$

微压计常用来量测通风管道的压强，因空气重力密度与微压计内液体重力密度相比要小得多，空气的重力影响可以不考虑，就可以将微压计液面上的压强看作是通风管道量测点的压强。

为了量测精确，微压计必须保持底板水平，如图 2.12 所示，可以用螺旋来调整。有的微压计还可以根据需要调整 α 角，其范围在 $10° \sim 30°$，这就使斜管读数比直管放大 $2 \sim 5$ 倍，如果微压计内液体不用水，选择重力密度比水小的液体，如酒精，$\gamma = 7.85 \text{N/m}^3$，则微压计斜管读数可放大 $\dfrac{\gamma_{H_2O}}{\gamma_{j0}} = \dfrac{9.807}{7.85} = 1.25$ 倍。

例 2.1　已知密闭水箱中的液面高度 $h_4 = 60\text{mm}$，测压管中的液面高度 $h_1 = 100\text{cm}$，如图 2.13 所示。试求 U 形管中左端工作介质高度 h_3 为多少？

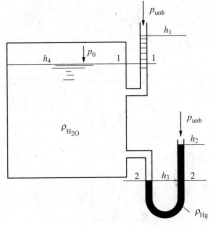

解　根据等压面条件，取截面 1-1 为等压面，则

$$p_0 = p_a + \rho_{H_2O} g(h_1 - h_4)$$

列截面 2-2 等压面方程，则

$$p_0 + \rho_{H_2O} g(h_4 - h_3) = p_a + \rho_{Hg} g(h_2 - h_3)$$

联立求解可得

$$h_3 = 136.5\text{mm}$$

例 2.2　如图 2.14 所示，盛有同种介质（重力密度 $\gamma_A = \gamma_B = 11.1\text{kN/m}^3$）的两容器，其中心点 A、B 位于同一高程，用 U 形压差计测定 A、B 两点的压差（压差计内盛油，重力密度 $\gamma_0 = 8.5\text{kN/m}^3$），$h_1 = 0.2\text{m}$。问 A、B 两点的压差为多少？

图 2.13　例 2.1 图

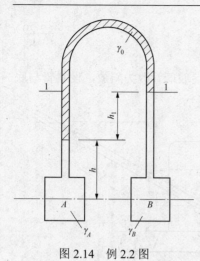

图 2.14　例 2.2 图

解　如图 2.14 所示，1-1 为等压面，假设其压强为 p_1，由静力学基本方程得

$$p_A = p_1 + \gamma_0 h_1 + \gamma_A h$$

$$p_B = p_1 + \gamma_B h_1 + \gamma_B h$$

因为 $\gamma_A = \gamma_B$，则

$$p_B - p_A = (\gamma_A - \gamma_0)h_1 = (11.1 - 8.5) \times 0.2 = 0.52(\text{kPa})$$

2.4.4　静水压强分布图

静水压强分布图即表示受压面上各点压强（大小和方向）分布的图形，简称液体静水压强图。

其绘制规则为：

（1）按一定的比例尺，用一定长度的线段代表液体静水压强的大小。

（2）用箭头表示液体静水压强的方向，并与该处作用面相垂直。

在水利工程中，一般只需计算相对压强，所以只需绘制相对压强分布图，当液体的表面压强 p_0 时 $p = \gamma h$，即 p 与 h 呈线性关系，据此绘制液体静水压强图。

如图 2.15 所示，AB 为一铅垂直壁，其左侧受到水的压力作用。静水压强分布图的绘制方法如下：以自由液面与铅垂直壁的交点为坐标原点，横坐标为压强 p，纵坐标为水深 h，压强与水深按线性规律变化，在自由液面上，$h=0$，$p=0$；在任意深度 h 处，$p=\gamma h$，连接 AE，即得到相对压强分布图三角形 ABE。几种静水压强分布图的画法如图 2.16 所示。

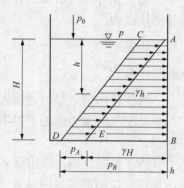

图 2.15　静水压强分布图

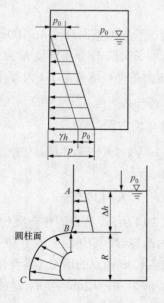

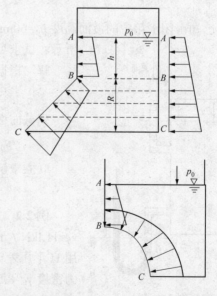

图 2.16　几种静水压强分布图的画法

2.5　液体的相对平衡

本节研究对象为相对于坐标系静止的液体称为相对平衡液体。

2.5.1　等加速水平运动容器中液体的相对平衡

1．问题描述

如图 2.17 所示，作用在液体上的质量力除重力外，还有一个与加速度方向相反的惯性力。显然，在 *a* 不变时，*F=ma* 也不变化。这时，液体相对于容器不动。如果把坐标固定在容器上，据达朗贝尔原理，把惯性力 *F = ma* 加在液体质点上，则容器内液体在重力 *mg* 和惯性力 *F* 的作用下，处于相对平衡。

2．等加速直线运动液体的压强分布及等压面方程

取坐标系如图 2-17 所示，任取一点 *m*，作用在质点上的质量力为 *mg*（方向竖直向下），*ma*（方向水平向左），合力 *R* 与 *z* 轴成 α 角，则

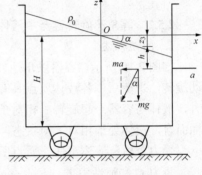

$$x=-a，y=0，z=-g$$

代入公式　　　　　$$dp = \rho(x dx + y dy + z dz)$$

则　　　　　　　　$$dp = -\rho(a dx + g dz) \qquad (2.33)$$

（1）等压面方程

令　　　　　　　　$$dp = 0$$

则　　　　　　　　$$a dx + g dz = 0$$

所以　　　　　　　$$ax + gz = C \qquad (2.34)$$

结论：

1）等压面是一簇平行的斜平面。

图 2.17　等加速水平运动示意图

2）等压面与 *x* 轴夹角为 $\alpha = \arctan\left(\dfrac{a}{g}\right)$（等压面与重力和惯性力的合力垂直）。

（2）自由液面。在自由液面上有 *x*=0，*z*=0，则 *C*=0。

自由液面方程为

$$ax + gz_s = 0$$

$$z_s = -\frac{a}{g}x \qquad (2.35)$$

式中　z_s——自由液面上点的 *z* 坐标。

（3）静水压强分布。设 $\rho=C$，对 $dp = -\rho(a dx + g dz)$ 积分，得

$$p = -\rho(ax + gz) + C$$

由边界条件 *x*=0，*z*=0 时，*p*=p_0，得

$$C = p_0$$

则　　　　　　　　$$p = p_0 - \rho(ax + gz)$$

$$p = p_0 + \rho g\left(-\frac{a}{g}x - z\right)$$

$$= p_0 + \gamma(z_s - z) \qquad (2.36)$$

$$= p_0 + \gamma h$$

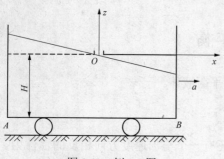

图 2.18　例 2.3 图

例 2.3　如图 2.18 所示，汽车上有一长方形水箱，高 $H=1.2\text{m}$，长 $L=4\text{m}$，水箱顶盖中心一供加水用的通大气压孔，试计算当汽车以加速度为 3m/s^2 向前行驶时，水箱底面上前后两点 A、B 的静水压强（装满水）。

解　水箱处于顶盖封闭状态，当加速时，液面不变化，但由于惯性力而引起的液体内部压力分布规律不变，自由液面仍为一倾斜平面，符合 $ax+gz_s=0$，

等压面与 x 轴方向之间的夹角 $\tan\theta=\dfrac{a}{g}$

$$p_A=\gamma h_A=\gamma\left(H+\tan\theta\cdot\frac{L}{2}\right)=17755(\text{Pa})$$

$$p_B=\gamma h_B=\gamma\left(H-\tan\theta\cdot\frac{L}{2}\right)=5760(\text{Pa})$$

2.5.2　等角速旋转容器中液体的相对平衡

1. 问题描述

如图 2.19 所示，容器以角速度 ω 绕 z 轴旋转时，由于黏性作用，靠近壁处液体首先被带动旋转，平衡后，各液体质点具有相同的角速度，此时，液体与容器一起旋转。相对于做等角速运动的圆桶而言，液体处于相对平衡状态。

受力分析：液体中任一质点所受的质量力有

重力 $\boldsymbol{G}$ 和惯性力 $\boldsymbol{F}$，且 $F=m\omega^2 r$，则 $\vec{R}=\vec{G}+\vec{F}$，随 r 增大而增大。

2. 压强分布、等压面方程

坐标固定在容器上，坐标原点 O 在旋转轴与自由液面的交点，z 轴竖直向上。

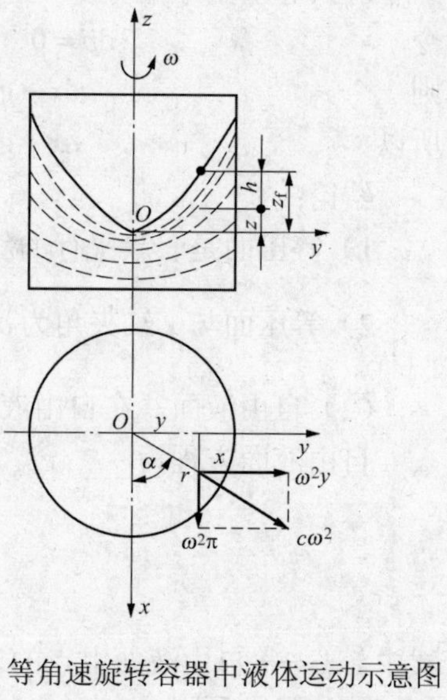

因为　　　　　　　$F=m\omega^2 r$

所以　　　$f=\dfrac{F}{m}=\omega^2 r$（单位质量力）

则　　　$f_x=\omega^2 r\cos\alpha=\omega^2 x$　　　（2.37）

　　　　$f_y=\omega^2 r\sin\alpha=\omega^2 y$　　　（2.38）

图 2.19　等角速旋转容器中液体运动示意图

而　　　　　　　　　　　　　　$z=-g$　　　　　　　　　　　　（2.39）

把式（2.37）～式（2.39）代入 Euler 方程的积分式

$$\begin{aligned}\text{d}p&=\rho(f_x\text{d}x+f_y\text{d}y+f_z\text{d}z)\\&=\rho(\omega^2 x\text{d}x+\omega^2 y\text{d}y-g\text{d}z)\end{aligned}$$　（2.40）

（1）等压面方程。令式（2.40）$\text{d}p=0$，得

$$\omega^2 x\text{d}x+\omega^2 y\text{d}y-g\text{d}z=0$$

积分得　　　$$\frac{1}{2}(\omega^2 x^2+\omega_2 y^2)-gz=C$$　（2.41）

得等压面方程
$$\frac{1}{2}\omega^2 r^2 - gz = C \tag{2.42}$$

结论：等压面是一簇绕 z 轴旋转的抛物面。

（2）自由液面方程。对于自由液面：$r=0$，$z=0$，得 $C=0$，则得到自由液面方程
$$\frac{1}{2}\omega^2 r^2 - gz_s = 0 \tag{2.43}$$

或
$$z_s = \frac{\omega^2 r^2}{2g} \tag{2.44}$$

式中　z_s——水面高出 xOy 平面的垂直距离。

（3）静水压强分布。不可压缩流体：$\rho = C$，积分式（2.40）得
$$p = \rho\left(\frac{\omega^2 x^2}{2} + \frac{\omega^2 y^2}{2} - gz\right) + C$$

即
$$p = \gamma\left(\frac{\omega^2 r^2}{2g} - z\right) + C \tag{2.45}$$

代入边界条件：$r=0$，$z=0$ 时，$p=p_0$，得
$$C = p_0$$

则
$$p = p_0 + \gamma\left(\frac{\omega^2 r^2}{2g} - z\right) \tag{2.46}$$
$$= p_0 + \gamma(z_s - z) = p_0 + \gamma h$$

结论：在同一高度上，其静水压强沿径向按二次方增长。

2.6　作用在平面、曲面上的静水总压力

在工程实践中，不仅需要了解静水压强的分布规律，而且还要确定整个受压面上的静水总压力的大小、方向及作用点。

2.6.1　作用在平面上的静水总压力

1. 作用在矩形平面上的静水总压力（图解法）

求静水总压力最方便的方法是利用静水压强图，所以也称此法为压力图法。

（1）绘制静水压强分布图。如图 2.20 所示，已知矩形闸门 AB 的宽度为 b，绘出静水压强分布图 ABE。

（2）静水总压力的计算
$$dP = \gamma h dA \tag{2.47}$$

则 $P = \displaystyle\int dP = \int_A \gamma h dA =$ 压强分布体体积

$$P = \frac{1}{2}\gamma H^2 b \tag{2.48}$$

其中 $\dfrac{1}{2}\gamma H^2$ 为压强分布图面积 S。

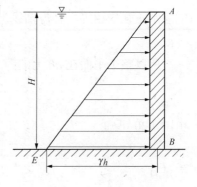

图 2.20　静水压强分布图

因此静水总压力大小为

$$P = Sb \tag{2.49}$$

结论：静水总压力大小为压强分布图的面积与受压面宽度的乘积。

（3）求作用点。P 的作用点通过压强分布图的形心。对矩形受压面而言，P 作用在离底 BE 上 $\frac{1}{3}H$ 处。

对 A 点求距

$$PL = \int_0^h \gamma bh^2 \mathrm{d}h$$

可得出

$$L = \frac{2}{3}H \tag{2.50}$$

则距 B 点为

$$e = \frac{1}{3}H \tag{2.51}$$

图解法计算作用力，仅对于一边平行于水平的矩形平板有效。图解法计算作用力的步骤是：先绘制压强分布图，作用力的大小等于压强分布图的面积乘以受压面的宽度；作用点的位置相当于分布图的形心点位置。

结论：图解法仅适用于受压面为矩形的情况。

2. 作用于任意平面上的静水总压力（分析法）

如图 2.21 所示，有一任意形状平面 ab，倾斜放置于水中，与水平面的夹角为 α，平面面积为 A，平面形心点在 C 处。平面左侧承受水的压力作用，水面压强为大气压强 p_a。由于 ab 平面的右侧也有大气压强 p_a 作用，所以在讨论液体的作用力时，只要求计算相对压强所引起的静水总压力。现取平面的延长面与水面的交线为 Ox 轴（Ox 轴垂直于纸面），垂直于 Ox 轴沿该平面向下为 Oy 轴，并将 Oxy 平面绕 Oy 轴旋转 90°，受压平面就在 Oxy 平面上清楚地表现出来了。

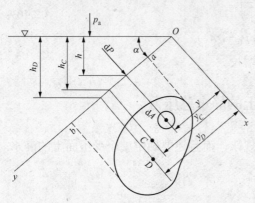

图 2.21 平面液体压力分析

（1）静水总压力的大小。

在 ab 平面内任意取一微小面积 $\mathrm{d}A$，其中心点 A 在水面下的深度为 h，纵坐标为 y，由于所取的微小面积尺寸很小，故可以认为微小面积上所有点的静水压强均相等，且与轴线上各点的压强相同，则作用在 $\mathrm{d}A$ 上的静水压力为

$$\mathrm{d}P = p\mathrm{d}A = \gamma h\mathrm{d}A \tag{2.52}$$

所以整个平面在 ab 上的静水总压力为

$$P = \int \mathrm{d}P = \int_A \gamma h\mathrm{d}A \tag{2.53}$$

由图 2.20 可知

$$h = y\sin\alpha$$

于是有

$$P = \gamma\sin\alpha \int_A y\mathrm{d}A \tag{2.54}$$

式中 $\int_A y\mathrm{d}A$ 表示面积 A 对 Ox 轴的静面矩 S_{Ox}（面积矩）。

$$S_{Ox} = \int_A y\mathrm{d}A = y_C A \qquad (2.55)$$

将式（2.55）代入式（2.54）得

$$P = \gamma\sin\alpha\, y_C A = \gamma h_C A \qquad (2.56)$$

而 γh_C 为形心点 C 处的静水压强 p_C，故

$$P = p_C A \qquad (2.57)$$

式中　y_C——形心坐标；

　　　P——平面上所受的静水总压力，N 或 kN；

　　　γ——液体重力密度，N/m³；

　　　h_C——受压面形心 C 点在液面下的淹没深度，m；

　　　p_C——受压面形心 C 处的静水压强，N/m² 或 kN/m²。

式（2.57）表明：作用于任意平面上的静水总压力，等于平面形心点上的静水压强与平面面积的乘积，p_C 可理解为整个平面上的平均静水压强。

（2）静水总压力的作用点（压力中心）。设静水总压力作用点位置在 $D\,(x_D,\ y_D)$ 处，据理论力学知，合力对任一轴的力矩等于各分力对该轴力矩的代数和。

对 Ox 轴

$$Py_D = \int \mathrm{d}Py = \gamma\sin\alpha\int_A y^2\mathrm{d}A \qquad (2.58)$$

式中 $\int_A y^2\mathrm{d}A$ 为面积 A 对 Ox 轴的惯性矩 I_{Ox}。

据惯性轴平行移轴定理

$$I_{Ox} = I_{xC} + y_C^2 A$$

式中　I_{xC}——面积 A 对通过其形心并与 x 轴平行的轴的惯性矩。

式（2.58）可变为

$$Py_D = \gamma\sin\alpha(I_{xC} + y_C^2 A) \qquad (2.59)$$

于是有

$$y_D = \frac{\gamma\sin\alpha(I_{xC} + y_C^2 A)}{P} = \frac{\gamma\sin\alpha(I_{xC} + y_C^2 A)}{\gamma\sin\alpha\, y_C A}$$

化简得

$$y_D = y_C + \frac{I_{xC}}{y_C A} \qquad (2.60)$$

由式（2.60）可知，总压力作用点 D 总在平面的形心点 C 之下。

同理有

$$Px_D = \int_A xp\mathrm{d}A = \gamma\sin\alpha\int xy\mathrm{d}A$$

得

$$x_D = \frac{I_{xy}}{y_C A} \qquad (2.61)$$

式中　$I_{xy} = \int_A xy\mathrm{d}A$ 称为 ab 平面对 Ox 及 Oy 轴的惯性矩。

据 x_D、y_D 即可确定 D 点的位置，若受压面有纵向对称轴，则不必设算 x_D。

为方便计算，现将工程上几种常见的平面通过形心轴的惯性矩 I_C 及其形心点的计算公式列于表 2.1 中，以供参考。

表 2.1　　　　　　　　　　　　常见平面的 I_C 及 C 的计算公式

图名	平面形状	惯性矩 I_C	形心 C 距下底的距离 s
矩形		$I_C = \dfrac{bh^3}{12}$	$s = \dfrac{h}{2}$
三角形		$I_C = \dfrac{bh^3}{36}$	$s = \dfrac{1}{3}h$
圆形		$I_C = \dfrac{\pi d^4}{64}$	$s = \dfrac{d}{2}$
梯形		$I_C = \dfrac{h^3}{36}\dfrac{(m^2+4mn+n^2)}{(m+n)}$	$s = \dfrac{h}{3}\dfrac{(2m+n)}{(m+n)}$

例 2.4　如图 2.22 所示，某挡水矩形闸门，门宽 $b = 2\text{m}$，一侧水深 $h_1 = 4\text{m}$，另一侧水深 $h_2 = 2\text{m}$，试用图解法求解闸门上所受到的静水总压力。

解　方法 1 首先分别求出两侧的静水压力，然后求合力。

$$P_{\text{L}} = S_{\text{L}}b = \frac{1}{2}\gamma h_1^2 b = 156.8\text{kN}$$

$$P_{\text{R}} = S_{\text{R}}b = \frac{1}{2}\gamma h_2^2 b = 39.2\text{kN}$$

合力 $P = P_{\text{L}} - P_{\text{R}} = 78.4\text{kN}$，方向水平向右。

根据力矩定理　　　　　　　　　$$Pe = P_{\text{L}}\frac{h_1}{3} - P_{\text{R}}\frac{h_2}{3}$$

解得 e=1.56m。

方法 2 先将两侧的压强分布图叠加，直接求静水总压力。如图 2.23 所示，直接求得阴影部分面积与矩形宽度乘积，即可求得合力大小。

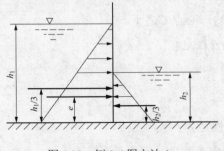

图 2.22　例 2.4 图方法 1

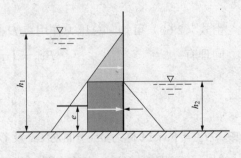

图 2.23　例 2.4 图方法 2

例 2.5 如图 2.24 所示为一斜置矩形闸门，已知 $H=8m$，$\alpha=45°$，$h=2m$，$b=2m$，试求：（1）矩形闸门上静水总压力及压力中心；（2）其他条件不变，若改用斜置圆形闸门，其半径 $R=1m$，求圆形闸门上所受的静水总压力及压力中心。

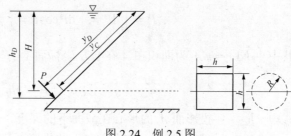

图 2.24　例 2.5 图

解 （1）矩形闸门。已知 $H=8m$，$\alpha=45°$，$h=2m$，$b=2m$，则

$$y_C=H/\sin\alpha=8/\sin45°=11.314m, \quad h_C=H=8m, \quad A=2\times2=4m^2$$

$$P=\gamma h_C A=9.8\times8\times4=313.6(kN)$$

$$I_C=\frac{bh^3}{12}=\frac{2\times2^3}{12}=1.333(m^4)$$

$$y_D=y_C+\frac{I_C}{y_C A}=11.314+\frac{1.333}{11.314\times4}=11.3435(m)$$

$$h_D=y_D\sin\alpha=11.3435\times\sin45°=8.021(m)$$

（2）圆形闸门。已知 $H=8m$，$\alpha=45°$，$R=1m$，则

$$y_C=H/\sin\alpha=8/\sin45°=11.314m, \quad h_C=H=8m, \quad A=\pi R^2=\pi\times1^2=3.1416m^2$$

$$P=\gamma h_C A=9.8\times8\times3.1416=246.30(kN)$$

$$I_C=\pi R^4/4=\pi\times1^4/4=0.7854$$

$$y_D=y_C+\frac{I_C}{y_C A}=11.314+\frac{0.7854}{11.314\times3.1416}=11.3361(m)$$

$$h_D=y_D\sin\alpha=11.3361\times\sin45°=8.016(m)$$

2.6.2　作用在曲面上的静水总压力

在实际工程中常遇到受压面为曲面的情况，如储水池壁面、圆管管壁、弧形闸门等。这些曲面多为二向曲面（或称柱面），因此，本节只讨论二向曲面的静水总压力的问题。

对于曲面由各部分面积上所受的静水压力的大小及方向均可不相同，所以不能用求代数和的方法来计算液体总压力，为了把它变成求平行力系的合力问题，只能分别计算出作用在曲面上 P 的水平分力 P_x 和垂直分力 P_z，最后将 P_x、P_z 合成 P。

1. 静水总压力大小

设面积为 A 的曲面 ab 受液体作用，如图 2.25 所示，若液面通大气，其液面的相对压强为零，则在曲面 ab 上任取一微小面积 dA（淹没深度为 h），其受到的微小压力为 $dP=\gamma h dA$。将 dP 分解为 dP_x 和 dP_z，然后分别在 A 上求积分得 P_x 和 P_z。

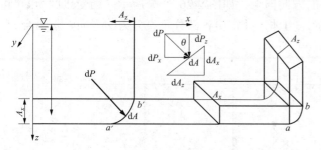

图 2.25　作用在曲面上的液体静压力

（1）液体总压力 P 的水平分力 P_x 为

$$P_x = \int_A \mathrm{d}P_x = \int_A \mathrm{d}P\cos\theta = \int_A \gamma h\cos\theta \mathrm{d}A = \gamma \int_{A_x} h\mathrm{d}A_x \qquad (2.62)$$

其中 $\int_{A_x} h\mathrm{d}A_x = h_C A_x$ 为面积在 A 在 yOz 坐标面上的投影面积 A_x 对 Oy 轴的静面距，于是有

$$P_x = \gamma h_C A_x \qquad (2.63)$$

式中 h_C——投影面 A_x 的形心在液面下的深度，m；

$\quad A_x$——受压曲面 ab 在 x 方向上的投影面积，m^2；

$\quad \gamma$ ——液体重力密度，N/m^3。

由此可知，作用在曲面 ab 上的静水总压力的水平分力 P_x，等于作用于该曲面的水平方向上投影面积的静水总压力。P_x 的作用方向是水平指向受压面，其作用点可按式 $y_D = y_C + \dfrac{I_{xC}}{y_C A}$ 计算。

（2）静水总压力 P 的垂直分力 P_z 为

$$P_z = \int_A \mathrm{d}P_z = \int_A \mathrm{d}P\sin\theta = \int_A \gamma h\mathrm{d}A\sin\theta = \gamma \int_{A_z} h\mathrm{d}A_z \qquad (2.64)$$

其中 $\int_{A_z} h\mathrm{d}A_z$ 为曲面 ab 上方的液柱体积 V，通常这个体积称为压力体，于是

$$P_z = \gamma V \qquad (2.65)$$

式（2.65）表明作用在曲面上的静水总压力的垂直分力 P_z，等于该曲面的压力体内液体的重量。P_z 的作用线通过压力体的重心。

压力体是所研究的曲面（淹没在静止液体中的部分）到自由液面或自由液面的延长面间投影所包围的一块空间体积。

压力体的围成：

1）受压曲面本身；

2）液面或液面的延长面；

3）通过曲面的四个边缘向液面或液面的延长面所做的铅垂面。

如果压力体和液体位于受压面的同侧，压力体内充满液体，称为实压力体，则 P_z 的方向向下，如图 2.26（a）所示；如压力体和液体位于受压面的两侧，液体位于受压面的下方，在压力体内无液体，称为虚压力体，则 P_z 的方向向上，如图 2.26（b）所示；当受压面为凹凸相间的复杂柱面时，可分别绘出各部分的压力体，并定出各部分垂直分力的方向，然后合成即可得出总垂直分力的方向，如图 2.26（c）所示。

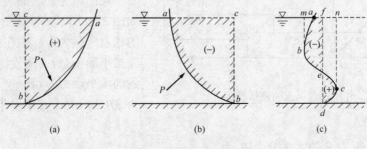

图 2.26 压力体

（3）静水总压力 P 大小

$$P = \sqrt{P_x^2 + P_z^2} \qquad (2.66)$$

2. 液体静水总压力方向

P 的作用线与水平线的夹角 θ 为

$$\theta = \arctan \frac{P_z}{P_x} \qquad (2.67)$$

3. 静水总压力作用点

P 的作用线必然通过 P_x 与 P_z 的交点，对于圆柱体曲面，必定通过圆心。总压力 P 的作用线与受压曲面的交点，即为静水总压力的作用点。

做法：将 P_z 和 P_z 的作用线延长，交于 m 点，过 m 点作与水平面交角为 θ 的直线，它与曲面的交点 n 即为 P 的作用点。

以上推导的求作用在平面与曲面上的静水总压力 P 的公式只适用于液面压强为大气压。对密闭容器，当液面压强大于或小于大气压时，则应以相对压强为零的液面（即测压管水头所在的液面）求静水总压力和压力作用点。这个相对压强为零的液面和容器实际液面的距离为 $|p_0 - p_a| / \gamma$。

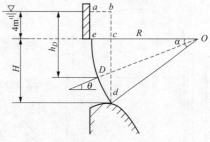

例 2.6 如图 2.27 所示，为一溢流坝上的弧形闸门。已知 $R=10$m，门宽 $b=8$m，$\alpha=30°$。

试求：（1）作用在弧形闸门上的液体静水总压力；
（2）压力作用点位置。

解（1）液体静水总压力的水平分力

图 2.27 例 2.6 图

$$H = R\sin 30° = 10 \times 0.5 = 5 \text{(m)}$$

$$P_x = \gamma h_c A_x = \gamma \left(4 + \frac{H}{2}\right) bH = 9.8 \times \left(4 + \frac{5}{2}\right) \times 5 \times 8 = 2548 \text{(kN)}$$

（2）液体静水总压力的铅直分力

$$P_z = \gamma V = \gamma A_{abcde} b = 9.8 \times 9.88 \times 8 = 774.6 \text{(kN)}$$

其中

$$A_{abcde} = A_{abce} + A_{cde} = 5.36 + 4.52 = 9.88 \text{(m}^2\text{)}$$

$$A_{abde} = 4 \times \overline{ce} = 4 \times (R - R\cos 30°) = 4 \times (10 - 10 \times 0.866) = 5.36 \text{(m}^2\text{)}$$

$$A_{cde} = A_{Ode} - A_{Ocd}$$

$$= \pi R^2 \frac{30°}{360°} - \frac{1}{2} R\sin 30° R\cos 30°$$

$$= 3.14 \times 10^2 \times \frac{30°}{360°} - \frac{1}{2} \times 10 \times 0.5 \times 10 \times 0.866$$

$$= 26.17 - 21.65 = 4.52 \text{(m}^2\text{)}$$

（3）静水总压力

$$P = \sqrt{P_x^2 + P_y^2} = \sqrt{2548^2 + 774.6^2} = 2663 \text{(kN)}$$

（4）静水总压力与水平方向夹角

$$\theta = \arctan\left(\frac{P_z}{P_x}\right) = \arctan\left(\frac{774.6}{2548}\right) = 16.91°$$

合力与闸门的交点到水面的距离为 6.91m。

思 考 题

1．什么是静水压强？静水压强有什么特性？

2．什么是等压面？等压面有什么性质？

3．水静力学基本方程的形式和表示的物理意义是什么？

4．静止液体中沿水平方向和垂直方向的静水压强是否变化？怎么变化？

5．在什么条件下"静止液体内任何一个水平面都是等压面"的说法是正确的？

6．如图 2.28 所示一密闭水箱，试分析水平面 *A-A*、*B-B*、*C-C* 是否皆为等压面？

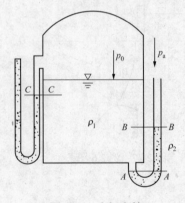

图 2.28　密闭水箱

7．请解释下列名词的物理意义：绝对压强、相对压强、真空和真空度、水头、位置水头、压强水头和测压管水头，并说明水头与能量的关系。

8．表示液体静水压强的单位有哪三种？写出它们之间的转换关系。

9．什么是液体静水压强分布图？它绘制的原理和方法是什么？为什么在工程中通常只需要计算相对压强和绘制相对压强分布图？

10．请叙述并写出计算平面上液体总压力大小和作用点位置的方法和公式，并说明其应用条件。

11．压力中心 *D* 和受压平面形心 *C* 的位置之间有什么关系？在什么情况下 *D* 点与 *C* 点重合？

12．请叙述压力体的构成和判断铅垂方向作用力 p_z 方向的方法。

13．如何确定作用在曲面上液体总压力水平分力与铅垂分力的大小、方向和作用线的位置。

习 题

2.1　如图 2.29 所示，一倒 U 形压差计，左边管内为水，右边管内为相对密度（即比重）G_1=0.9 的油。倒 U 形管顶部为相对密度 G_2=0.8 的油。已知左管内 *A* 点的压强 $p_A = 98\text{kN}/\text{m}^2$，试求右边管内 *B* 点的压强。

2.2　已知一盛水容器中 *A* 点的相对压强为 0.8 个工程大气压，如图 2.30 所示，如在该点左侧安装一根测压管，问至少需要多长的测压管？如在该点右侧器壁上安装水银测压计，已知水银重力密度 $\gamma_{\text{Hg}} = 133.28\text{kN/m}^3$，$h_1 = 0.2\text{m}$，问水银柱高度差 h_2 是多少？

2.3　有一封闭容器如图 2.31 所示。内盛有相对密度 *G*=0.9 的酒精，容器上方有一压力表，其读数为 15.1kN/m^2，容器侧壁有一玻璃管接出，酒精液面上压强 $p_0 = 11$kN/m^2，大气压强 $p_a = 98$kN/m^2，管中水银面的液面差 $h = 0.2$m，求 x、y 各为多少？

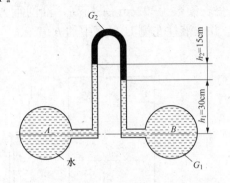

图 2.29　习题 2.1 图

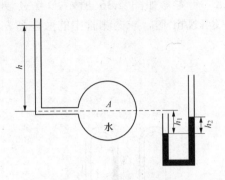

图 2.30　习题 2.2 图

2.4　如图 2.32 所示，已知 $h_1 = 0.1$m，$h_2 = 0.2$m，$h_3 = 0.3$m，$h = 0.5$m，U 形测压管中为水银和气体，试计算水管中 A 点的压强。

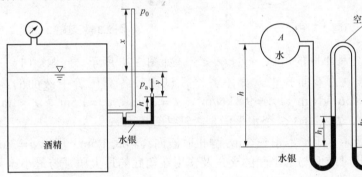

图 2.31　习题 2.3 图　　　　　图 2.32　习题 2.4 图

2.5　如图 2.33 所示，已知两压力容器中 A、B 两点的高差为 $\Delta z = 2$m，$p_A = 21.4$kPa，$\gamma_{Hg} = 133.28$kN/m^3，$\Delta h = 0.5$m。试求：（1）若容器中为空气，求 B 点的压强 p_B；（2）若容器中为水，求 A、B 两点的压强差 $\Delta p = p_B - p_A$。

2.6　如图 2.34 所示，已知水箱真空表读数为 0.98kN/m^2，水箱与油箱的液面高差 $H = 1.5$m，水银柱高差 $h_2 = 0.2$m，油的重力密度 $\gamma_{ilo} = 7.85$kN/m^3，求 h_1 是多少？

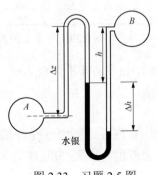

图 2.33　习题 2.5 图　　　　　

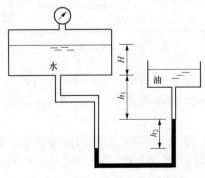

图 2.34　习题 2.6 图

2.7　如图 2.35 所示，已知 U 形管中水银柱高差 $\Delta h = 0.36\text{m}$，A、B 两点的高差 $\Delta z = 1\text{m}$，试求 A、B 两点的压强差。

2.8　一容器如图 2.36 所示，当 A 处的真空表读数为 22cm 汞柱高，油的重力密度 $\gamma_{\text{ilo}} = 7.84\text{kN/m}^2$ 时，求两测管中的液柱高 h_1、h_2，并求液柱左侧 U 形管中的 h 值。

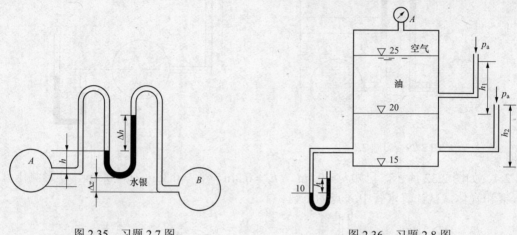

图 2.35　习题 2.7 图　　　　　　　　　　　图 2.36　习题 2.8 图

2.9　一容器中有三种不同的液体，$\gamma_1 < \gamma_2 < \gamma_3$，如图 2.37 所示。问题：（1）三根测压管中的液面是否与容器中的液面齐平，如不齐平，试比较各测压管中液面的高度。（2）$\gamma_1 = 7.62\,\text{kN/m}^2$、$\gamma_2 = 8.561\,\text{kN/m}^2$、$\gamma_3 = 9.8\,\text{kN/m}^2$，$a_1 = 2.5\text{m}$，$a_2 = 1.5\text{m}$，$a_3 = 1\text{m}$ 时，求 h_1、h_2 和 h_3。（3）图中 1-1、2-2、3-3 三个水平面是否都是等压面？

2.10　如图 2.38 所示。矩形木箱长 3m，静止时液面离箱底 1.5m，现以 $a = 3\text{m/s}^2$ 的加速度水平运动，试计算此时液面与水平面的夹角及作用在箱底的最大压强与最小压强。

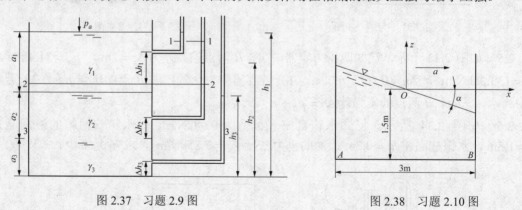

图 2.37　习题 2.9 图　　　　　　　　　　　图 2.38　习题 2.10 图

2.11　如图 2.39 所示一盛油车，长 10m，宽 3m，深 2.5m。油面上尚余 1m。为了使油不致流出，最大加速度为多少？如油车被封顶，全充满原油，当 $a = 3.5\text{m/s}^2$ 时，求前后顶部的压强差。

2.12　如图 2.40 所示为一圆柱形容器，其半径为 $R = 0.15\text{m}$，当角速度 $\omega = 21\text{rad/s}$ 时，液面中心恰好触底，试求：（1）若使容器中水旋转时不会溢出，容器高度 H 为多少？（2）容器停止旋转后，容器中的水深 h 为多少？

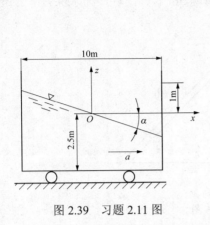

图 2.39 习题 2.11 图

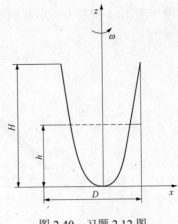

图 2.40 习题 2.12 图

2.13 如图 2.41 所示为一离心分离器，已知半径 $r = 0.15\text{m}$，高 $H = 0.5\text{m}$，充水深度 $h = 0.3\text{m}$，若容器绕 z 轴以等加速度 ω 旋转，试求：容器可以多大极限转速旋转时，才不致使水从容器中溢出。

2.14 如图 2.42 所示的圆桶，设半径 $r_0 = 0.3\text{m}$，高 $z = 0.8\text{m}$，圆桶内盛满水。当圆桶以 60r/min 的等角速度绕其铅垂轴旋转时，求从圆桶中溢出的水量；若是圆桶底中心刚露出水面，求其角速度。

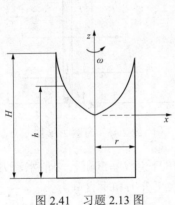

图 2.41 习题 2.13 图

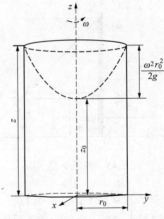

图 2.42 习题 2.14 图

2.15 有一混凝土重力坝如图 2.43 所示，已知 $h_1 = 10\text{m}$，$h_2 = 40\text{m}$，$b_1 = 15\text{m}$，$b_2 = 40\text{m}$，试求坝每米所受的静水总压力及该力对 O 点的力矩（假定底部无水压力）。

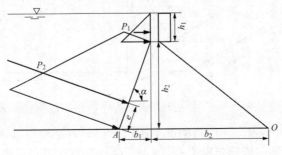

图 2.43 习题 2.15 图

2.16　如图 2.44 所示为一小型挡水坝，面板后每隔 3m 有一支柱，如水深 $H = 2.5\text{m}$，求每根支柱所受的力。

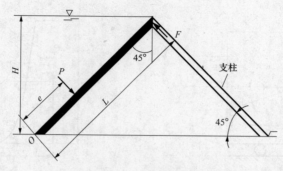

图 2.44　习题 2.16 图

2.17　有一矩形平板闸门，宽度 $b=2\text{m}$，如图 2.45 所示。已知水深 $h_1 = 4\text{m}$，$h_2 = 8\text{m}$，求闸门上的静水总压力及其作用点的位置。

2.18　矩形闸门高 5m，宽 3m，下端有铰与闸底板连接，上端有铰链维持其垂直位置，如图 2.46 所示。如果闸门一边海水高出门顶 6m，另一边海水高出门顶 1m，海水的相对密度为 1.025，问铰链所受的拉力是多少？

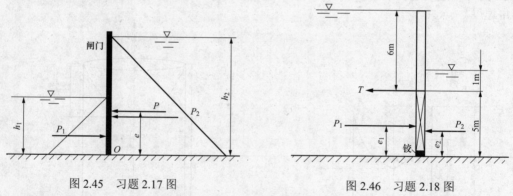

图 2.45　习题 2.17 图　　　　　　　　　图 2.46　习题 2.18 图

2.19　如图 2.47 所示的浆砌石坝，垂直于纸面方向的长度 $L = 50\text{m}$，坝前水深 $H = 5\text{m}$，坝上游的倾角 $\alpha = 60°$，试求该坝所受的静水总压力的水平分力和垂直分力。

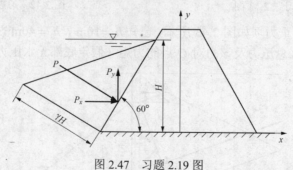

图 2.47　习题 2.19 图

2.20　如图 2.48 所示为一矩形自动泄水闸门，门高 $H = 3\text{m}$，试问：（1）如果要求水面超过门顶 $h = 1\text{m}$ 时泄水闸门能够自动打开，门轴 O-O 应该放在什么位置？（2）如果将门轴放在形心处，h 不断增大时，闸门有无自动打开的可能性？为什么？

2.21 如图 2.49 所示的矩形闸门 AB，闸门宽 $b=3\text{m}$，门重 $G=9.8\text{kN}$，$\alpha=60°$，$h_1=1\text{m}$，$h_2=1.73\text{m}$，试求：（1）下游无水时闸门的启闭力 T；（2）下游水深为 $h_3=0.5h_2$ 时闸门的启闭力 T。

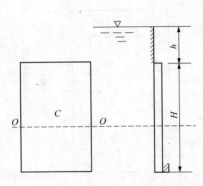

图 2.48 习题 2.20 所示

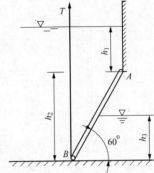

图 2.49 习题 2.21 图

2.22 如图 2.50 所示为一自动翻板闸门，已知支撑横轴距门底 $h_1=0.4\text{m}$，门可绕此横轴做顺时针转动开启，门高 $h=1\text{m}$，宽 $b=0.4\text{m}$，不计支撑部分的摩擦力，试确定门前水深 H 为多少时门才能自动打开？

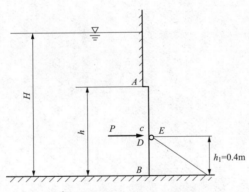

图 2.50 习题 2.22 图

2.23 有一弧形闸门，圆心角 $\alpha=45°$，闸门宽度 $b=4\text{m}$，门前水深 $h=3\text{m}$，如图 2.51 所示。求弧形闸门上的静水总压力及作用点。

2.24 有一弧形闸门如图 2.52 所示，已知弧形闸门的半径 $R=6\text{m}$，圆心角 $\alpha=60°$，闸门宽度 $b=2\text{m}$，试求作用在弧形闸门上的静水总压力及作用点。

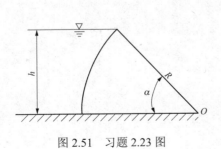

图 2.51 习题 2.23 图

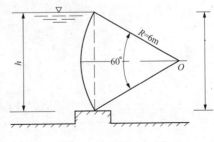

图 2.52 习题 2.24 图

2.25　如图 2.53 所示为一弧形闸门，门宽 $b=3\text{m}$，圆弧半径 $R=2\text{m}$，圆心角 $\alpha=90°$，上游水深 $H=12\text{m}$，下游水深 $h=8\text{m}$，求作用在闸门上的静水总压力及方向。

2.26　密闭盛水容器如图 2.54 所示，已知 $h_1=0.6\text{m}$，$h_2=1.0\text{m}$，水银测压计测得 $\Delta h=0.25\text{m}$，试求半径 $R=0.5\text{m}$ 的半球形盖 AB 所受静水总压力的水平分力和垂直分力。

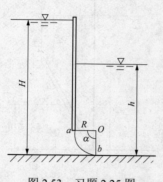

图 2.53　习题 2.25 图

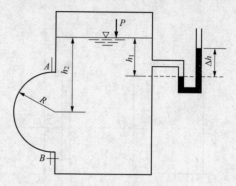

图 2.54　习题 2.26 图

第3章 水 动 力 学

 教学基本要求

了解描述液体运动的拉格朗日法和欧拉法的内容和特点；理解液体运动的基本概念，包括流线和迹线，元流和总流，过水断面、流量和断面平均流速，一元流、二元流和三元流等；掌握液体运动的分类和特征，即恒定流和非恒定流，均匀流和非均匀流，渐变流和急变流；理解测压管水头线、总水头线、水力坡度与测压管水头、流速水头、总水头和水头损失的关系；掌握并能应用恒定总流连续性方程；掌握恒定总流的能量方程；理解恒定总流的能量方程和动能修正系数的物理意义；了解能量方程的应用条件和注意事项，能熟练应用恒定总流能量方程进行计算；掌握恒定总流的动量方程及其应用条件和注意事项；掌握动量方程投影表达式和矢量投影正负号的确定方法，会进行作用在总流上外力的分析；能应用恒定总流的动量方程、能量方程和连续方程联合求解，解决工程实际问题。

 学习重点

液体运动的分类和基本概念；恒定总流的连续性方程、能量方程和动量方程及其应用；恒定总流的连续方程、能量方程和动量方程水力计算问题。

3.1 描述液体运动的两种方法

液体质点：物理点。是构成连续介质的液体的基本单位，宏观上无穷小（体积非常微小，其几何尺寸可忽略），微观上无穷大（包含许许多多的液体分子，体现了许多液体分子的统计学特性）。

空间点：几何点。表示空间位置。液体质点是液体的组成部分，在运动时，一个质点在某一瞬时占据一定的空间点 (x, y, z) 上，具有一定的速度、压力、密度、温度等标志其状态的运动参数。拉格朗日法以液体质点为研究对象，而欧拉法以空间点为研究对象。

3.1.1 拉格朗日（Lagrange）法——质点法

拉格朗日法：以运动着的液体质点为研究对象，跟踪观察个别液体质点在不同时间其位置、流速和压力的变化规律，然后把足够的液体质点综合起来获得整个流场的运动规律。也就是说，Lagrange 法着眼于液体质点，它以每个运动着的液体质点为研究对象，跟踪观察质点的运动轨迹（迹线）及运动参量（v、p）随时间的变化，综合所有液体质点的运动，得到液体的运动规律。

拉格朗日变数：取 $t=t_0$ 时，以每个质点的空间坐标位置 (a, b, c) 作为区别该质点的标识，称为拉格朗日变数。

方程：设任意时刻 t，质点坐标为 (x, y, z)，则

$$\begin{cases} x = x(a,b,c,t) \\ y = y(a,b,c,t) \\ z = z(a,b,c,t) \end{cases} \tag{3.1}$$

Lagrange 法在概念上较直观，但在数学处理上较为复杂。所以很少用，本书主要采用 Euler 法。

适用情况：液体的振动和波动问题。

优点：可以描述各个质点在不同时间参量变化，研究液体运动轨迹上各流动参量的变化。

缺点：不便于研究整个流场的特性。

3.1.2　欧拉（Euler）法——流场法

Euler 法是考察通过固定空间位置点的不同液体质点的运动状态，来了解整个运动空间内的流动情况，汇总这些情况即可了解整个液体的运动变化规律。它着眼于充满运动液体的空间（流场），以流场上各个固定的空间点作为考察对象，寻求液体质点通过这些空间固定点时，运动参量随时间的变化规律，而不考虑个别质点的运动过程。

欧拉变数（量）：空间坐标（x，y，z）称为欧拉变数。

方程：因为欧拉法是描写流场内不同位置的质点的流动参量随时间的变化，则流动参量应是空间坐标和时间的函数。

设在某一瞬时，观察到流场中各空间点上液体质点的流速，将这些流速综合在一起就构成了一个流速场，若求得各瞬时的流速场，就可得流速场随时间的变化。因此，流速应该是空间点坐标（x、y、z）和时间 t 的函数，即

$$\boldsymbol{u} = \boldsymbol{u}(x,y,z,t) \tag{3.2}$$

流速在各坐标轴上的投影为

$$\begin{cases} u_x = u_x(x,y,z,t) \\ u_y = u_y(x,y,z,t) \\ u_z = u_z(x,y,z,t) \end{cases} \tag{3.3}$$

其他各运动参量也可用类似的方法来表示，如压强

$$p = p(x,y,z,t) \tag{3.4}$$

3.1.3　液体质点加速度公式

$$\boldsymbol{a} = \frac{\partial^2 s}{\partial t^2} \tag{3.5}$$

或

$$\boldsymbol{a} = \frac{d\boldsymbol{u}}{dt}$$

即

$$\begin{cases} a_x = \dfrac{du_x}{dt} \\ a_y = \dfrac{du_y}{dt} \\ a_z = \dfrac{du_z}{dt} \end{cases} \tag{3.6}$$

也就是
$$a = \lim_{\substack{\Delta t \to 0, \Delta x \to 0 \\ \Delta y \to 0, \Delta z \to 0}} \left(\frac{u(x+\Delta x, y+\Delta y, z+\Delta z, t+\Delta t) - u(x,y,z,t)}{\Delta t} \right) \tag{3.7}$$

将式（3.7）的分子作泰勒展开，并略去高阶无穷小量
$$u(x+\Delta x, y+\Delta y, z+\Delta z, t+\Delta t) - u(x,y,z,t) = \frac{\partial u}{\partial t}\Delta t + \frac{\partial u}{\partial x}\Delta x + \frac{\partial u}{\partial y}\Delta y + \frac{\partial u}{\partial z}\Delta z \tag{3.8}$$

可得
$$a = \lim_{\substack{\Delta t \to 0, \Delta x \to 0 \\ \Delta y \to 0, \Delta z \to 0}} \left(\frac{\partial u}{\partial t} + \frac{\partial u}{\partial x}\frac{\Delta x}{\Delta t} + \frac{\partial u}{\partial y}\frac{\Delta y}{\Delta t} + \frac{\partial u}{\partial z}\frac{\Delta z}{\Delta t} \right) \tag{3.9}$$

注意到 Δx、Δy、Δz 是质点分别在各方向上 Δt 时段的位移，则
$$\lim \frac{\Delta x}{\Delta t} = u_x \quad \lim \frac{\Delta y}{\Delta t} = u_y \quad \lim \frac{\Delta z}{\Delta t} = u_z \tag{3.10}$$

故
$$\boldsymbol{a} = \frac{\partial \boldsymbol{u}}{\partial t} + u_x \frac{\partial \boldsymbol{u}}{\partial x} + u_y \frac{\partial \boldsymbol{u}}{\partial y} + u_z \frac{\partial \boldsymbol{u}}{\partial z} \tag{3.11}$$

加速度 a 在各方向上的分量
$$\begin{cases} a_x = \dfrac{\partial u_x}{\partial t} + u_x \dfrac{\partial u_x}{\partial x} + u_y \dfrac{\partial u_x}{\partial y} + u_z \dfrac{\partial u_x}{\partial z} \\[2mm] a_y = \dfrac{\partial u_y}{\partial t} + u_x \dfrac{\partial u_y}{\partial x} + u_y \dfrac{\partial u_y}{\partial y} + u_z \dfrac{\partial u_y}{\partial z} \\[2mm] a_z = \dfrac{\partial u_z}{\partial t} + u_x \dfrac{\partial u_z}{\partial x} + u_y \dfrac{\partial u_z}{\partial y} + u_z \dfrac{\partial u_z}{\partial z} \end{cases} \tag{3.12}$$

式（3.11）中：$\dfrac{\partial u}{\partial t}$ 表示在某一固定空间点上，液体质点速度对时间的变化率。也就是在同一地点，由于时间的变化而引起的加速度，称为当地加速度。

其余几项表示液体质点在同一时刻因地点变化而引起的加速度，称为迁移加速度。

所以，应用欧拉法描述液体运动时，液体质点的加速度应是当地加速度与迁移加速度之和。例如：由水箱侧壁开口并接出一根收缩管（见图 3.1），水经该管流出。由于水箱中水位逐渐下降，收缩管内同一点的流速随时间不断减小；另外，由于管段收缩，同一时刻收缩管内各点的流速又沿程增加。前者引起的加速度就是当地加速度，后者引起的加速度就是迁移加速度。

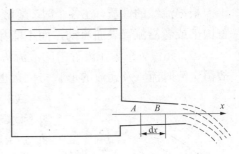

图 3.1　收缩管出流

3.2　液体运动的基本概念

3.2.1　描述液体运动的基本概念

1. 迹线与流线

（1）迹线。是某一液体质点运动的轨迹线，它是液体质点运动的几何描述。

（2）流线。是速度场的向量线，它是某一固定时刻的空间曲线，该曲线上任意一点的切向量与当地的速度向量重合。

做法：在某一瞬时，取流场上的某一点 1，画出其速度向量 u_1，在 u_1 上靠近 1 点取 2 点，经过 2 点引同一瞬时的速度向量 u_2，便可得该瞬时的折线 1、2、3、4…，当各点都无限靠近时，折线便成为光滑的曲线，这条曲线就是该瞬时经过 1 点的流线，如图 3.2 所示。

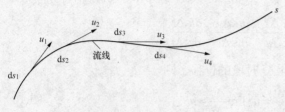

图 3.2　流线分析

一般而言，通过同一点的流线和迹线是不重合的，但在恒定流中，固定各点的流速不随时间变化，故流线形状不随时间变化，液体质点必沿某一确定的流线运动，此时，流线和迹线重合。

综合以上分析，流线和迹线是描述液体运动的不同几何特性，它们的最根本差别是：迹线是同一质点不同时刻的位移曲线。流线则是同一时刻，不同质点连接起来的速度场向量线。

简言之，迹线是描述指定质点的运动过程，流线是描述给定瞬间的速度场状态。

流线的特点：①流线代表流速方向的矢量线，其疏密程度代表流速的大小。②流线不能相交。③流线为光滑曲线。

2. 流管、元流、总流

（1）流管。在液流内任取一微小封闭的曲线，从曲线上的每一点作流线，这些流线所组成的一个封闭管状曲线称为流管，见图 3.3。

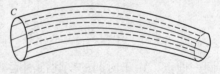

图 3.3　流管

根据流线的性质，在各个时刻，液体质点只能在流管内部或者沿流管表面流动，而不能穿破流管。

（2）元流。充满在流管中的液流称为元流。因恒定流时流线的形状与位置不随时间改变，故恒定流时流管及元流的形状与位置也不随时间改变，见图 3.4。

（3）总流。由无数个元流组成的整个液流。总流可视为实际水流中所有元流的集合，总流的边界就是一个大流管，即实际液体的边界，如明渠水流、管道水流等，见图 3.4。

3. 过水断面、流量与断面平均流速

（1）过水断面（A）。垂直于元流或总流流向的横截面。

（2）流量（Q）。单位时间内通过某一过水断面的液体量。根据流量的单位不同，可分为：体积流量 Q（m^3/s）或（L/s）、重量流量 γQ（kN/s）和质量流量 ρQ（kg/s）。

元流的流量

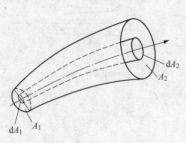

图 3.4　元流与总流

$$dQ = u dA \tag{3.13}$$

总流的流量

$$Q = \int_A \mathrm{d}Q = \int_A u\mathrm{d}A \qquad (3.14)$$

（3）断面平均流速（v）。在工程计算中为简化问题，常把过水断面上不均匀的流速看成是均匀分布的，并以这个均匀分布流速 v 所通过的流量与实际流量相等，流速 v 就称为平均流速（见图 3.5），即

$$Q = \int_A u\mathrm{d}A = vA \qquad (3.15)$$

或

$$v = \frac{Q}{A}$$

式中　Q——液体的体积流量，$\mathrm{m^3/s}$；

　　　v——断面平均流速，$\mathrm{m/s}$；

　　　A——总流过水断面面积，$\mathrm{m^2}$。

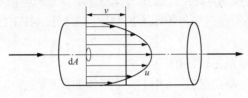

图 3.5　断面平均流速

3.2.2　液体运动的类型

1. 恒定流与非恒定流

划分依据：Euler 变量中的时间变量对运动要素的影响。

若在流场中所有空间上的运动要素均不随时间而改变，这种流动称为恒定流；反之，则称为非恒定流。

2. 有压流（有压管流）和无压流（明渠流）

具有自由液面的液流称为无压流或明渠流；反之，则为有压流或管流。

3. 均匀流和非均匀流（按速度大小和方向是否沿程变化）

流速沿程不变的流动称为均匀流；反之，称非均匀流。

在均匀流时不存在迁移加速度，即 $u = \dfrac{\partial u}{\partial t} = 0$，其流线簇为彼此平行的直线簇。

按各流线是否接近于平行直线，又可将非均匀流分为渐变流和急变流。

渐变流：各流线之间的夹角很小，各流线几乎是平行的，且各流线的曲率半径很大，即各流线几乎是直线的液体运动。均匀流是渐变流的极限情况。

急变流：各流线之间的夹角很大，或者各流线的曲率半径很小。

4. 一元流、二元流和三元流

划分依据：运动要素与 Euler 变量中坐标变量的关系。

一元流：若某种液流，在一个方向流动最为显著，而在其余两个方向的流动可忽略。

一元流时运动要素只与一个位置坐标有关。

二元流：液流主要表现为两个方向的流动，而第三个方向的流动可以忽略（平面流）。

其运动要素只与两个位置坐标有关。

　　三元流：三个方向的流动都不能忽略的液流，即空间任何一点的运动要素均不相同（空间流）。其运动要素是三个位置坐标的函数。

3.3　液体运动的连续性方程

3.3.1　系统和控制体

　　在质点法中，所有的以某些确定的液体质点所组成的液体团（质点系），这个确定的液体团称为系统。系统的边界是把系统和外界分开的假想的或真实的表面。在运动过程中，系统的位置、体积和形状可以发生变化，但其组成的质点仍保持不变，也就是说没有质量流进或流出系统的边界。

　　被液体所流过的，相对于某个坐标系来讲，固定不变的任何体积称为控制体。控制体的边界面称为控制面，它总是封闭表面，占据控制体的各液体质点是随时间而变化的。在恒定流中，由流管侧表面和两端过水断面所包围的体积即为控制体，占据控制体的流束即为液体系统。

　　控制体特点：

　　（1）控制面相对于坐标系是固定的。

　　（2）在控制面上可以有质量交换，即可以有液体的流进或流出控制面。

　　（3）在控制面上受到控制体以外物体加在控制体内物体上的力。

　　（4）在控制面上可以有能量交换。

　　对于同一液体运动的问题，显然，使用拉格朗日观点的系统概念和使用欧拉观点的控制体概念来研究，两者所得的结论是一致的，所以它们之间是有联系的。

3.3.2　液体运动的连续性微分方程

　　液体最普遍的运动形式是空间运动，为建立三元流动的连续性方程，在流场中取出边长为 dx、dy、dz 的微元六面体，如图 3.6 所示，研究六面体内质量的变化，根据质量守恒定律推导液体运动的连续性微分方程。

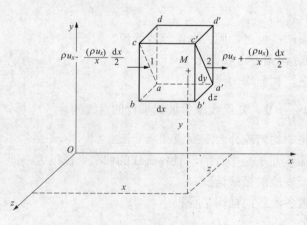

图 3.6　微元六面体

　　1．单位时间内流入与流出的液体质量

　　六面体形心点 M 的坐标为 (x, y, z)；在 t 时刻该点的流速为 u，在三个坐标轴的分量为 (u_x, u_y, u_z)；密度是 ρ。六面体内各点在同一时刻 t 的流速和密度可以用泰勒级数表达，并略去级数中二阶以上的各项。

　　分析经过微小时段 dt 沿 x 方向流过六面体两个平面 $abcd$ 和 $a'b'c'd'$ 的液体质量。根据泰勒级数展开，在 dt 时段内，流过 $abcd$ 和 $a'b'c'd'$ 中心点单位面积的液体质量分别为 $\left(\rho u_x - \dfrac{\partial \rho u_x}{\partial x}\dfrac{dx}{2}\right)dt$ 和 $\left(\rho u_x + \dfrac{\partial \rho u_x}{\partial x}\dfrac{dx}{2}\right)dt$。

因两个平面都很小，中心点上的水力要素可分别代表平面的平均情况。因此，在 dt 时段内，由 $abcd$ 面流入的液体质量为

$$\left(\rho u_x - \frac{\partial \rho u_x}{\partial x}\frac{\mathrm{d}x}{2}\right)\mathrm{d}y\mathrm{d}z\mathrm{d}t \tag{3.16}$$

由 $a'b'c'd'$ 面流出的液体质量为

$$\left(\rho u_x + \frac{\partial \rho u_x}{\partial x}\frac{\mathrm{d}x}{2}\right)\mathrm{d}y\mathrm{d}z\mathrm{d}t \tag{3.17}$$

两者之差，即沿 x 轴方向质量的变化为

$$-\frac{\partial \rho u_x}{\partial x}\mathrm{d}x\mathrm{d}y\mathrm{d}z\mathrm{d}t \tag{3.18}$$

同理、沿 y 轴方向质量的变化为

$$-\frac{\partial \rho u_y}{\partial y}\mathrm{d}x\mathrm{d}y\mathrm{d}z\mathrm{d}t \tag{3.19}$$

沿 z 轴方向质量的变化为

$$-\frac{\partial \rho u_z}{\partial z}\mathrm{d}x\mathrm{d}y\mathrm{d}z\mathrm{d}t \tag{3.20}$$

因此，整个六面体流入与流出的液体质量差为

$$-\left(\frac{\partial \rho u_x}{\partial x} + \frac{\partial \rho u_y}{\partial y} + \frac{\partial \rho u_z}{\partial z}\right)\mathrm{d}x\mathrm{d}y\mathrm{d}z \tag{3.21}$$

2. 六面体内因密度变化而引起的质量增量

$\mathrm{d}t$ 时刻初，六面体内的平均密度为 ρ，质量为 $\rho\mathrm{d}x\mathrm{d}y\mathrm{d}z$；$\mathrm{d}t$ 时刻末，平均密度为 $\left(\rho + \frac{\partial \rho}{\partial t}\mathrm{d}t\right)$，

质量为 $\left(\rho + \frac{\partial \rho}{\partial t}\mathrm{d}t\right)\mathrm{d}x\mathrm{d}y\mathrm{d}z$。所以，在 $\mathrm{d}t$ 时段内，六面体内因密度的变化而引起的质量增量，即

$$\frac{\partial \rho}{\partial t}\mathrm{d}x\mathrm{d}y\mathrm{d}z\mathrm{d}t \tag{3.22}$$

由于六面体内液体的流动是连续不间断的，按质量守恒定律：在同一时段内，流入与流出六面体的液体质量之差应等于因密度变化而引起的质量增量，即

$$-\left(\frac{\partial \rho u_x}{\partial x} + \frac{\partial \rho u_y}{\partial y} + \frac{\partial \rho u_z}{\partial z}\right)\mathrm{d}x\mathrm{d}y\mathrm{d}z = \frac{\partial \rho}{\partial t}\mathrm{d}x\mathrm{d}y\mathrm{d}z\mathrm{d}t \tag{3.23}$$

上式同除以 $\mathrm{d}x\mathrm{d}y\mathrm{d}z\mathrm{d}t$，可得

$$\frac{\partial \rho}{\partial t} + \frac{\partial \rho u_x}{\partial x} + \frac{\partial \rho u_y}{\partial y} + \frac{\partial \rho u_z}{\partial z} = 0 \tag{3.24}$$

式（3.24）即为可压缩液体的连续性微分方程，它表达了任何可能实现的液体运动所必须满足的连续性条件。

当液体为恒定流动时，$\frac{\partial \rho}{\partial t} = 0$，则上式变为

$$\frac{\partial \rho u_x}{\partial x} + \frac{\partial \rho u_y}{\partial y} + \frac{\partial \rho u_z}{\partial z} = 0 \tag{3.25}$$

即可压缩液体恒定流动的连续性方程（质量守恒）。

当为不可压缩液体时，ρ=常数，则上式成为

$$\frac{\partial u_x}{\partial x} + \frac{\partial u_y}{\partial y} + \frac{\partial u_z}{\partial z} = 0 \quad （体积守恒） \tag{3.26}$$

式（3.26）对于不可压缩液体的恒定流和非恒定流均适用。

3.3.3　恒定总流连续性方程

液体一元流动的连续性方程是水力学的一个基本方程，它是质量守恒原理在水力学中的应用。

从总流中任取一段（见图3.7），其进口过水断面 1-1 的面积为 A_1，出口过水断面 2-2 的

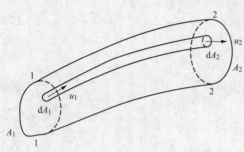

面积为 A_2；再从中任取一元流，其进口过水断面面积为 $\mathrm{d}A_1$，流速为 u_1，出口过水断面面积为 $\mathrm{d}A_2$，流速为 u_2。考虑：

（1）在恒定流条件下，元流的形状与位置不随时间改变。

（2）不可能有液体经元流侧面流进或流出。

（3）液体是连续介质，元流内部不存在空隙。

根据质量守恒定律，单位时间内流进 $\mathrm{d}A_1$ 的质量等于流出 $\mathrm{d}A_2$ 的质量，因元流过水断面很小，

图 3.7　总流中任一段

可认为 ρu 均布，即

$$\rho_1 u_1 \mathrm{d}A_1 = \rho_2 u_2 \mathrm{d}A_2 = 常数 \tag{3.27}$$

对于不可压缩液体，密度 $\rho_1 = \rho_2 = 常数$，则有

$$u_1 \mathrm{d}A_1 = u_2 \mathrm{d}A_2 = \mathrm{d}Q \tag{3.28}$$

即一元流的连续性方程。

式（3.28）表明，不可压缩元流的流速与其过水断面面积成反比，因而流线密集的地方流速大，而流线稀疏的地方流速小。

总流是无数个元流之和，将元流的连续性方程在总流过水断面上积分可得总流的连续性方程

$$\int \mathrm{d}Q = \int_{A_1} u_1 \mathrm{d}A_1 = \int_{A_2} u_2 \mathrm{d}A_2 \tag{3.29}$$

引入断面平均流速后成为

$$v_1 A_1 = v_2 A_2 = Q \tag{3.30}$$

即不可压缩恒定总流的连续性方程。

式（3.30）在形式上与元流的连续性方程相似，应注意的是：总流是以断面平均流速 v 代替点流速 u。式（3.30）表明，不可压缩液体的恒定总流中，任意两过水断面，其平均流速与过水断面面积成反比。

连续性方程是不涉及任何作用力的方程，所以无论对于理想液体或实际液体都适用。

连续性方程不仅适用于恒定流条件，而且在边界固定的管流中，即使是非恒定流，对于同一时刻的两过水断面仍然适用。当然，非恒定管流中流速与流量都要随时间改变。

上述总流的连续性方程是在流量沿程不变的条件下导出的。若沿程有流量汇入或分出，则总流的连续性方程在形式上需作相应的修正，如图 3.8 所示

$$Q_1 = Q_2 + Q_3 \qquad (3.31)$$

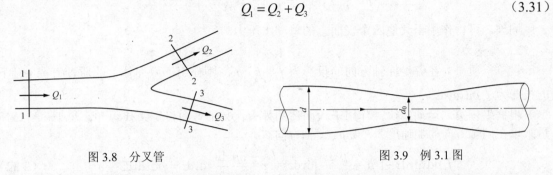

图 3.8　分叉管　　　　　　　　　　图 3.9　例 3.1 图

例 3.1　直径 $d = 1000\text{mm}$ 的输水管道中有一变截面管段（见图 3.9），若测得管内流量 Q 为 10L/s，变截面弯管段最小截面处的断面平均流速 $v_0 = 20.3\text{m/s}$，求输水管的断面平均流速 v 及最小截面处的直径 d_0。

解　由式（3.30），得

$$v = \frac{Q}{\frac{1}{4}\pi d^2} = \frac{10 \times 10^{-3}}{\frac{1}{4} \times 3.14 \times 0.1^2} = 1.27(\text{m/s})$$

$$d_0^2 = \frac{v}{v_0}d^2 = \frac{1.27}{20.3} \times 0.1^2 = 0.000626(\text{mm}^2)$$

故　　　　　　　　　　　　　　　$d_0 = 0.0250 = 25\text{mm}$

3.4　理想液体运动微分方程

从运动的理想液体中任取一个以 $O'(x, y, z)$ 点为中心的微分六面体，边长为 dx、dy、dz，且分别平行于坐标轴 x、y、z（见图 3.10），它与推导连续性微分方程时所取的微分六面体不同，微分体不是代表固定空间，而是代表一个运动质点（微团）。设 O' 点的流速分量为 u_x、u_y、u_z；对于理想液体，表面力中不存在切应力，而只有动水压强，它是空间点坐标与时间变量的单值可微函数，故可设 O' 点的动水压强为 $p(x, y, z, t)$。作用于理想液体微分六面体的外力有表面力与质量力，分析如下：

1. **表面力**

作用在六面体 x 轴方向左、右表面的平均动水压强分别为

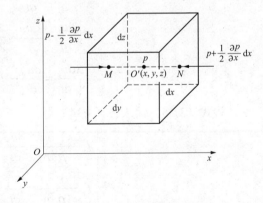

图 3.10　理想液体的运动微元

$$p - \frac{\partial p}{\partial x}\frac{\text{d}x}{2}, \quad p + \frac{\partial p}{\partial x}\frac{\text{d}x}{2}$$

由此，可得出作用在 x 轴方向上左、右表面的总动水压力为

$$\left(p - \frac{\partial p}{\partial x}\frac{\mathrm{d}x}{2}\right)\mathrm{d}y\mathrm{d}z \ , \quad \left(p + \frac{\partial p}{\partial x}\frac{\mathrm{d}x}{2}\right)\mathrm{d}y\mathrm{d}z$$

同理，可得作用于其他四个表面上的总动水压力。

2. 质量力

设单位质量力在各坐标轴方向的投影为 f_x、f_y、f_z，则作用于六面体上的质量力在 x 轴上的投影为 $f_x\rho\mathrm{d}x\mathrm{d}y\mathrm{d}z$。

根据牛顿第二运动定律，作用于六面体的外力在某轴方向投影之代数和，等于该液体质量乘以在同轴方向的加速度 $\Sigma F = ma$。x 轴方向有

$$f_x\rho\mathrm{d}x\mathrm{d}y\mathrm{d}z + \left(p - \frac{\partial p}{\partial x}\frac{\mathrm{d}x}{2}\right)\mathrm{d}y\mathrm{d}z - \left(p + \frac{\partial p}{\partial x}\frac{\mathrm{d}x}{2}\right)\mathrm{d}y\mathrm{d}z = \rho\mathrm{d}x\mathrm{d}y\mathrm{d}z\frac{\mathrm{d}u_x}{\mathrm{d}t} \tag{3.32}$$

两边除以 $\rho\mathrm{d}x\mathrm{d}y\mathrm{d}z$（即对单位质量而言），整理得

$$f_x - \frac{1}{\rho}\frac{\partial p}{\partial x} = \frac{\mathrm{d}u_x}{\mathrm{d}t} \tag{3.33}$$

同理，可得 y、z 轴方向上的表达式

$$\begin{cases} f_x - \dfrac{1}{\rho}\dfrac{\partial p}{\partial x} = \dfrac{\mathrm{d}u_x}{\mathrm{d}t} \\[2mm] f_y - \dfrac{1}{\rho}\dfrac{\partial p}{\partial y} = \dfrac{\mathrm{d}u_y}{\mathrm{d}t} \\[2mm] f_z - \dfrac{1}{\rho}\dfrac{\partial p}{\partial z} = \dfrac{\mathrm{d}u_z}{\mathrm{d}t} \end{cases} \tag{3.34}$$

即理想液体的运动微分方程式（Euler 运动微分方程式）。

因为

$$\begin{cases} \dfrac{\mathrm{d}u_x}{\mathrm{d}t} = \dfrac{\partial u_x}{\partial t} + u_x\dfrac{\partial u_x}{\partial x} + u_y\dfrac{\partial u_x}{\partial y} + u_z\dfrac{\partial u_x}{\partial z} \\[2mm] \dfrac{\mathrm{d}u_y}{\mathrm{d}t} = \dfrac{\partial u_y}{\partial t} + u_x\dfrac{\partial u_y}{\partial x} + u_y\dfrac{\partial u_y}{\partial y} + u_z\dfrac{\partial u_y}{\partial z} \\[2mm] \dfrac{\mathrm{d}u_z}{\mathrm{d}t} = \dfrac{\partial u_z}{\partial t} + u_x\dfrac{\partial u_z}{\partial x} + u_y\dfrac{\partial u_z}{\partial y} + u_z\dfrac{\partial u_z}{\partial z} \end{cases} \tag{3.35}$$

将式（3.35）代入式（3.34）得

$$\begin{cases} f_x - \dfrac{1}{\rho}\dfrac{\partial p}{\partial x} = \dfrac{\partial u_x}{\partial t} + u_x\dfrac{\partial u_x}{\partial x} + u_y\dfrac{\partial u_x}{\partial y} + u_z\dfrac{\partial u_x}{\partial z} \\[2mm] f_y - \dfrac{1}{\rho}\dfrac{\partial p}{\partial y} = \dfrac{\partial u_y}{\partial t} + u_x\dfrac{\partial u_y}{\partial x} + u_y\dfrac{\partial u_y}{\partial y} + u_z\dfrac{\partial u_y}{\partial z} \\[2mm] f_z - \dfrac{1}{\rho}\dfrac{\partial p}{\partial z} = \dfrac{\partial u_z}{\partial t} + u_x\dfrac{\partial u_z}{\partial x} + u_y\dfrac{\partial u_z}{\partial y} + u_z\dfrac{\partial u_z}{\partial z} \end{cases} \tag{3.36}$$

即 Euler 运动微分方程的展开式。

式（3.34）或式（3.36）称为理想液体的运动微分方程，又称为欧拉运动微分方程。该

方程对于恒定流或非恒定流及不可压缩液体或可压缩液体都适用。当液体平衡时，$\dfrac{du_x}{dt} = \dfrac{du_y}{dt} = \dfrac{du_z}{dt} = 0$，则得欧拉平衡微分方程式（2.9）。

3.5 能 量 方 程

3.5.1 恒定元流能量方程

1. 理想液体恒定元流能量方程

对于不可压缩液体，理想液体运动微分方程中有四个未知数：u_x，u_y，u_z 与 p，与连续性微分方程一起共四个方程，因而从原则上讲，理想液体运动微分方程是可解的。但是，由于它是一个一阶非线性的偏微分方程组（迁移加速度的三项中包含了未知函数与其偏导数的乘积），所以至今仍未能找到它的通解，只是在几种特殊情况下得到了它的特解。

下面对 Euler 运动微分方程式进行伯努利积分推导理想液体的元流能量方程。

条件：①恒定流，即有 $\dfrac{\partial u_x}{\partial t} = \dfrac{\partial u_y}{\partial t} = \dfrac{\partial u_z}{\partial t} = 0$；②液体是均匀不可压缩的，即 $\rho =$ 常数；③质量力只有重力，即 $F_x = 0$，$F_y = 0$，$F_z = -g$；④沿流线对 Euler 运动微分方程式积分。

将 Euler 运动微分方程式分别乘后 dx、dy、dz 相加，可得

$$(F_x dx + F_y dy + F_z dz) - \frac{1}{\rho}\left(\frac{\partial \rho}{\partial x}dx + \frac{\partial \rho}{\partial y}dy + \frac{\partial \rho}{\partial z}dz\right)$$
$$= \frac{du_x}{dt}dx + \frac{du_y}{dt}dy + \frac{du_z}{dt}dz \tag{3.37}$$

利用上述四个条件，并考虑

$$u_x du_x + u_y du_y + u_z du_z = d\left(\frac{u^2}{2}\right) \tag{3.38}$$

从而将（3.37）化简得

$$d\left(gz + \frac{p}{\rho} + \frac{u^2}{2}\right) = 0 \tag{3.39}$$

积分后得

$$z + \frac{p}{\gamma} + \frac{u^2}{2g} = 常数 \tag{3.40}$$

对于同一流线的任意两点 1 与 2，上式可改写成

$$z_1 + \frac{p_1}{\gamma} + \frac{u_1^2}{2g} = z_2 + \frac{p_2}{\gamma} + \frac{u_2^2}{2g} \tag{3.41}$$

式（3.40）和式（3.41）即为理想液体沿流线的伯努利积分或理想液体恒定元流的能量方程。由于元流的过水断面面积无限小，流线是元流的极限状态，所以沿流线的伯努利方程也就是元流的伯努利方程。这一方程在水力学中极为重要，它反映了重力场中理想元流（或者说沿流线）做恒定流时，位置标高 z、动水压强 p 与流速 u 之间的关系。

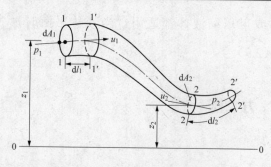

图 3.11　功能原理推导能量方程图

2. 由功能原理推导实际液体恒定流元流的能量方程

如图 3.11 所示，在理想液体中任取一段元流。进口过水断面为 1-1，面积为 dA_1，形心距离某基准面 0-0 的铅垂高度为 z_1，流速为 u_1，动水压强为 p_1；而出口过水断面为 2-2，其相应的参数为 dA_1、z_2、u_2 与 p_2。元流同一过水断面上各点的流速与动水压强可认为是均布的。

据功能原理，外力对物体所做的功等于物体动能的增量。

（1）动能的增量。由于是恒定流，在 dt 时段内，1'-2 这部分的质量和各点流速都没有变化，即动能的变化为零，所以整个流段的动能增量可看作是 2-2'段的动量和 1-1'段动能的差值。

流体不可压缩

$$V_{1-1'} = V_{2-2'} = dV$$

研究对象的质量

$$dm = \rho dV = \frac{\gamma dV}{g}$$

因为体积微小，可以认为 1-1'和 2-2'各点流速是均布的，分别为 u_1、u_2，则动能的增量为

$$\frac{1}{2} dm(u_2^2 - u_1^2) = \frac{r dV}{2g}(u_2^2 - u_1^2) \tag{3.42}$$

（2）外力做功。

1）表面力做功（包括动水压力与摩擦阻力做功）。断面 1-1'和 2-2'上的动水压力与水流方向平行，做功；而元流侧壁上的动水压力由于与流动方向相垂直，不做功，两断面上动水压力所做的功为

$$p_1 dA_1 dl_1 - p_2 dA_2 dl_2 = (p_1 - p_2)dV \tag{3.43}$$

液流的摩擦阻力由于与流动方向相反，对液流做负功，以 $-h_w'$ 表示摩阻力对单位重量的元流所做的功，则对重为 γdV 的水体来说，摩擦阻力所做的功是 $-\gamma dV h_w'$。

2）质量力做功（作用在液体上的质量力只有重力）。重力作功可视为从 1-1 移至 2-2 时重力所做的功，因而

$$\gamma dV(z_1 - z_2) \text{（重力做正功）}$$

应用功能原理得

$$\frac{\gamma dV}{2g}(u_2^2 - u_1^2) = (p_1 - p_2)dV + \gamma dV(z_1 - z_2) - \gamma dV h_w' \tag{3.44}$$

两边除以 γdV，并移项得

$$z_1 + \frac{p_1}{\gamma} + \frac{u_1^2}{2g} = z_2 + \frac{p_2}{\gamma} + \frac{u_2^2}{2g} + h_w' \tag{3.45}$$

即单位质量不可压缩的实际液体恒定元流能量方程。

3. 元流能量方程中各项的意义

（1）物理意义。能量方程中的四项分别表示单位质量液体的不同形式的能量：

z——单位位能，即单位质量液体的位能（位置势能或重力势能）；

$\dfrac{p}{\gamma}$——单位压能，即为单位质量液体的压能（压强势能）。

压能是压强场中移动液体质点时压力做功而使液体获得的一种势能。可作如下说明：设想在运动液体中某点插入一根测压管，液体就会沿着测压管上升（见图 3.12）。若 p 是该点的相对压强，则液体的上升高度 $h=\dfrac{p}{\gamma}$。这说明压强具有做功的本领而使液体位置势能增加，所以压能是液体的一种势能形式。因为重力为 mg 的液体质点，当它沿测压管上升后，相对压强由 p 变为零，它所做的功为 $mgh=mg\dfrac{p}{\gamma}$，所以单位质量液体的压能等于 $\dfrac{p}{\gamma}$。可见，p 为相对压强时，$\dfrac{p}{\gamma}$ 是单位质量液体相对于大气压强（可认为大气压等于零）的压能。不言而喻，p 为绝对压强时，是单位质量液体相对于绝对真空的压能。

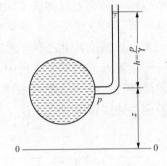

图 3.12 能量方程各项意义示意

$z+\dfrac{p}{\gamma}$——单位势能，即单位质量液体的势能（单位位能与单位压能之和）。

$\dfrac{u^2}{2g}$——单位动能，即单位质量液体的动能。

$z+\dfrac{p}{\gamma}+\dfrac{u^2}{2g}$——单位总机械能。

h_{w}——单位机械能损失或水头损失。

由能量方程可以看出单位质量的液体在流动过程中能量守恒，且相互转化的规律。在实际液体流动时水流的上游断面的单位机械能总是大于下游断面的单位机械能，可以根据机械能的大小判别水流的方向。

（2）几何意义。能量方程的各项表示了某种高度，具有长度的量纲。

z——位置水头，是过水断面上某点的位置高度（相对于某基准面）；显然，其量纲为

$$[z]=[L]$$

$\dfrac{p}{\gamma}$——压强水头，p 为相对压强时，也即测压管高度，压强水头的量纲为

$$\left[\dfrac{p}{\gamma}\right]=\left[\dfrac{MLT^{-2}/L^2}{MLT^{-2}/L^3}\right]=[L]$$

$\dfrac{u^2}{2g}$——流速水头，也即液体以速度 u 垂直向上喷射到空中时所达到的高度（不计阻力）。流速水头的量纲为

$$\left[\frac{u^2}{2g}\right]=\frac{[L/T]^2}{[L/T^2]}=[L]$$

$z+\dfrac{p}{\gamma}$——测压管水头，以 H_p 表示。

$z+\dfrac{p}{\gamma}+\dfrac{u^2}{2g}$——总水头，以 H 表示。

所以总水头与测压管水头之差等于流速水头。

式（3.39）表明，对于同一恒定元流（或沿同一流线），其单位质量液体的总机械能守恒。所以，伯努利方程体现了能量守恒原理，又称能量方程。

式（3.43）表明，由于实际液体具有黏性，在流动过程中需克服内摩擦阻力做功，消耗一部分机械能，使之不可逆地转变为热能等能量形式而耗散掉，因而液流的机械能沿程减小。

实际元流的能量方程中各项及总水头、测压管水头的沿程变化可用几何曲线来表示。设元流各过水断面放置测压管与测速管，各测压管液面的连线称为测压管水头线；而各测速管液面的连线称为总水头线（见图 3.13）。

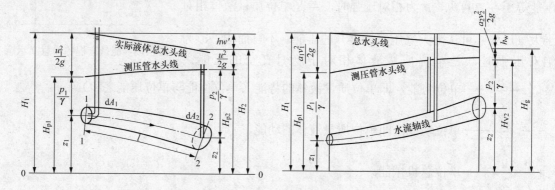

图 3.13　测压管水头线与总水头线

由图 3.13 可知，绘制测压管水头线和总水头线之后，图形上出现四根有能量意义的线，即总水头线、测压管水头线、水流轴线（位置水头线）和基准面（线）。总水头线与测压管水头线间的垂直距离变化，反映平均流速沿程的变化；测压管水头线与总流中心线间的垂直距离变化，反映出总流各断面压强沿程的变化。图 3.13 中测压管水头线位于水流轴线以上，说明流段的相对压强为正值；如果测压管水头线位于水流轴线以下，表面该流段中的相对压强为负值，即出现真空。理想流动与实际流动总水头线间的垂直距离表示断面间水头损失的变化。

由于实际液体在流动中总机械能沿程减小，所以实际液体的总水头线总是沿程下降的；而测压管水头线可能下降、水平或上升，这取决于水头损失及动能与势能相互转化的情况。

实际元流的总水头线沿程下降的快慢可用总水头线的坡度 J 表示，称为水力坡度，它表示单位质量液体沿元流单位长度的能量损失，即

$$J=-\frac{\mathrm{d}H}{\mathrm{d}L}=\frac{\mathrm{d}h'_w}{\mathrm{d}L} \tag{3.46}$$

式中　$\mathrm{d}L$——元流的微元长度；

dH ——单位质量液体在 dL 长度上的总机械能（总水头）增量；

dh' ——相应长度的单位质量液体的能量损失（水头损失）。式（3.46）引入负号是因总水头线总是沿程下降的，引入负号后使 J 永为正值。测压管水头线沿程的变化可用测压管坡度 J_p 表示，它是单位质量液体沿元流单位长度的势能减少量，即

$$J_p = -\frac{\mathrm{d}H_p}{\mathrm{d}L} = -\frac{\mathrm{d}\left(z + \dfrac{p}{\gamma}\right)}{\mathrm{d}L} \tag{3.47}$$

式中 $\mathrm{d}H_p = \mathrm{d}\left(z + \dfrac{p}{\gamma}\right)$ ——元流微元长度单位质量液体的势能增量。按上述定义，测压管水头线下降时 J_p 为正，上升时为负。

3.5.2 渐变流过水断面上的动水压强分布规律

1. 渐变流与急变流

在实际水流中，若流线之间的夹角很小而近于平行或流线弯曲的曲率很小，流速在大小和方向上都变化很缓慢，这种流动称为渐变流（缓变流）；反之，则称为急变流。

2. 渐变流过水断面上动水压强的分布规律

渐变流和急变流相比较，最大的差别是动水压强分布规律不同。在渐变流过水断面上任一两相邻流线间取一微分柱体 dndA（见图 3.14），作用在该微小柱体上的力：

（1）表面力：①柱体两端的动水压强 $p\mathrm{d}A$ 和 $(p+\mathrm{d}p)\mathrm{d}A$；②与柱体轴 n-n 垂直的柱体侧面的动水压强；③柱体侧面和两端的摩擦力（垂直于 n-n 轴）。

（2）质量力：只有重力。

因为渐变流的流线是几乎平行的直线，则沿 n-n 轴方向的加速度 $a_n = 0$，

于是，微小柱体沿 n-n 轴方向的运动方程为

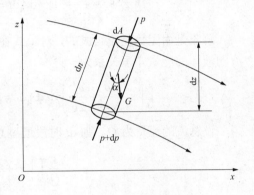

图 3.14 渐变流过水断面压强分布

$$p\mathrm{d}A - (p+\mathrm{d}p)\mathrm{d}A - \gamma \mathrm{d}n\mathrm{d}A\cos\alpha = 0 \tag{3.48}$$

$$\mathrm{d}z = \mathrm{d}n\cos\alpha$$

整理得 $$\mathrm{d}p + \gamma\mathrm{d}z = 0 \tag{3.49}$$

积分式（3.47）得

$$z + \frac{p}{\gamma} = 常数 \tag{3.50}$$

式（3.50）说明，渐变流过水断面方向上 $z + \dfrac{p}{\gamma} =$ 常数，应该指出，因为渐变流是一种近似的均匀流，所以渐变流过水断面的动水压强也符合静水压强分布规律。但沿程各断面的势能不可能是同一常数，这是由于液流摩擦阻力耗能，运动过程中一部分势能转化成了其他形式的能。

在急变流断面上，由于流线弯曲大或相互不平行，在过水断面向上存在离心力，即沿 n-n 轴方向的加速度不能忽略，因而断面上各点的单位势能不等于常数。

3.5.3 恒定总流能量方程

1. 恒定总流能量方程推导

前面已经得到了实际元流的伯努利方程（3.45），但要解决实际工程问题，还需通过在过水断面上积分把它推广到总流。

如图 3.7 所示，元流的流量

$$dQ = u_1 dA_1 = u_2 dA_2 \tag{3.51}$$

则 dt 时段流过元流的液体质量为

$$\gamma dQ dt = \gamma u_1 dA_1 dt = \gamma u_2 dA_2 dt \tag{3.52}$$

元流能量方程

$$z_1 + \frac{p_1}{\gamma} + \frac{u_1^2}{2g} = z_2 + \frac{p_2}{\gamma} + \frac{u_2^2}{2g} + h_w'$$

表示元流单位质量液体的能量守恒关系，对元流能量方程两边都乘上 $\gamma dQ dt$ 后，可得 dt 时段内，通过元流总的能量守恒关系为

$$\left(z_1 + \frac{p_1}{\gamma} + \frac{u_1^2}{2g} \right) \gamma u_1 dA_1 dt = \left(z_2 + \frac{p_2}{\gamma} + \frac{u_2^2}{2g} \right) \gamma u_2 dA_2 dt + h_w' \gamma dQ dt \tag{3.53}$$

总流是由无数元流组成的，对上式在两边过水断面 A_1、A_2 积分，便得到 dt 时段内通过总流的液体的能量守恒关系为

$$\int_{A_1} \left(z_1 + \frac{p_1}{\gamma} + \frac{u_1^2}{2g} \right) \gamma u_1 dA_1 dt = \int_{A_2} \left(z_2 + \frac{p_1}{\gamma} + \frac{u_2^2}{2g} \right) \gamma u_2 dA_2 dt + \int_Q h_w' \gamma dQ dt \tag{3.54}$$

设总流的流量为 Q，则 dt 时段通过总流的液体质量为 $\gamma Q dt$，将上式除以 $\gamma Q dt$，即得

$$\frac{1}{Q} \int_{A_1} \left(z_1 + \frac{p_1}{\gamma} \right) u_1 dA_1 + \frac{1}{Q} \int_{A_1} \frac{u_1^3}{2g} dA_1$$

$$= \frac{1}{Q} \int_{A_2} \left(z_2 + \frac{p_1}{\gamma} \right) u_2 dA_2 + \frac{1}{Q} \int_{A_2} \frac{u_2^3}{2g} dA_2 + \frac{1}{Q} \int_Q h_w' dQ \tag{3.55}$$

上式表示单位时间内通过总流的单位质量液体的能量守恒关系，共含三种类型积分：

（1）$\frac{1}{Q} \int_A \left(z + \frac{p}{\gamma} \right) u dA$ 表示总流过水断面上的平均单位势能。若取过水断面均为均匀流或渐变流，则断面上 $z + \frac{p}{\gamma} =$ 常数，故

$$\frac{1}{Q} \int_A \left(z + \frac{p}{\gamma} \right) u dA = \frac{1}{Q} \left(z + \frac{p}{\gamma} \right) \int_A u dA = z + \frac{p}{\gamma} \tag{3.56}$$

（2）$\frac{1}{Q} \int_A \frac{u^3}{2g} dA$ 表示总流过水断面上的平均单位动能。取断面平均流速 v，并引入修正系数 α，则

$$\frac{1}{Q} \int_A \frac{u^3}{2g} dA = \frac{\alpha v^2}{2g} \tag{3.57}$$

其中

$$\alpha = \frac{\int_A u^3 \mathrm{d}A}{v^3 A}$$

因为按断面平均流速计算的动能与实际动能存在差异，所以需要引入动能修正系数 α，即实际动能与按断面平均流速计算的动能之比值。α 值取决于总流过水断面上的流速分布。α 一般大于 1。流速分布较均匀时，$\alpha = 1.05 \sim 1.10$，流速分布不均匀时 α 值较大，甚至可达到 2 或更大。在工程计算中常取 $\alpha = 1$。

（3）$\frac{1}{Q} \int_Q h'_\mathrm{w} \mathrm{d}Q$ 表示总流断面 1-1 与 2-2 之间能量损失的平均值。用 h_w（总流水头损失）表示该值，则

$$\frac{1}{Q} \int_Q h'_\mathrm{w} \mathrm{d}Q = h_\mathrm{w} \tag{3.58}$$

将以上各积分结果代入式（3.52）得

$$z_1 + \frac{p_1}{\gamma} + \frac{\alpha v_1^2}{2g} = z_2 + \frac{p_2}{\gamma} + \frac{\alpha v_2^2}{2g} + h_\mathrm{w} \tag{3.59}$$

2．能量方程的应用条件

（1）液体为恒定流，且液体是不可压缩的。

（2）质量力只有重力。

（3）所选取的两过水断面必须是平均势能已知的渐变流断面，但两过水断面间的流动可以是急变流。

（4）总流的流量沿程不变。

若在两断面间有流量分出（如图 3.8 所示的情况）或汇入，因总流的伯努利方程是对单位质量液体而言的，因而这种情况下只须计入相应的能量损失，该方程仍可近似应用式（3.60）和式（3.61）。当两断面间有连续的流量分出或汇入，为沿程变量流。沿程变量流的伯努利方程则具有另外的形式

$$z_1 + \frac{p_1}{\gamma} + \frac{\alpha v_1^2}{2g} = z_2 + \frac{p_2}{\gamma} + \frac{\alpha_2 v_2^2}{2g} + h_{\mathrm{w}1-2} \tag{3.60}$$

$$z_1 + \frac{p_1}{\gamma} + \frac{\alpha_1 v_1^2}{2g} = z_3 + \frac{p_3}{\gamma} + \frac{\alpha_3 v_3^2}{2g} + h_{\mathrm{w}1-3} \tag{3.61}$$

（5）两过水断面间除了水头损失以外，总流没有能量的输入或输出。

当总流在两断面间通过水泵、风机或水轮机等流体机械时，液体额外地获得或失去能量，则总流的伯努利方程应作如下修正

$$z_1 + \frac{p_1}{\gamma} + \frac{\alpha_1 v_1^2}{2g} \pm H_\mathrm{m} = z_2 + \frac{p_2}{\gamma} + \frac{\alpha_2 v_2^2}{2g} + h_\mathrm{w} \tag{3.62}$$

式中　$+H_\mathrm{m}$——单位质量液体流过水泵、风机所获得的能量；

　　　$-H_\mathrm{m}$——单位质量液体流经水轮机所失去的能量。

3．补充说明

（1）分析流动时，选取好过水断面。选取渐变流过水断面是运用能量方程解题的关键，应将渐变流过水断面取在已知参数较多的断面上，并使伯努利方程含有所要求的未知数。

（2）选择好计算点和基准面。过水断面上的计算点原则上可任取，这是因为断面上各点势能 $z+\dfrac{p}{\gamma}$=常数，而且断面上各点平均动能 $\dfrac{\alpha v^2}{2g}$ 相同。为方便起见，通常管流取在管轴线上，明渠流取在自由液面上。

位置水头的基准面可任选，但对于两个过水断面必须选取同一基准面，通常使 $z \geqslant 0$。

（3）方程中动水压强 p_1 与 p_2，原则上可取绝对压强，也可取相对压强，但对同一问题必须采用相同的标准。在一般水力计算中，以取相对压强为宜。

3.5.4 伯努利方程的应用

1. 毕托管（测流速）

驻压强：流动液体中加一障碍物后，驻点处增高的压强，即动能转化而来的压强 $\dfrac{u^2}{2g}$。

动水压强：流动液体中不受流速影响的某点的压强 $\dfrac{p}{\gamma}$。

总压强：运动液体动压强与驻压强之和，即驻点处的压强 $\dfrac{p'}{\gamma}$。

流速水头或流速可利用下面装置实测。如图 3.15 所示，在运动液体（如管流）中放置一根测速管，它是弯成直角的两端开口的细管，一端正对来流，置于测定点 B 处，另一端垂直向上。B 点的运动质点由于测速管的阻滞因而流速等于零，动能全部转化为压能，使得测速管中液面升高为 $\dfrac{p'}{\gamma}$。B 点称为滞止点或驻点。另外，在 B 点上游同一水平流线上相距很近的 A 点未受测速管的影响，流速为 u，其测压管高度 $\dfrac{p}{\gamma}$ 可通过同一过水断面壁上的测压管测定。应用恒定流理想液体沿流线的伯努利方程于 A、B 两点，有

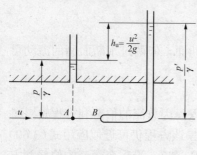

图 3.15 毕托管原理示意图

$$\frac{p}{\gamma}+\frac{u^2}{2g}=\frac{p'}{\gamma}$$

得

$$\frac{u^2}{2g}=\frac{p'}{\gamma}-\frac{p}{\gamma}=h_u \tag{3.63}$$

由此说明流速水头等于测速管与测压管的液面差 h_u。这是流速水头几何意义的另一种解释，则

$$u=\sqrt{2g\frac{p'-p}{\gamma}}=\sqrt{2gh_u} \tag{3.64}$$

根据这个原理，可将测压管与测速管组合制成一种测定点流速的仪器，称为毕托（H.Pitot）管。其构造如图 3.16 所示，其中与前端迎流孔相通的是测速管，与侧面顺流孔（一般有 4～8 个）相通的是测压管。考虑实际液体从前端小孔至侧面小孔的黏性效应，还有毕托管放入后对流场的干扰，以及前端小孔实测到的测速管高度 $\dfrac{p'}{\gamma}$ 不是一点的值，而是小孔截面的平

均值，所以使用时应引入修正系数 ζ，即

$$u = \zeta\sqrt{2g\frac{p'-p}{\gamma}} = \zeta\sqrt{2gh_u} \tag{3.65}$$

式中 ζ 值由试验测定，通常接近于 1。

2. 文丘里流量计

如图 3.17，文丘里流量计是用于测量管道中液体流量大小的一种装置，它包括收缩段、喉管和扩散段三部分，安装在需要测量流量的管段当中。在收缩段进口前断面 1-1 和喉管断面 2-2 上分别设测压孔，并接上测压管。通过断面 1-1 及断面 2-2 的测压管水头差 Δh 值，就能计算出管道中通过的流量 Q，其基本原理就是恒定总流的能量方程。

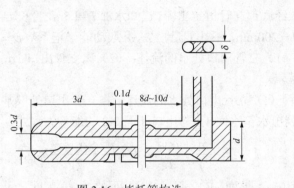

图 3.16 毕托管构造   图 3.17 文丘里流量计

若管道倾斜放置，取水平面对过水断面 0-0 为基准满，对渐变流断面 1-1、2-2 列能量方程，即

$$z_1 + \frac{p_1}{\gamma} + \frac{\alpha_1 v_1^2}{2g} = z_2 + \frac{p_2}{\gamma} + \frac{\alpha_2 v_2^2}{2g} + h_w$$

因为断面 1-1、2-2 相距很近，暂不考虑水头损失，即 $h_w = 0$，若取 $\alpha_1 = \alpha_2 = 1$，则上式可整理为

$$\frac{v_2^2}{2g} - \frac{v_1^2}{2g} = \left(z_1 + \frac{p_1}{\gamma}\right) - \left(z_2 + \frac{p_2}{\gamma}\right) = \Delta h \tag{3.66}$$

设断面 1-1 直径为 D，断面 2-2 直径为 d，运用连续方程有

$$v_2 = \frac{A_1}{A_2}v_1 = \left(\frac{D}{d}\right)^2 v_1$$

得断面 1-1、2-2 流速

$$v_1 = \frac{1}{\sqrt{\left(\dfrac{D}{d}\right)^4 - 1}}\sqrt{2g\Delta h} \tag{3.67}$$

理想情况下通过文丘里流量计的流量为

$$Q_0 = A_1 v_1 = \frac{\pi}{4}D_1^2 c\sqrt{\Delta h} \tag{3.68}$$

令

$$k = \frac{\pi}{4} D_1^2 \frac{\sqrt{2g}}{\sqrt{\left(\dfrac{D}{d}\right)^4 - 1}}$$

则

$$Q_0 = k\sqrt{\Delta h} \tag{3.69}$$

因以上分析没考虑水头损失，因此实际通过文丘里流量计的实际流量小于式（3.69）所计算的结果，即实际流量

$$Q = \mu Q_0 = \mu k \sqrt{\Delta h} \tag{3.70}$$

式中　μ——流量系数，主要与管材、尺寸、加工精度、安装质量、液体的黏性及其运动速度等有关，$\mu = 0.95 \sim 0.98$。

例 3.2　如图 3.18 所示，水箱中的水经底部立管恒定出流，已知水深 $H=1.5\text{m}$，管长 $L=2\text{m}$，管径 $d = 200\text{mm}$，不计能量损失，并取动能修正系数 $\alpha = 1.0$，试求：（1）立管出口处水的流速；（2）离立管出口 1m 处水的压强。

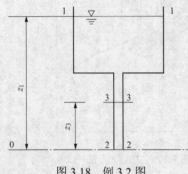

图 3.18　例 3.2 图

解　（1）立管出口处水的流速。在立管出口处取基准面 0-0，列出水箱水面 1-1 与出口断面 2-2 的能量方程式

$$z_1 + \frac{p_1}{\gamma} + \frac{\alpha_1 v_1^2}{2g} = z_2 + \frac{p_2}{\gamma} + \frac{\alpha_2 v_2^2}{2g} + h_{w1-2}$$

其中：断面 1-1 距离基准面的垂直高度 $z_1 = 1.5 + 2 = 3.5\text{m}$。

断面 1-1 与大气相接触，按相对压强考虑，$p_1 = p_a = 0$。

断面 1-1 与断面 2-2 相比，面积要大得多，因此流速 v_1 比 v_2 小得多。而流速水头 $\dfrac{\alpha_1 v_1^2}{2g}$ 远小于 $\dfrac{\alpha_2 v_2^2}{2g}$，可以忽略不计，即认为 $\dfrac{\alpha_1 v_1^2}{2g} = 0$。

断面 1-2 与基准面重合，$z_2 = 0$。断面 2-2 处直通大气，取与断面 1-1 相同的压强为基准，即相对压强，$p_2 = 0$。

不计能量损失，即 $h_{w1-2} = 0$，且动能修正系数 $\alpha_1 = \alpha_2 = 1.0$。

现将上述已知条件代入能量方程式，可得

$$3.5 + 0 + 0 = 0 + 0 + \frac{v_2^2}{2g} + 0$$

所以立管出口处水的流速

$$v_2 = \sqrt{3.5 \times 2g} = \sqrt{3.5 \times 2 \times 9.807} = 8.29(\text{m/s})$$

（2）离立管出口 1m 处水的压强。基准面 0-0 仍取在立管出口处，断面 2-2 不变，断面 3-3 则必须取在离立管出口 1m 处，以便确定其压强。断面 3-3 与断面 2-2 的能量方程为

$$z_3 + \frac{p_3}{\gamma} + \frac{\alpha_3 v_3^2}{2g} = z_2 + \frac{p_2}{\gamma} + \frac{\alpha_2 v_2^2}{2g} + h_{w3-2}$$

在这里，能量损失已加在流动的末端断面，即下游断面上。

已知 $z_3 = 1\text{m}$，$z_2 = 0$，$p_2 = p_a = 0$，$\alpha_3 = \alpha_2 = 1.0$，$h_{w3-2} = 0$ 代入上式得

$$1 + \frac{p_3}{\gamma} + \frac{v_3^2}{2g} = 0 + 0 + \frac{v_2^2}{2g} + 0$$

已知立管的直径不变，则流速水头相等，即 $\frac{v_3^2}{2g} = \frac{v_2^2}{2g}$，所以上式为

$$1 + \frac{p_3}{\gamma} = 0 \quad \text{或} \quad \frac{p_3}{\gamma} = -1$$

因此离立管出口 1m 处的压强为

$$p_3 = -1 \times \gamma = -1 \times 9.807 = -9807\text{N/m}^2 \approx -9.81\text{kPa}$$

在解题过程中，采用相对压强为基准，所以计算结果 p_3 为相对压强。

例 3.3　自流管从水库取水（见图 3.19），已知 $H = 12\text{m}$，管径 $d = 100\text{mm}$，水头损失 $h_w = 8\dfrac{v^2}{2g}$，求自流管流量 Q。

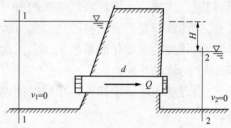

解　（1）以下游水面基准面；

（2）取渐变流端断面（断面 1-1 与断面 2-2）；

（3）以水面为代表点。

建立能量方程

$$z_1 + \frac{p_1}{\gamma} + \frac{\alpha_1 v_1^2}{2g} = z_2 + \frac{p_2}{\gamma} + \frac{\alpha_2 v_2^2}{2g} + h_w$$

图 3.19　例 3.3 图

$$H + 0 + 0 = 0 + 0 + 0 + h_w$$

$$H = h_w = 8\frac{v^2}{2g}$$

解得

$$v = 5.42\text{m/s}, \quad Q = vA = 42.6\text{L/s}$$

例 3.4　如图 3.20 所示断面突然缩小的管道，已知 $d_1 = 200\text{mm}$，$d_2 = 150\text{mm}$，$Q = 50\text{L/s}$，水银比压计读数 $h = 500\text{mmHg}$，求 h_w。

解　（1）任取基准面；

（2）取渐变流端断面（断面 1-1 与断面 2-2）；

（3）代表点（管轴线）。

建立能量方程

$$z_1 + \frac{p_1}{\gamma} + \frac{\alpha_1 v_1^2}{2g} = z_2 + \frac{p_2}{\gamma} + \frac{\alpha_2 v_2^2}{2g} + h_w$$

由连续方程

$$v_1 = \frac{Q}{A_1} = 1.59\text{m/s}, \quad \frac{v_1^2}{2g} = 0.129\text{m}$$

$$v_2 = \frac{Q}{A_2} = 2.83\text{m/s}, \quad \frac{v_2^2}{2g} = 0.408\text{m}$$

由水银比压计公式

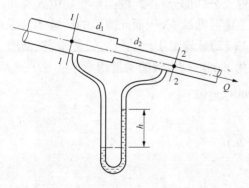

图 3.20　例 3.4 图

$$\left(z_1+\frac{p_1}{\gamma}\right)-\left(z_2+\frac{p_2}{\gamma}\right)=\frac{\gamma'-\gamma}{\gamma}h=12.6h=0.63\text{m}$$

代入能量方程

$$h_\text{w}=\left(z_1+\frac{p_1}{\gamma}+\frac{\alpha_1v_1^2}{zg}\right)-\left(z_2+\frac{p_2}{\gamma}+\frac{\alpha_2v_2^2}{zg}\right)$$

取 $\alpha_1=\alpha_2=1$，则

$$h_\text{w}=0.35\text{m}$$

3.6 恒定总流动量方程

工程实际中，有时还需要解决运动水流对水工建筑物或者某些涉水固体边界作用力的计算问题。例如，水流流经弯曲管段时，常使弯曲管段产生位移等。要解决水流对固体边界作用力的计算问题，就需要建立动量方程。该方程将运动液体与固体边壁间的作用力，直接与运动液体的动量变化联系起来，它的优点是不必知道流动范围内部的流动过程，而只需知道断面上的流动状况。

物理学中动量定律为，单位时间内物体动量变化等于作用于该物体上外力的总和。其表达式为

$$\sum\vec{F}=\frac{\text{d}\vec{K}}{\text{d}t}=\frac{\text{d}m\vec{v_2}-\text{d}m\vec{v_1}}{\text{d}t}$$

式中　　$\sum\vec{F}$ ——物体所受外力的合力；

$\text{d}m\vec{v_2}-\text{d}m\vec{v_1}$ ——物体动量的增量。

因为动量是矢量，因而它的改变不但和外力与速度的大小有关，而且与其方向也有关。

从恒定总流中任取一束元流（见图 3.21），初始时刻在 1-2 位置，经 dt 时段运动到 1'-2' 位置，设通过过水断面 1-1 与断面 2-2 的流速分别为 u_1 与 u_2。

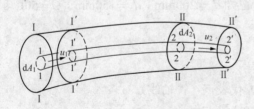

dt 时段内元流的动量增量 dK 等于 1'-2' 段与 1-2 段液体各质点动量的矢量和之差，由于恒定流公共部分 1'-2 段的形状与位置及其动量不随时间改变，因而元流段的动量增量等于 2-2'段动量与 1'-1 段动量之矢量差。根据质

图 3.21　总流动量方程推导

量守恒定理，2-2'段的质量与 1'-1 段的质量相等（设为 dm），则元流的动量增量

$$\text{d}\vec{K}=\text{d}m\vec{u_2}-\text{d}m\vec{u_1}=\text{d}m(\vec{u_2}-\vec{u_1})$$

对于不可压缩的液体，$\text{d}Q_1=\text{d}Q_2=\text{d}Q$，故

$$\text{d}\vec{K}=\rho\text{d}Q\text{d}t(\vec{u_2}-\vec{u_1})$$

根据动量定理，得恒定元流的动量方程

$$\vec{F}=\rho\text{d}Q(\vec{u_2}-\vec{u_1}) \tag{3.71}$$

式中　F——作用在元流段 1-2 上外力的合力。

再建立恒定总流的动量方程。总流的动量变化 $\sum \mathrm{d}K$ 等于所有元流的动量变化之矢量和，若将总流段过水断面取在渐变流上，则 $\mathrm{d}t$ 时间段总流的动量变化等于元流积分

$$\sum \mathrm{d}\vec{K} = \int_{A_2} \rho \mathrm{d}Q \mathrm{d}t \vec{u_2} - \int_{A_1} \rho \mathrm{d}Q \mathrm{d}t \vec{u_1}$$

$$= \rho \mathrm{d}t \left(\int_{A_2} u_2 \vec{u_2} \mathrm{d}A_2 - \int_{A_1} u_1 \vec{u_1} \mathrm{d}A_1 \right)$$

由于流速 u 在过水断面上的分布一般难以确定，故用断面平均流速 v 来计算总流的动量增量，得

$$\sum \mathrm{d}K = \rho \mathrm{d}t \left(\beta_2 v_2 v_2 A_2 - \beta_1 v_1 v_1 A_1 \right)$$

按断面平均流速计算的动量 $\rho v^2 A$ 与实际动量存在差异，为此需要修正。因断面 1-1 与断面 2-2 是渐变流过水断面，即 v 方向与各点 u 方向几乎相同，则可引入动量修正系数 $\beta = \dfrac{\int_A u^2 \mathrm{d}A}{v^2 A}$，即实际动量与按断面平均流速计算的动量的比值。$\beta$ 值总是大于 1。β 值取决于总流过水断面的流速分布，一般渐变流动的 $\beta = 1.02 \sim 1.05$，但有时可达到 1.33 或更大，工程上常取 $\beta = 1$。

据连续方程

$$Q = v_1 A_1 = v_2 A_2$$

则

$$\sum \mathrm{d}K = \rho Q \mathrm{d}t (\beta_2 v_2 - \beta_1 v_1)$$

根据质点系的动量定理，对于总流有 $\dfrac{\sum \mathrm{d}\vec{K}}{\mathrm{d}t} = \sum \vec{F}$，得

$$\sum \vec{F} = \rho \int_{A_2} u_2 \vec{u_2} \mathrm{d}A_2 - \rho \int_{A_1} u_1 \vec{u_1} \mathrm{d}A_1 \tag{3.72}$$

或

$$\sum \vec{F} = \rho Q (\beta_2 \vec{v_2} - \beta_1 \vec{v_1}) \tag{3.73}$$

式中　$\sum \vec{F}$ ——作用在总流段 1-2 上所有外力的合力。

为了便于计算，把恒定总流动量方程写成标量形式

$$\begin{cases} \sum F_x = \rho Q (\beta_2 v_{2x} - \beta_1 v_{1x}) \\ \sum F_y = \rho Q (\beta_2 v_{2y} - \beta_1 v_{1y}) \\ \sum F_z = \rho Q (\beta_2 v_{2z} - \beta_1 v_{1z}) \end{cases} \tag{3.74}$$

恒定总流动量方程的物理意义：单位时间内液体在某一方向的动量增量，等于同一方向作用在液流上外力的合力。动量方程建立了液流的外力与流速、流量之间的关系。

例 3.5　有一个水平放置的弯管，直径从 $d_1 = 300\mathrm{mm}$ 渐变到 $d_2 = 200\mathrm{mm}$，转角 $\theta = 60°$，如图 3.22 所示。已知弯管断面 1-1 的平均动水压强 $p_1 = 35\mathrm{kN/m^2}$，断面 2-2 的平均动水压强 $p_2 = 25.84\mathrm{kN/m^2}$，通过弯管的流量 $Q = 150\mathrm{L/s}$。求水流对弯管的作用力。

解　根据题意，要求水流对弯管的作用力，应该用动量方程进行求解。

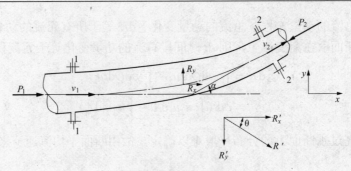

图 3.22 例 3.5 图

（1）取弯管断面 1-1 与断面 2-2 之间的水体作为脱离体。断面 1-1 和断面 2-2 两过水断面的动水压力可以按静水总压力的公式计算。

（2）分析作用在脱离体上的外力。断面 1-1 和断面 2-2 上的动水总压力分别为 P_1 与 P_2

$$P_1 = p_1 A_1, \quad P_2 = p_2 A_2$$

管壁对水流的作用力 R，实际上是水流对管壁作用力 R' 的反作用力，两者大小相等，方向相反。这一作用力 R' 包括水流对管壁的动水总压力与水流对管壁表面作用的摩擦阻力，如果求出作用力 R，也就求得了水流对管壁的总作用力 R'。为了计算方便，将作用力 R 分解为 x 和 y 方向上的两个分量 R_x 和 R_y，R_x 和 R_y 的方向可以任意假设，如果计算结果为正值，说明假设方向是正确的；若为负值，说明假设方向与实际作用力方向相反。

重力（脱离体内水体自重）垂直于水平面，对弯管水流运动没有影响。

（3）建立 x 轴与 y 轴方向的动量方程，所取坐标系如图 3.21 所示。取动量修正系数 $\beta_1 = \beta_2 = 1$。沿 x 轴方向写动量方程，得

$$\rho Q \beta (v_2 \cos 60° - v_1) = P_1 - P_2 \cos 60° - R_x$$

$$v_1 = \frac{Q}{A_1} = \frac{4 \times 150 \times 10^3}{\pi \times 30^2} = 212.3 \text{cm/s} = 2.12 \text{m/s}$$

$$v_2 = \frac{Q}{A_2} = \frac{4 \times 150 \times 10^3}{\pi \times 20^2} = 477.7 \text{cm/s} = 4.78 \text{m/s}$$

$$P_1 = p_1 \frac{\pi d_1^2}{4} = 35000 \times \frac{3.14 \times 0.3^2}{4} = 2472.8(\text{N})$$

$$P_2 = p_2 \frac{\pi d_2^2}{4} = 25840 \times \frac{3.14 \times 0.2^2}{4} = 811.4(\text{N})$$

$$R_x = P_1 - P_2 \cos 60° - \beta \rho Q (v_2 \cos 60° - v_1)$$

$$= 2472.8 - 811.4 \times \frac{1}{2} - 1.0 \times 1000 \times 0.15 \left(4.78 \times \frac{1}{2} - 2.12 \right)$$

$$= 2472.8 - 405.7 - 40.5 = 2026.5(\text{N})$$

沿 y 轴方向写动量方程，得

$$P_2 \sin 60° - R_y = \beta \rho Q (-v_2 \sin 60° - 0)$$

$$R_y = P_2 \sin 60° + \beta \rho Q v_2 \sin 60°$$

$$= 2472.8 \times \frac{\sqrt{3}}{2} + 1 \times 1000 \times 0.15 \times 4.78 \times \frac{\sqrt{3}}{2}$$

$$= 2141.5 + 620.9 = 2762.4(\text{N})$$

合力的大小为

$$R = \sqrt{R_x{}^2 + R_y{}^2} = \sqrt{2026.6^2 + 2762.4^2} = 3426\,(\text{N})$$

合力的方向为

$$\alpha = \tan^{-1}\frac{R_x}{R_y} = \tan^{-1}\frac{2762.4}{2026.6} = \tan^{-1}1.3631 = 53°44'$$

所以水流对弯管的作用力为 $R'=R$，方向与 R 相反，与 x 轴的夹角为 $\alpha=53°44'$。

例 3.6 如图 3.23 所示，一个水平放置的三通管，主管的直径 $D=1200\text{mm}$，两根支管的直径 $d=850\text{mm}$，分叉角 $\alpha=45°$，主管过水断面 1-1 处的动水压强水头 $\dfrac{p_1}{\gamma}=100\text{mH}_2\text{O}$，通过的流量 $Q=3\text{m}^3/\text{s}$，两根支管各通过 1/2 的流量。假设不计损失，求水流对三通管的作用力。

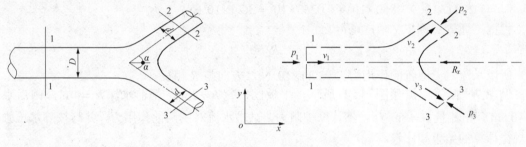

图 3.23　例 3.6 图

解　根据题意，要计算水流对三通管的作用力，必须用动量方程进行求解，但是首先要求出两根支管断面上的动水压力。

（1）运用能量方程计算断面 2-2 和断面 3-3 上的动水压强。因为不计损失，而且三通管位于同一个水平面中，高程相同，建立断面 1-1 和断面 2-2 的能量方程

$$\frac{p_1}{\gamma} + \frac{\alpha_1 v_1^2}{2g} = \frac{p_2}{\gamma} + \frac{\alpha_2 v_2^2}{2g}$$

$$v_1 = \frac{Q_1}{A_1} = \frac{4Q_1}{\pi d_1^2} = \frac{4\times 3}{3.14\times 1.2^2} = 2.65\,(\text{m/s})$$

$$\frac{v_1^2}{2g} = \frac{2.65^2}{19.6} = 0.359\,(\text{m})$$

$$v_2 = \frac{Q_2}{A_2} = \frac{4Q_2}{\pi d_2^2} = \frac{4\times 1.5}{3.14\times 0.85^2} = 2.65\,(\text{m/s})$$

$$\frac{v_2^2}{2g} = \frac{2.65^2}{19.6} = 0.359\,(\text{m})$$

$$v_3 = v_2$$

将上述各值和 $\dfrac{p_1}{\gamma}=100\text{mH}_2\text{O}$ 代入能量方程，可以得到

$$\frac{p_2}{\gamma} = 100\text{mH}_2\text{O}$$

同理可得 $\dfrac{p_3}{\gamma}=100\mathrm{mH_2O}$

所以 $p_2=p_3=9.8\times10^5\mathrm{N/m^2}$

（2）再运用动量方程求解水流对三通管的作用力。首先建立坐标系如图 3.22 所示，取断面 1-1、断面 2-2 和断面 3-3 之间的水体作为脱离体。作用在水体上的外力有：断面 1-1、断面 2-2 和断面 3-3 上的动水压力及三通管对水流的作用力 R（将 R 分解为沿 x 轴和 y 轴方向的分力 R_x 和 R_y），三通管水平放置，不考虑重力对管内水流运动的影响。

建立 x 方向的动量方程

$$p_1-2p_2\cos45°-R_x=2\beta\rho Q_2v_2\cos45°-\beta\rho Q_1v_1$$

$$R_x=9.8\times\frac{10^5\times1.2^2}{4}-2\times9.8\times10^5\times\frac{\pi\times0.85^2}{4}\times0.707-1.0\times1000\times3\times(2.65\times0.707-2.65)$$

$$=11.084\times10^5-7.860\times10^5+0.0233\times10^5=3.24\times10^5(\mathrm{N})$$

根据三通管对称于 x 轴，可得

$$R_y=0$$

所以水流对三通管的作用力 $R'=3.24\times10^5\mathrm{N}$，方向与 R 相反。

例 3.7 闸下出流如图 3.24 所示，平板闸门宽 $b=2\mathrm{m}$，闸前水深 $h_1=4\mathrm{m}$，闸后水深 $h_2=0.5\mathrm{m}$，出流量 $Q=8\mathrm{m^3/s}$，不计摩擦阻力，试求水流对闸门的作用力，并与按静水压强分布规律计算的结果相比较。

解 （1）由连续方程 $Q=h_1bv_1=h_2bv_2$，则

$$v_1=\frac{Q}{h_1b}=\frac{8}{2\times4}=1(\mathrm{m/s})$$

$$v_2=\frac{Q}{h_2b}=\frac{8}{2\times0.5}=8(\mathrm{m/s})$$

（2）由动量方程，取控制体如图 3.25 所示，则

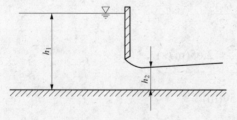

图 3.24　例 3.7 图（一）

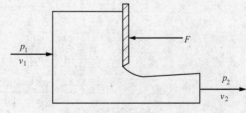

图 3.25　例 3.7 图（二）

$$\rho Q(v_2-v_1)=p_1A_1-p_2A_2-F$$

$$F=\frac{h_1}{2}\rho gh_1b-\frac{h_2}{2}\rho gh_2b-\rho Q(v_2-v_1)$$

$$=\left(\frac{h_1^2}{2}-\frac{h_2^2}{2}\right)\rho gb-\rho Q(v_2-v_1)$$

$$=1000\times9.807\times2\times\left(\frac{4^2}{2}-\frac{0.5^2}{2}\right)-1000\times8\times(8-1)$$

$$=98.46(\mathrm{kN})$$

$$F_{\text{JL}} = \frac{1}{2}(4 - 0.5)^2 \rho g b = \frac{1}{2} \times 1000 \times 9.807 \times 3.5^2 \times 2 = 120.14(\text{kN})$$

水流对闸门的作用力 $F = 98.46\text{kN}$ ，按静水压强分布规律计算的结果 $F_{\text{JL}} = 120.14\text{kN}$ 。

思　考　题

1．如何理解欧拉法与拉格朗日法？

2．恒定流和非恒定流、均匀流和非均匀流、渐变流和急变流，各种流动分类的原则是什么？试举出具体例子。

3．关于水流流向问题有如下一些说法："水一定由高处向低处流""水是从压强大的地方向压强小的地方流""水是从流速大的地方向流速小的地方流"，这些说法是否正确？为何？

4．流线有哪些性质？

5．渐变流与急变流过水断面上的压强分布有何不同？

6．能量方程用于什么条件？有何意义？

7．动能修正系数、动量修正系数的物理意义是什么？为何引入这两个系数？其大小取决于什么因素？

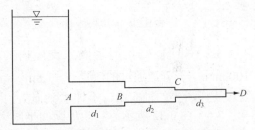

图 3.26　思考题 9 图

8．应用恒定总流能量方程时，所选的两个断面必须是什么断面，但两断面之间可以存在什么流态？

9．如题图 3.26 所示，水从水箱经直径 $d_1 = 100\text{mm}$ 、 $d_2 = 50\text{mm}$ 、 $d_3 = 25\text{mm}$ 的管道流入大气中。当出口流速为 10m/s 时，试求：（1）流量及质量流量；（2） d_1 及 d_2 管段的流速。

习　　题

3.1　用毕托管测量明渠渐变流某一断面上 A 、 B 两点的流速（见图 3.27）。已知油的重度 $\gamma = 8000\text{N}/\text{m}^3$ 。试求 u_A 及 u_B （取毕托管流速系数 $\mu=1$ ）。

3.2　图 3.28 所示为铅直放置的一文丘里管。已知 $d_1 = 200\text{mm}$ 、 $d_2 = 100\text{mm}$ 、 $\Delta z = 0.5\text{m}$ ，水银测压计读数 $\Delta h = 2\text{cm}$ 。若不计水头损失，试求通过的流量。（取动能校正系数为 1）。

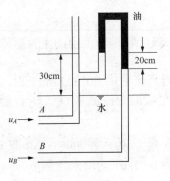

图 3.27　习题 3.1 图

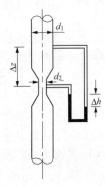

图 3.28　习题 3.2 图

3.3　试证明图 3.29 所示文丘里管测得的流量值与管的倾斜角无关。

3.4　某平底矩形断面的河道中筑一溢流坝，如图 3.30 所示，坝高 $a = 30\text{m}$，坝上水头 $H = 2\text{m}$，坝下游收缩断面处水深 $h_c = 0.8\text{m}$，溢流坝水头损失为 $h_w = 2.5\left(\dfrac{v_c^2}{2g}\right)$，$v_c$ 为收缩断面流速。不计行近流速 v_0。试求水流对单宽坝段上的水平作用力（包括大小及方向）（取动能及动量校正系数均为 1）。

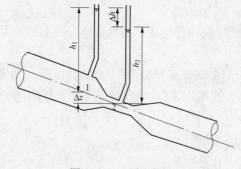
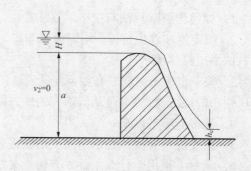

图 3.29　习题 3.3 图　　　　　　　　　　图 3.30　习题 3.4 图

3.5　如图 3.31 所示嵌入支座内的一段输水管，其直径从 $d_1 = 1500\text{mm}$ 变化到 $d_2 = 1000\text{mm}$。若管道通过的流量 $Q = 1.8\text{m}^3/\text{s}$，支座前截面形心处的相对压强为 392kPa，试求渐变段支座所受的轴向力。不计水头损失。

3.6　图 3.32 所示为一矩形断面平底渠道，宽度 $b = 2.7\text{m}$，在某处渠底抬高 $h = 0.3\text{m}$，抬高前的水深 $H = 0.8\text{m}$，抬高后水面降低 $z = 0.12\text{m}$，设抬高处的水头损失是抬高后流速水头的 $\dfrac{1}{3}$，试求渠道流量（取动能校正系数 $\alpha = 1$）。

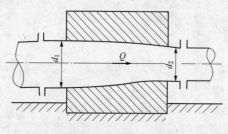
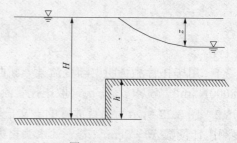

图 3.31　习题 3.5 图　　　　　　　　　　图 3.32　习题 3.6 图

3.7　已知图 3.33 所示水平管路中的流量 $Q = 2.5\text{L/s}$，直径 $d_1 = 50\text{mm}$、$d_2 = 25\text{mm}$，压力表读数为 9807Pa，若水头损失忽略不计，试求连接于该管收缩断面上的水管可将水从容器内吸上的高度 h。

3.8　如图 3.34（俯视图）所示，水平喷嘴设想一与其交角成 $60°$ 的光滑平板。若喷嘴出口直径 $d = 25\text{mm}$，喷射流量 $Q = 33.4\text{L/s}$，试求射流沿平板的分流流量 Q_1、Q_2 及射流对平板的作用力 F。假定水头损失忽略不计。

3.9　有一个水平放置的弯管，已知上游管道直径 $d_1 = 600\text{mm}$、下游管道直径 $d_2 = 300\text{mm}$，转角 $\alpha = 45°$，如图 3.35 所示。已知弯管断面 1-1 的平均动水压强 $p_1 = 140\text{kN/m}^2$，通过弯管的流量 $Q = 0.425\text{m}^3/\text{s}$。试求水流对弯管的作用力（不计水头损失）。

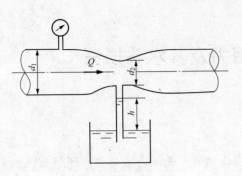

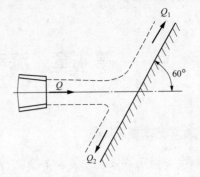

图 3.33　习题 3.7 图　　　　　　　　　　图 3.34　习题 3.8 图

3.10　带胸墙的闸孔泄流如图 3.36 所示。已知孔宽 $B=3\text{m}$，孔高 $h=2\text{m}$，闸前水深 $H=4.5\text{m}$，泄流量 $Q=45\text{m}^3/\text{s}$，闸前水平，试求水流作用在闸孔胸墙上的水平推力 F，并与按静水压强分布计算的结果进行比较。

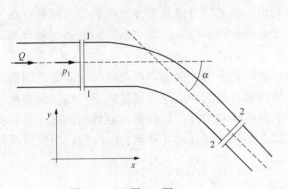

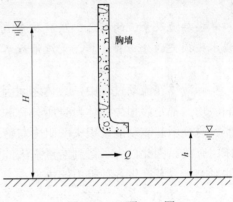

图 3.35　习题 3.9 图　　　　　　　　　　图 3.36　习题 3.10 图

第4章 流动阻力及其水头损失

教学基本要求

了解流动阻力和水头损失的分类；掌握雷诺试验有关流态的划分，理解层流和紊流的概念，掌握实际液体流动的两种流态的判别；掌握均匀流基本方程，能够进行沿程水头损失计算，理解沿程水头损失与切应力的关系；了解紊流运动的基本理论，理解沿程阻力系数的变化规律；掌握沿程水头损失和局部水头损失的计算。

学习重点

掌握层流及紊流的概念、层流及紊流的判别；恒定均匀流基本方程的推导及理解；层流沿程水头损失的分析和计算、紊流沿程水头损失的分析和计算；局部水头损失分析和计算。

实际液体在流动过程中，液体之间因相对运动切应力的做功，以及液体与固壁之间摩擦力的做功，都是靠损失液体自身所具有的机械能来补偿的。这部分能量均不可逆转地转化为热能。这种引起流动能量损失的阻力与液体的黏滞性和惯性，与固壁对液体的阻滞作用和扰动作用有关。因此，为了得到能量损失的规律，必须同时分析各种阻力的特性，研究壁面特征的影响，以及产生各种阻力的机理。

4.1 流动阻力和水头损失分类及计算公式

4.1.1 分类

液体的黏性是液流水头损失的根本原因。液体流动的水头损失与液体的运动状态和流动边界条件密切相关。根据液体接触的边壁沿程形状和大小是否变化和主流是否脱离壁面或形成漩涡，把水头损失分为两种形式，即沿程水头损失和局部水头损失。

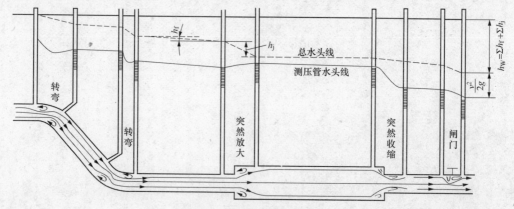

图 4.1 流动阻力与水头损失

1. 沿程阻力与沿程水头损失

如图 4.1 所示，在边壁沿程不变（边壁形状、尺寸、流动方向均无变化）的管段上，流动为均匀流时，流层与流层之间或质点之间只存在沿程不变的切应力，称为沿程阻力。克服沿程阻力引起的能量损失称为沿程水头损失，以 h_f 表示。由于沿程水头损失沿管段均匀分布，即与管段的长度成正比，所以也称为沿程水头损失。在长直渠道和等径有压输水管道中的流动都是以沿程水头损失为主的流动。一般情况下载渐变流和均匀流情况下只有沿程水头损失。

2. 局部阻力与局部水头损失

在边壁沿流程急剧改变的区域，阻力主要集中在该区域内及其附近，这种集中分布的阻力称为局部阻力。克服局部阻力引起的能量损失称为局部水头损失，以 h_j 表示。如图 4.1 所示的转弯、突然放大、突然收缩、闸门等处，都会产生局部阻力，从而引起相应的局部水头损失。引起局部阻力的原因是由于漩涡区的产生和速度方向和大小的变化。局部水头损失是在一段流程上，甚至相当长的一段流程上完成的，但是为了方便起见，在水力学中通常把它作为一个断面上的集中水头损失来处理。

4.1.2 计算公式

根据恒定均匀层流的理论分析结论及恒定均匀紊流的试验研究成果，得到恒定均匀流沿程水头损失 h_f 的计算公式，称为达西-魏斯巴哈公式，即

$$h_f = \lambda \frac{l}{4R} \frac{v^2}{2g} \tag{4.1}$$

$$R = \frac{A}{\chi}$$

式中 R ——水力半径，综合反映断面大小和几何形状对流动影响的特征长度；

  A ——过流断面面积；

  χ ——过流断面中固体边界与液体相接触部分的周长，称为湿周。

对于圆管，因为水力半径 $R = \dfrac{A}{\chi} = \dfrac{d}{4}$，则式（4.1）可以写成

$$h_f = \lambda \frac{l}{d} \frac{v^2}{2g} \tag{4.2}$$

局部水头损失

$$h_j = \zeta \frac{v^2}{2g} \tag{4.3}$$

式中 λ ——沿程水头阻力系数；

  l ——管道长度，m；

  d ——管径，m；

  v ——管道断面平均流速，m/s；

  g ——重力加速度，m/s^2；

  ζ ——局部水头阻力系数。

整个管路的水头损失等于各管段沿程水头损失和各管段局部水头损失的总和，即

$$h_w = \sum h_f + \sum h_j \tag{4.4}$$

式中　$\sum h_f$　——整个管路上的各管段沿程水头损失之和，m；

　　　　$\sum h_j$　——整个管路上的各管段局部水头损失之和，m。

4.2　层　流　与　紊　流

从 19 世纪初期起，一些研究者发现，在细管中水头损失与平均流速存在一定的关系，水头损失的变化有规律可循。水头损失的变化规律，是水流内部结构从量变到质变的变化过程的必然反映。通过大量的试验研究和工程实践，人们注意到液体运动有两种结构不同的流动状态，能量损失的规律与流态密切相关。直到 1883 年，英国物理学家雷诺通过试验揭示了实际液体运动存在的两种形态，即层流和紊流的不同本质。

4.2.1　雷诺试验

1883 年，英国科学家雷诺在简单的试验中发现液流运动具有两种不同的形态——层流和紊流。在如图 4.2 所示的装置上进行了流态试验，试验时将容器 A 装满液体，使液面保持稳定，使水流为恒定流。从水箱 A 引出一根直径为 d 的长玻璃管，进口为喇叭状，目的是使水流平顺。水箱设有溢流设备，以保持水流为恒定流。出口处设有阀门 K 来控制流速 v。另设盛有有色液体容器 D，用细管将红色液体导入喇叭口中心，以观察其轨迹。细管上有阀门 F 控制注入红水的量。

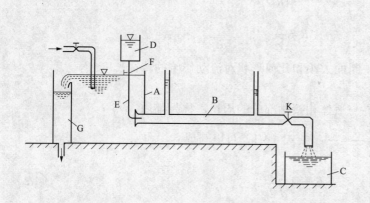
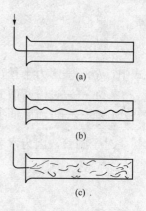

图 4.2　流态试验装置及流态过程

试验开始时，先将 B 管末端阀门 K 微微开启，使水在管内缓慢流动。然后打开 E 管上的阀门 F，使少量红色水注入玻璃管内，这时可以看到一股边界非常清晰的带颜色的细直流束，它与周围清水互不掺混，如图 4.2（a）所示。这一现象表明玻璃管 B 内的水流呈层状流动，各流层的液体质点互不混杂，有条不紊地向前流动。这种流态称为层流。如果把阀门 K 逐渐开大，玻璃管内水的流速随之增大到某一临界数值时，则可以看到红色水出现摆动，且流束明显加粗，呈现出波状轮廓，但仍不与周围清水相混，如图 4.2（b）所示。此时流态处于过渡状态。如继续开大阀门 K，红色水与周围清水迅速掺混，以至于整个玻璃管内的水流都染上红色，如图 4.2（c）所示。这种现象表明管内流动非常混乱，各流体质点的瞬时速度大小方向是随时间而变的，各流层质点互相掺混。这种流态称为紊流。

如果再慢慢地关小阀门 K，使试验以相反程序进行，则会观察到试验相反的现象，但紊流转变为层流的临界流速值（称为下临界流速，以 v_k 表示）要比层流转变为紊流的临界流速值（称为上临界流速，以 v'_k 表示）小，即 $v_k < v'_k$。

试验表明，在特定设备上进行试验，下临界流速 v_k 是不变的，而上临界流速 v'_k 一般是不稳定的，它与试验操作和外界因素对水流的干扰有很大关系，在试验时扰动排除的越彻底，上临界流速 v'_k 值越大。实际工程中扰动是难免的，所以上临界流速没有实际意义，一般临界流速即是下临界流速。

层流和紊流质点运动方式不同，因而在各个方面的规律也有所区别。

这里首先通过测量来寻求恒定均匀流情况下的层流、紊流沿程水头损失 h_f 和流速 v 的关系。

如果在等直径玻璃管 B 上选取两个断面，分别安装测压管，如图 4.2 所示，由于是均匀流，所以两断面流速相等。根据能量方程可知，两测压管的液面差就是两断面之间管道的沿程水头损失 h_f。用阀门 K 调节流量，在雷诺试验观察流态的同时，通过流量测量和测压管测量可得到不同流速所对应的沿程水头损失值，以 $\lg v$ 为横坐标，以 $\lg h_f$ 为纵坐标，将试验数据绘出，便可以得到如图 4.3 所示的试验曲线。

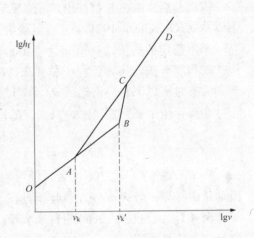

图 4.3　雷诺试验流速与沿程损失对数曲线图

试验曲线 *OABCD* 在流速由小变大时获得；而当流速由大变小时的试验曲线是 *DCAO*。其中 *AC* 部分不重合。图 4.3 中 *A* 点对应的是下临界流速，*B* 点对应的是上临界流速。*A*、*C* 之间的试验点分布比较散乱，是流态不稳定的过渡区域。

由图 4.3 分析可得

$$h_f = kv^m \tag{4.5}$$

式中　k——比例系数。

式（4.5）中：

当 $v < v_k$ 时，$m = 1.0$，$h_f = kv^{1.0}$；

当 $v > v'_k$ 时，$m = 1.75 \sim 2.0$，$h_f = kv^{1.75 \sim 2.0}$；

当 $v_k < v < v'_k$ 时，h_f 与 v 的关系不稳定。

据试验结果：层流时适用直线 *OB*，$\theta_1 = 45°$，即 $m = 1$，所以层流时沿程水头损失与流速的一次方成比例；紊流时适用直线 *DA*，$\theta_2 > 45°$，$m = 1.75 \sim 2.0$，所以紊流时沿程水头损失与流速的 $1.75 \sim 2.0$ 次方成比例。由此可知，液流流态不同，m 的取值也不同。因此，欲确定沿程水头损失必须首先判别液流的流态。

4.2.2　流态的判别

1. 圆管断面雷诺数

层流与紊流所遵循的规律不同，因此判别流态很重要。通过液体染色的方法判别流态在工程上很难办到。那么，是否可以用临界流速与液体流速比较来判断流态呢？试验证明，如果管径不同、液体种类、温度不同（运动黏滞系数不同），临界流速也不同。因此用临界流速判别流态也是不实际的。雷诺试验发现，临界流速 v 与液体的黏性系数 μ、液体的密度 ρ 和管 d 都有密切关系，并提出流态可用雷诺数来判别：

上临界雷诺数 $\qquad\qquad Re'_k = \dfrac{\rho v'_k d}{\mu} = \dfrac{v'_k d}{\nu}$

下临界雷诺数 $\qquad\qquad Re_k = \dfrac{\rho v_k d}{\mu} = \dfrac{v_k d}{\nu}$

式中 $\quad \nu$——液体的运动黏性系数。

雷诺及后来的试验都得出，下临界雷诺数稳定在 2000 左右，外界扰动几乎与它无关。其中以希勒（Schiller，1921 年）的试验值 $Re_k = 2300$ 得到公认。而上临界雷诺数 Re'_k 大于 Re_k，是一个不稳定的数值，甚至高达 $12000 \sim 20000$，这是因为上临界雷诺数的大小与试验中水流扰动程度有关。实际工程中总存在扰动，因此上临界雷诺数 Re'_k 就没有实际意义，因此，判别流态时应以下临界雷诺数 Re_k 作为判别标准。

在圆管流中要判别流态，只需计算出管流的雷诺数

$$Re = \frac{vd}{\nu} \tag{4.6}$$

将 Re 值与 $Re_k = 2300$ 比较，便可判别流态。若 $Re < Re_k$，流动是层流；若 $Re = Re_k$，则流动是临界流；若 $Re > Re_k$，则流动是紊流。

例 4.1 某直径 $d = 2\text{cm}$ 的自来水管，流量 $Q = 0.13\text{L/s}$，当温度 $t = 10\,^{\circ}\text{C}$ 时，试判别该水流是层流还是紊流。

解 由已知温度 $t = 10\,^{\circ}\text{C}$，通过查表得到水的运动黏性系数为

$$\nu = 13.6 \times 10^{-6} \text{m}^2/\text{s} = 0.00136 \text{cm}^2/\text{s}$$

水面断面平均流速为

$$v = \frac{Q}{A} = \frac{0.00013}{0.785 \times 0.02^2} = 0.41\text{m/s} = 41\text{cm/s}$$

则得雷诺数为

$$Re = \frac{vd}{\nu} = \frac{41 \times 2}{0.00136} = 6278.7 > 2000$$

因此水流为紊流。

2. 非圆管断面雷诺数

对于明渠水流和非圆断面管流，同样可以用雷诺数判别流态。只不过要引入一个综合反映断面大小和几何形状对流动影响的特征长度，代替圆管雷诺数中的直径 d。这个特征长度就是水力半径

$$R = \frac{A}{\chi} \tag{4.7}$$

式中 $\quad R$——水力半径；

$\qquad A$——过流断面面积；

$\qquad \chi$——过流断面中固体边界与液体相接触部分的周长，称为湿周。

直径为 d 的圆管满流，$R = \dfrac{\frac{1}{4}\pi d^2}{\pi d} = \dfrac{d}{4}$，以水力半径 R 为特征长度，$Re = \dfrac{vR}{\nu}$ 相应的临界

雷诺数 $Re_k = 575$。

边长为 a 的正方形断面的水力半径为 $R = \dfrac{a^2}{4a} = \dfrac{a}{4}$；边长为 a 和 b 的矩形断面明渠流，

$R = \dfrac{ab}{2(a+b)}$。对于明渠水流（无压流动），以水力半径 R 作为雷诺数中的特征长度，根据试

验结果，其临界雷诺数 $Re_k = \dfrac{v_k R}{v} = 575$。天然情况下的无压流，其雷诺数都比较大，多属于

紊流，因而很少进行流态的判别。

另外，非圆管断面的流态也可以从上述水力半径的概念出发，通过建立非圆管的当量直径来实现。

令非圆管的水力半径 R 和圆管的水力半径 $d/4$ 相等，即得当量直径的计算公式

$$d_e = 4R \tag{4.8}$$

因此，矩形管的当量直径为 $d_e = \dfrac{2ab}{(a+b)}$，方形管的当量直径为 $d_e = a$。

有了当量直径，只要用 d_e 代替 d 不仅可用式（4.1）来计算非圆管的沿程损失，即

$$h_f = \lambda \frac{l}{d} \frac{v^2}{2g} = \lambda \frac{l}{4R} \frac{v^2}{2g}$$

还可以用当量相对粗糙度 K/d_e 代入沿程损失系数 λ 公式中求 λ 值。计算非圆管的雷诺数时，同样可以用当量直径 d_e 代替式中的直径 d，即

$$Re = \frac{vd_e}{v} = \frac{v(4R)}{v} \tag{4.9}$$

这个 Re 也可以近似地用来判别非圆管中的流态，其临界雷诺数仍取 2300。

必须指出，应用当量直径计算非圆管的能量损失时，并不适用于所有情况。这表现在两方面：

（1）对矩形、方形、三角形断面，使用当量直径原理，所获得的试验数据结果和圆管是很接近的，但长方形和星形断面差别较大。非圆形截面的形状和圆形的偏差越小，则运用当量直径的可靠性就越大。

（2）由于层流的流速分布不同于紊流，沿程损失不像紊流那样集中在管壁附近。这样单纯用湿周大小作为影响能量损失的主要外因条件，对层流来说就不充分了。因此在层流中应用当量直径进行计算时，将会造成较大误差。

实际液体所以会有层流和紊流的流态，是因为有黏性的作用。在理想液体里因为没有黏性的作用，所以无所谓层流和紊流。

例 4.2　断面面积 $A = 0.64\text{m}^2$ 的正方形管道，以及宽为高的 3 倍的矩形管道和圆形管道。试求：（1）它们的湿周和水力半径；（2）正方形和矩形管道的当量直径。

解（1）求湿周和水力半径。

1）正方形管道：

边长　　　　　　　　　　$a = \sqrt{A} = \sqrt{0.64} = 0.8(\text{m})$

湿周　　　　　　　　　　$\chi = 4a = 4 \times 0.80 = 3.2(\text{m})$

水力半径　　　　　　　　$R = \dfrac{A}{\chi} = \dfrac{0.64}{3.2} = 0.20(\text{m})$

2）矩形管道：

边长 $$a \times b = a \times 3a = 3a^2 = A = 0.64(\text{m}^2)$$

所以 $$a = \sqrt{\frac{A}{3}} = 0.46(\text{m})$$

$$b = 3a = 3 \times 0.46 = 1.386(\text{m})$$

湿周 $$\chi = 2(a + b) = 2(0.46 + 1.38) = 3.68(\text{m})$$

水力半径 $$R = \frac{A}{\chi} = \frac{0.64}{3.68} = 0.174(\text{m})$$

3）圆形管道：

管径 d $$\frac{\pi d^2}{4} = A = 0.64(\text{m}^2)$$

$$d = \sqrt{\frac{4A}{\pi}} = \sqrt{\frac{4 \times 0.64}{3.14}} = 0.90(\text{m})$$

湿周 $$\chi = \pi d = 3.14 \times 0.90 = 2.84(\text{m})$$

水力半径 $$R = \frac{A}{\chi} = \frac{0.64}{2.84} = 0.225(\text{m})$$

或 $$R = \frac{d}{4} = \frac{0.78}{4} = 0.225(\text{m})$$

以上计算说明，过流断面面积虽然相等，但因形状不同，湿周长短就不相等。湿周越短，水力半径越大。沿程损失随水力半径的增大而减小。因此当流量和断面面积等条件相同时，方形管道比矩形管道水头损失少，而圆形管道又比方形管道水头损失少。从减少水头损失的观点来看，圆形断面是最佳的。

（2）正方形管道和矩形管道的当量直径。

1）正方形管道

$$d_e = a = 0.80(\text{m})$$

2）矩形管道

$$d_e = \frac{2ab}{a + b} = \frac{2 \times 0.4 \times 1.2}{0.4 + 1.2} = 0.69(\text{m})$$

3. 雷诺数的物理意义

雷诺数反映的是以宏观特征量表征的质点所受惯性力与黏性力的对比关系。当雷诺数小于临界雷诺数时，流动受黏性力作用，使流体因受微小扰动所引起的紊动衰减，质点呈现有秩序的线状运动，流动保持为层流。当流动的雷诺数逐渐增大时，黏性力对流动的控制也随之减小，惯性力对紊动的激励作用增强。当雷诺数大于临界雷诺数时，流体受惯性力作用，由于外界的各种原因，如边界上的高低不平等因素，惯性力作用将使微小的扰动发展扩大，形成紊流。因为雷诺数表征了流态决定性因素的对比，具有普遍意义，因此，可以用来判别流态。

4.3　均匀流沿程水头损失的理论分析

前面讨论了管路流动中能量损失的两种形式和流态与沿程水头损失的关系，指出沿程阻力（黏滞性）是造成沿程水头损失的直接原因。为了解决沿程水头损失的计算问题，本节进一步研究在均匀流条件下，沿程水头损失与沿程阻力的关系。

均匀流是指质点流速的大小和方向均沿程不变的流动。在过水断面不变的直管中的流动，是均匀流最常见的例子。在均匀流中，由于流速沿程不变，所以不存在惯性力，流线是相互平行的直线，过水断面为平面，断面上的压强按静力学规律分布，即 $z + p/\gamma =$ 常数；均匀流中的能量损失只有沿程水头损失，且单位长度上的沿程水头损失都相等。

4.3.1　均匀流基本方程

1．均匀流沿程水头损失

设有一个均匀总流，在其中任取一段流股（见图 4.4），为了确定均匀流自断面 1-1 和断面 2-2 的沿程水头损失，可写出断面 1-1 和断面 2-2 的伯努利方程式，即

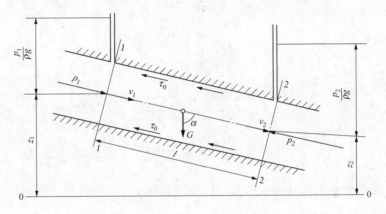

图 4.4　均匀流沿程水头损失推导示意图

$$z_1 + \frac{p_1}{\gamma} + \frac{\alpha_1 v_1^2}{2g} = z_2 + \frac{p_2}{\gamma} + \frac{\alpha_2 v_2^2}{2g} + h_f$$

由于流动为均匀流，有

$$\frac{\alpha_1 v_1^2}{2g} = \frac{\alpha_2 v_2^2}{2g}$$

因此

$$h_f = \left(z_1 + \frac{p_1}{\gamma}\right) - \left(z_2 + \frac{p_2}{\gamma}\right) \tag{4.10}$$

式（4.10）说明，在均匀流情况下，两过水断面间的沿程水头损失等于两过水断面测压管水头的差值，即液体用于克服阻力所消耗的能量全部由势能提供。

由于沿程阻力（均匀流内部流层间的切应力）是造成沿程水头损失的直接原因。因此有必要分析一下作用在流段上的外力并建立沿程水头损失与切应力的关系——均匀流基本方程。

2. 均匀流基本方程

在图 4.4 中，如果断面 1-1 和断面 2-2 之间的长度为 l，过水断面面积 $A_1 = A_2 = A$，湿周为 χ。下面分析其作用力的平衡条件。

断面 1-1 受到上游水流的动水压力为 P_1，断面 2-2 受到下游水流的动水压力为 P_2，流段本身的重量为 G 及流段表面的切应力（沿程阻力）τ 的共同作用下保持均匀流动。

在水流运动方向上各力投影的平衡方程式

$$P_1 - P_2 + G\cos\alpha - \tau = 0$$

因为 $P_1 = p_1 A$，$P_2 = p_2 A$，而且 $\cos\alpha = \dfrac{z_1 - z_2}{l}$，并设液体与固体边壁接触面上的平均切应力为 τ_0，代入上式，得

$$p_1 A - p_2 A + \gamma A l \frac{z_1 - z_2}{l} - \tau_0 \chi l = 0$$

两边同时除以 γA，得

$$\frac{p_1}{\gamma} - \frac{p_2}{\gamma} + z_1 - z_2 = \frac{\tau_0}{\gamma}\frac{\chi}{A}l$$

由式（4.10）可知

$$h_{\mathrm{f}} = \left(z_1 + \frac{p_1}{\gamma}\right) - \left(z_2 + \frac{p_2}{\gamma}\right)$$

于是

$$h_{\mathrm{f}} = \frac{\tau_0}{\gamma}\frac{\chi}{A}l = \frac{\tau_0}{\gamma}\frac{l}{R} \tag{4.11}$$

或

$$\tau_0 = \gamma R\frac{h_{\mathrm{f}}}{l} = \gamma R J \tag{4.12}$$

式中　$\dfrac{h_{\mathrm{f}}}{l}$——单位管长的沿程水头损失，称为水力坡度，常用符号 J 表示。

式（4.12）给出了圆管均匀流沿程水头损失与切应力的关系，是研究沿程水头损失的基本公式，称为均匀流基本方程。对于明渠均匀流，按上述方法，同样可得到与式（4.12）相同的结果，所以该方程对有压流和无压流均适用。

由于均匀流基本方程式是根据作用在恒定均匀流段上的外力平衡得到的平衡关系式，并没有反映流动过程中产生沿程水头损失的物理本质。公式推导过程中未涉及液体质点的运动状况，因此该式对层流和紊流都适用。然而层流和紊流切应力的产生和变化有本质的不同，最终决定两种流态水头损失的规律不同。

4.3.2　圆管层流的特性

圆管中的层流运动，可以看作是由许多无限薄的同心圆筒层一个套一个地运动着，因此每一圆筒层表面的切应力都可按牛顿内摩擦定律来计算，即

$$\tau = -\mu\frac{\mathrm{d}u_x}{\mathrm{d}r} \tag{4.13}$$

因圆筒层的流速 u_x 是随半径 r 的增大而递减的，故 $\mathrm{d}u_x/\mathrm{d}r$ 为负值。

在图 4.5 所示的圆管恒定均匀流中，取圆柱的轴与管轴重合，圆柱半径为 r，作用在圆柱表面上的切应力为 τ，推导步骤与前述相同，便可得出流束的均匀流方程式为

$$\tau = \gamma \frac{r}{2} J \qquad (4.14)$$

由式（4.12）得圆管壁上的切应力 τ_0 为

$$\tau_0 = \gamma \frac{r_0}{2} J \qquad (4.15)$$

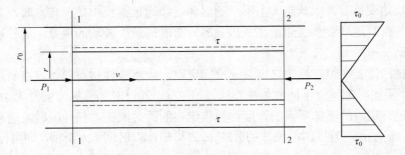

图 4.5　圆管均匀流过流断面上切应力分布示意图

比较式（4.14）和式（4.15），可得

$$\frac{\tau}{\tau_0} = \frac{r}{r_0} \qquad (4.16)$$

即圆管均匀流过流断面上切应力呈直线分布，管轴处 $\tau = 0$，管壁处切应力为最大值 $\tau = \tau_0$。

4.3.3　圆管层流沿程水头损失的计算

圆管层流的断面平均流速为

$$v = \frac{Q}{A} = \frac{\int_A u_x \mathrm{d}A}{A} = \frac{\int_0^{R_0} u_x 2\pi r \mathrm{d}r}{\pi r_0^2} \qquad (4.17)$$

$$= \frac{\rho g J}{4\mu} \frac{\int_0^{R_0} (r_0^2 - r^2) \cdot 2\pi r \mathrm{d}r}{\pi r_0^2} = \frac{\rho g J}{4\mu} r_0^2$$

$$J = \frac{h_f}{l} = \frac{32\mu v}{\rho g d^2}$$

故

或

$$h_f = \frac{32\mu v}{\rho g d^2} \qquad (4.18)$$

上式就是计算圆管层流沿程水头损失的公式。由此表明，在圆管层流中，沿程水头损失与断面平均流速的一次方成比例，这与雷诺试验的结果完全一致。

若用达西公式的形式来表示圆管层流的沿程水头损失，则由

$$h_f = \lambda \frac{l}{d} \frac{v^2}{2g} = \frac{32\mu v}{\rho g d^2}$$

可得

$$\lambda = \frac{64}{Re} \qquad (4.19)$$

由此可知，圆管层流中沿程阻力系数 λ 仅为雷诺数的函数，且与雷诺数成反比。

4.4 液体紊流流动特征

4.4.1 紊流的特性

紊流的基本特征是许许多多大小不等的涡体相互混掺着前进，它们的位置、形态、流速都在时刻不断地变化着。因此当大小不一的涡体连续通过紊流中某一定点时，必然会反映出这一定点上的瞬时运动要素（如流速、压强等）随时间发生波动的现象，这种现象就叫作运动要素的脉动。

根据欧拉法，若在恒定流中选定某一空间定点，观察液体质点通过该点的运动状态，则在该定点上，不同时刻就有不同液体质点通过，各质点通过时的流速方向及大小都是不同的。某一瞬间通过该定点的流体质点的速度称为该定点的瞬时流速。任一瞬时流速总可分解为三个分速度 u_x、u_y、u_z。若以瞬时流速的分速 u_x 为纵轴，以时间 t 为横轴，即可绘出 u_x 随时间而变化的曲线（见图 4.6）。试验研究结果表明，瞬时流速虽有变化，但在足够长的时间过程中，它的时间平均值是不变的。

若取一足够长的时间过程 T，在此时间过程中的时间平均流速为

$$\overline{u}_x = \frac{1}{T} \int_0^T u_x \mathrm{d}t \tag{4.20}$$

图 4.6 中 AB 即代表时间平均流速曲线。恒定流时，AB 与 t 轴平行 [见图 4.6（a）]，即时间平均流速是不随时间而变化的。非恒定流时，AB 与 t 轴不平行 [见图 4.6（b）]，即时间平均流速是随时间而变化的。

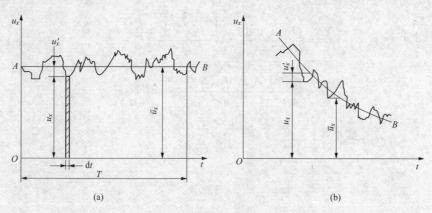

图 4.6 速度变化示意图

紊流时各运动要素时间平均值的这种规律性的存在，对紊流的研究带来很大的方便。只要建立了时间平均的概念，则分析水流运动规律的方法，对紊流的运动仍可适用。例如，对紊流来说，流线是指时间平均流速场的流线，流束是指时间平均流速的流束，恒定流是指时间平均的运动要素不随时间而变化的液流，非恒定流是指时间平均的运动要素随时间而变化的液流。

4.4.2 紊流的切应力

在层流运动中由于流层间的相对运动所引起的黏滞切应力可由下式计算

$$\tau = \mu \frac{\mathrm{d}u}{\mathrm{d}y}$$

但紊流运动则不同，各流层间除有相对运动外，还有质点交换。因此，紊流切应力的计算，应引用时间平均的概念，把紊流运动两流层之间的时间平均切应力 $\overline{\tau}$ 看作是由两部分组成：第一部分为由相邻两流层间时间平均流速相对运动产生的黏滞切应力 $\overline{\tau}_1$；第二部分为纯粹由脉动流速所产生的附加切应力 $\overline{\tau}_2$。所以紊流总切应力为

$$\overline{\tau} = \overline{\tau}_1 + \overline{\tau}_2 \tag{4.21}$$

紊流时间平均黏滞切应力与层流时一样计算，其公式为

$$\overline{\tau}_1 = \mu \frac{\mathrm{d}\overline{u}_x}{\mathrm{d}y} \tag{4.22}$$

计算附加切应力的公式可采用普朗特动量传递学说来推导。这一学说是假设液体质点在脉动运移过程中瞬时流速保持不变，因而动量也保持不变，而到达新位置后，动量即突然改变，并与新位置上原有液体质点所具有的动量一致。由定量定律可知，这种液体质点的动量变化，将产生附加切应力。应用这一学说就可建立附加切应力与液体质点脉动流速之间的关系。

4.4.3　紊流黏滞底层

在紊流中，紧靠固体边界附近的地方，因脉动流速很小，由脉动流速产生的附加切应力也很小，而流速梯度却很大，所以黏滞切应力起主导作用，其流态基本上属于层流。因此紊流中并不是整个液流都是紊流，在紧靠固体边界表面有一层极薄的层流层存在，该层流层叫黏性底层。在黏性底层以外的液流才是紊流（见图 4.7）。在这两液流之间，还存在着一层极薄的过渡层，因其实际意义不大，可以不考虑。

在工程实践中，黏性底层对紊流沿程阻力规律的研究有重大意义。首先来研究一下黏性底层的厚度 δ_0。黏性底层的性质既然与层流一样，其切应力 $\tau = \mu \dfrac{\mathrm{d}u_x}{\mathrm{d}y}$，流速按抛物线规律分布。因黏性底层极薄，其流速分布可看作是按直线变化，即自 $y=0$，$u_x = 0$，变化到 $y=\delta_0$，$u_x = u_{\delta_0}$，式中 u_{δ_0} 为黏性底层上边界的流速，这样

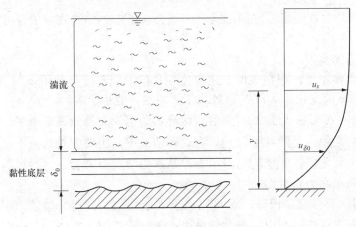

图 4.7　黏性底层示意图

$$\frac{u_{\delta_0}}{\delta_0} = \frac{\mathrm{d}u_x}{\mathrm{d}y}$$

故有

$$\tau_0 = \mu \frac{\mathrm{d}u_x}{\mathrm{d}y} = \mu \frac{u_{\delta_0}}{\delta_0}$$

整理后可得

$$\frac{u_{\delta_0}}{\delta_0} = \frac{\frac{\tau_0}{\rho}}{\frac{\eta}{\rho}}$$

令 $\sqrt{\dfrac{\tau_0}{\rho}} = u_*$，则上式可写作 $\dfrac{u_{\delta_0}}{u_*} = \dfrac{u_* \delta_0}{\nu}$，式中 u_* 具有与流速相同的量纲，称为摩阻流速。

因 $\dfrac{u_{\delta_0}}{u_*}$ 为一个量纲数，常用符号 N 表示，可得

$$\delta_0 = \frac{N\nu}{u_*} \tag{4.23}$$

据尼古拉兹试验结果 $N=11.6$。

因 $\tau_0 = \dfrac{\lambda}{8}\rho v^2$，故

$$u_* = \sqrt{\frac{\lambda}{8}} v \tag{4.24}$$

将式（4.22）带入式（4.23），得

$$\delta_0 = \frac{\sqrt{8}Nd}{Re\sqrt{\lambda}}$$

式中雷诺数 $Re = \dfrac{vd}{\nu}$。若采用 $N=11.6$，则

$$\delta_0 = \frac{32.8d}{Re\sqrt{\lambda}} \tag{4.25}$$

式（4.25）就是黏性底层厚度的公式。由该公式可知，黏性底层的厚度随雷诺数的增加而减小。

4.4.4　固壁面的类型

固壁面总是粗糙不平，粗糙表面凸出高度叫作绝对粗糙度，常用 K（或 Δ）表示。黏性底层的厚度 δ_0 随 Re 而变化，因此 δ_0 可能大于 K，也可能小于 K。

当 Re 较小时，δ_0 可以大于 K 若干倍。这样，边壁表面虽然高低不平，而凸出的高度完全淹没在黏性底层之中 [见图 4.8（a）]。在这种情况下，粗糙度对紊流不起任何作用，边壁对水流的阻力，主要是黏性底层的黏滞阻力，从水力学观点来看，这种粗糙表面与光滑表面是一样的，所以叫作水力光滑面。

当 Re 较大时，黏性底层极薄，δ_0 可以小于 K 若干倍。此时，边壁的粗糙度对紊流已起主要作用。当紊流流核绕过凸出高度时将形成小漩涡 [见图 4.8（b）]。边壁对水流的阻力主要是由这些小漩涡造成的，而黏性底层的黏滞力只占次要地位，与前者相比，几乎可以忽略

不计。这种粗糙表面叫作水力粗糙面。

介于以上两者之间的情况，黏性底层已不足以完全掩盖住粗糙度的影响［见图4.8（c）］，但粗糙度还没有起决定性作用，这种粗糙面叫作过渡粗糙面。

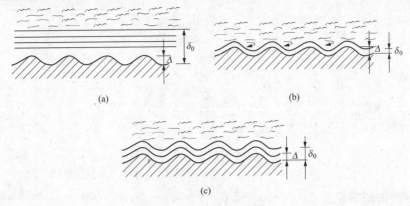

图 4.8　固壁面类型示意图

最后还必须指出，所谓光滑面或粗糙面并非完全取决于固体边界表面本身是光滑的还是粗糙的，而必须依据黏性底层和绝对粗糙度两者大小的关系来决定。即使是同一固体边界面，在某一雷诺数下可能是光滑面，而在另一雷诺数下又可能是粗糙面。

4.4.5　紊流的流速分布

紊流中由于液体质点相互掺混，互相碰撞，因而产生了液体内部各质点间的动量传递，动量大的质点将动量传给动量小的质点，动量小的质点影响动量大的质点，结果造成断面流速分布的均匀化。

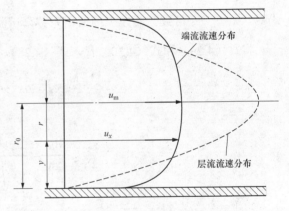

图 4.9　管道中紊流时间平均流速分布

图4.9是管道中紊流时间平均流速分布。

紊流流速分布的表达式，目前最常用的有以下两种：

（1）流速分布的指数公式——普朗特建议紊流流速分布可用下式表示

$$\frac{u_x}{u_m} = \left(\frac{y}{r_0}\right)^n \tag{4.26}$$

式中　　n——指数，其值与雷诺数 Re 有关，其他符号见图4.9。

当 $Re<10^5$ 时，$n=\frac{1}{7}$，这已为试验所证实，叫作流速分布的七分之一次方定律。当 $Re>10^5$ 时，n 采用 $\frac{1}{8}$、$\frac{1}{9}$、$\frac{1}{10}$ 等可获得更准确的结果。

（2）流速分布的对数公式——紊流的时间平均切应力公式为

$$\tau = \eta\frac{\mathrm{d}u_x}{\mathrm{d}y} + \rho l^2\left(\frac{\mathrm{d}u_x}{\mathrm{d}y}\right)^2 \tag{4.27}$$

式（4.27）中两部分切应力的大小是随流动情况而定的。在雷诺数较小，紊流较弱时，前者占主要地位。随着雷诺数的增大，紊流程度加剧，后者逐渐加大。到雷诺数很大时，紊动已充分发展之后，则后者占绝对优势，前者影响已可忽略不计，即

$$\tau = \rho l^2 \left(\frac{\mathrm{d}u_x}{\mathrm{d}y} \right)^2 \tag{4.28}$$

对圆管来说

$$\tau = \tau_0 \frac{r}{r_0}$$

由图（4.10）可知，$r = r_0 - y$，代入上式可得

$$\tau = \tau_0 \left(\frac{r_0 - y}{r_0} \right) = \tau_0 \left(1 - \frac{y}{r_0} \right) \tag{4.29}$$

根据萨特克维奇的研究结果

$$l = \kappa y \sqrt{1 - \frac{y}{r_0}} \tag{4.30}$$

式中　κ——一常数，叫作卡门通用系数，试验结果 $\kappa = 0.4$。

将式（4.29）和式（4.30）代入式（4.28），得

$$\tau_0 = \rho \kappa^2 y^2 \left(\frac{\mathrm{d}u_x}{\mathrm{d}y} \right)^2$$

即

$$\frac{\mathrm{d}u_x}{\mathrm{d}y} = \frac{1}{\kappa y} \sqrt{\frac{\tau_0}{\rho}} = \frac{u_*}{\kappa y} \tag{4.31}$$

将上式积分，得

$$u_x = \frac{u_*}{\kappa} \ln y + C \tag{4.32}$$

将 $\kappa = 0.4$ 代入上式，得

$$u_x = 5.75 u_* \lg y + C \tag{4.33}$$

式中　C——积分常数。

由式（4.33）可知，紊流时过水断面上的流速是按对数规律分布的，比层流时按抛物线分布要均匀得多（见图 4.9）。这是因为紊流时由于液体质点的掺混作用，动量发生互换，使流速分布均匀化的结果。

目前，对流速分布公式尚无纯理论解法。尼古拉兹采用管壁粘贴均匀砂的办法，形成各种不同的人工砂粒粗糙管，进行试验，从而求得：

（1）光滑管时，流速分布公式为

$$\frac{u_x}{u_*} = 5.75 \lg \frac{u_* y}{\nu} + 5.5 \tag{4.34}$$

将上式对圆管断面积分，可得断面平均流速公式为

$$\frac{u_x}{u_*} = 5.75 \lg \frac{r_0 u_*}{\nu} + 1.75 \tag{4.35}$$

（2）粗糙管时，流速分布公式为

$$\frac{u_x}{u_*} = 5.75 \lg \frac{y}{\kappa} + 8.5 \tag{4.36}$$

将上式对圆管断面积分，可得断面平均流速公式为

$$\frac{\nu}{u_*} = 5.75 \lg \frac{r_0}{\kappa} + 4.75 \tag{4.37}$$

4.5　紊流的沿程水头损失

圆管沿程水头损失的计算公式为

$$h_{\mathrm{f}} = \lambda \frac{l}{d} \frac{v^2}{2g}$$

其中沿程阻力系数 λ，由于紊流的复杂性，至今未能像层流那样严格地从理论上推导出来。工程上由两种途径确定 λ 值：一种是以紊流的半经验理论为基础，结合试验结果，整理成 λ 的半经验公式；另一种是直接根据试验结果，综合成 λ 的经验公式。比较而言，前者具有更为普遍的意义。

为了通过试验研究沿程阻力系数 λ，首先要分析 λ 的影响因素。

层流的阻力是黏性阻力，理论分析已表明，在层流中，$\lambda = 64/Re$，即 λ 仅与 Re 有关，与管壁粗糙度无关。而紊流的阻力由黏性阻力和惯性阻力两部分组成。壁面粗糙度在一定条件下成为产生惯性阻力的主要外因。每个粗糙点都将成为不断地产生并向管中输送漩涡引起紊动的源泉。因此，粗糙度的影响在紊流中是一个十分重要的因素。这样，紊流的能量损失一方面取决于反映流动内部矛盾的黏性力和惯性力的对比关系；另一方面又取决于流动的边壁几何条件。前者可用 Re 来表示，后者则包括管长、过流断面的形状、大小及壁面粗糙度等。对圆管来说，过流断面的形状固定了，而管长 l、管径 d 也已包括在式（4.1）中。因此边壁的几何条件中只剩下壁面粗糙度需要通过 λ 来反映。这就是说，沿程阻力系数 λ，主要取决于 Re 和壁面粗糙度这两个因素。

壁面粗糙中影响沿程损失的具体因素仍不少。例如，对于工业管道，就包括粗糙的凸起高度、粗糙的形状和粗糙的疏密和排列等因素。

许多学者对此进行了大量的试验研究，而其中 1933 年德国力学家和工程师尼古拉兹的试验成果比较典型地分析了沿程阻力系数的变化规律。

4.5.1　尼古拉兹试验

尼古拉兹在试验中采用了一种简化的粗糙模型。他把大小基本相同、形状近似球体的砂粒用漆汁均匀而稠密地黏附于管壁上，如图 4.10 所示。这种人工均匀粗糙叫做尼古拉兹粗糙。对于这种特定的粗糙形式，就可以用糙粒的凸起高度 K（即相当于砂粒直径）来表示边壁的粗糙程度。K 称为绝对粗糙度。但粗糙对沿程损失的影响不完全取决于粗糙的凸起绝对高度

K，而是取决于它的相对高度，即 K 与管径 d 或半径 r_0 之比。K/d 或 K/r_0，称为相对粗糙度，其倒数则称为相对光滑度。这样，影响 λ 的因素就是雷诺数和相对粗糙度，即

$$\lambda = f\left(Re, \frac{K}{d}\right)$$

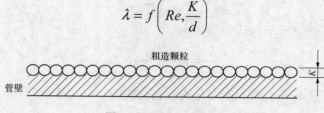

图 4.10　尼古拉兹粗糙

尼古拉兹用多种管径和多种粒径的砂粒，得到了 $\dfrac{K}{d}=\dfrac{1}{30}\sim\dfrac{1}{1014}$ 六种不同的相对粗糙度。在类似雷诺试验的装置中测定每根管道中平均流速 v（$v=Q/\pi d^2/4$）和管段 l 的水头损失 h_f，并测出水温以推算出雷诺数 $Re=\dfrac{vd}{\nu}$ 和沿程阻力系数 $\lambda=h_f\dfrac{d}{l}\dfrac{2g}{v^2}$。把试验结果点绘在对数坐标纸上，就得到图 4.11。

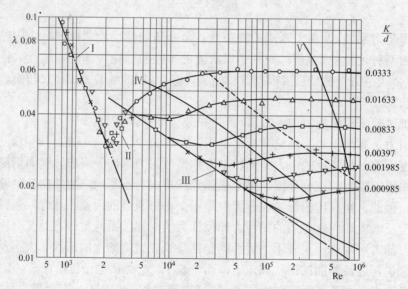

图 4.11　尼古拉兹粗糙管沿程损失系数

根据 λ 的变化特性，尼古拉兹试验曲线分为 5 个阻力区，这些区在图 4.11 上分别以 I、II、III、IV、V 表示。

第 I 区——层流区。当 $Re<2300$ 时，不同相对粗糙度的试验点聚集在一条直线上，表明 λ 与相对粗糙度 $\dfrac{K}{d}$ 无关，只是 Re 的函数，并符合 $\lambda=\dfrac{64}{Re}$，即试验结果证实了圆管层流理论公式的正确性。同时，此试验也指明 K 不影响临界雷诺数 $Re_k=2300$ 的数值。

第 II 区——临界区。当 $Re=2300\sim4000$ 时，是由层流转变为紊流的过渡区。λ 与相对粗糙度 $\dfrac{K}{d}$ 无关，随 Re 的增大而增大，只是 Re 的函数。这个区的范围很窄，实用意义不大，不予讨论。

第Ⅲ区——紊流光滑区。当 $Re>4000$ 时，不同相对粗糙度的试验点聚集在一条直线上，表明 λ 与相对粗糙度 $\dfrac{K}{d}$ 无关，只是 Re 的函数。随着 Re 的增大，相对粗糙度大的管道，其试验点在 Re 较低时离开了直线；而相对粗糙度小的管道，其试验点在 Re 较高时才离开直线。

第Ⅳ区——紊流过渡区。不同的相对粗糙管的试验点分别落在不同的曲线上，表明 λ 既与相对粗糙度 $\dfrac{K}{d}$ 有关，又与 Re 有关。

第Ⅴ区——紊流粗糙区。不同的相对粗糙管的试验点分别落在不同的水平直线上，表明 λ 只与相对粗糙度 $\dfrac{K}{d}$ 有关，而与 Re 无关。这说明水流处于发展完全的紊流状态，水流阻力与流速的平方成正比，故又称为阻力平方区。

尼古拉兹试验的意义在于：它全面揭示了不同流态情况下 λ 和雷诺数 Re 及相对粗糙度的关系，从而说明确定 λ 的各种经验公式和半经验公式有一定的适用范围，并为补充普朗特理论和推导沿程阻力系数的半理论半经验公式提供了必要的试验数据。

4.5.2　沿程阻力系数的经验公式

根据尼古拉兹等人试验的结果，可对紊流分区的标准及计算沿程阻力系数的经验公式归纳如下：

1. 光滑区

当 $Re_* = \dfrac{Ku_*}{\nu} < 3.5$，即 $\dfrac{K}{\delta_0} < 0.3$ 时，为光滑区。

在光滑区时，沿程阻力系数可用下列经验公式计算：

（1）布拉修斯公式

$$\lambda = \frac{0.316}{Re^{1/4}} \tag{4.38}$$

适用范围 $4000 < Re < 10^5$。

（2）尼古拉兹公式

$$\frac{1}{\sqrt{\lambda}} = 2\lg(Re\sqrt{\lambda}) - 0.8 \tag{4.39}$$

适用范围 $Re < 10^6$。

2. 过渡粗糙区

当 $3.5 \leqslant Re_* \leqslant 70$，即 $0.3 \leqslant \dfrac{K}{\delta_0} \leqslant 6$ 时，为过渡粗糙区。

在过渡粗糙区时，沿程阻力系数可由柯列布鲁克-怀特经验公式计算，即

$$\frac{1}{\sqrt{\lambda}} = -2\lg\left(\frac{2.51}{Re\sqrt{\lambda}} + \frac{K}{3.7d}\right) \tag{4.40}$$

适用范围 $3000 < Re < 10^6$。

3. 粗糙区

当 $Re_* > 70$，即 $\dfrac{K}{\delta_0} > 6$ 时，为粗糙区，即阻力平方区。

该区沿程阻力系数可由尼古拉兹经验公式计算，即

$$\lambda = \frac{1}{\left[2\lg\left(3.7\dfrac{d}{K}\right)\right]^2} \qquad (4.41)$$

适用范围 $Re > \dfrac{382}{\sqrt{\lambda}}\left(\dfrac{r_0}{K}\right)$。

尼古拉兹试验是在人工粗糙管中完成的，而工业管道的实际粗糙与人工均匀粗糙有较大差异，因此尼古拉兹试验结果用于工业管道时，必须要分析这种差异，并寻求解决问题的方法。

由于实际管道壁面粗糙度难以测定，为了应用尼古拉兹试验结果解决工业管道的计算问题，需要引入"当量粗糙度"的概念。当量粗糙度是指将和实际管道在紊流粗糙区 λ 值相等的同直径尼古拉兹人工粗糙管的粗糙度作为该实际管道的粗糙度。

部分常用工业管道的当量粗糙度 K 值见表 4.1。

表 4.1 常用工业管道的当量粗糙度

管道材料	K（mm）	管道材料	K（mm）
新氯乙烯管	0～0.002	镀锌钢管	0.15
铅管、铜管、玻璃管	0.01	新铸铁管	0.15～0.5
钢管	0.046	旧铸铁管	1～1.5
涂沥青铸铁管	0.12	混凝土管	0.3～3.0

在紊流过渡区，工业管道的不均匀粗糙突破黏性底层伸入紊流核心是一个渐进过程，不同于粒径均匀的人工粗糙同时突入紊流核心，两者 λ 的变化规律相差很大。1939 年，柯列勃洛克和怀特给出了适用于工业管道紊流过渡区的 λ 计算公式

$$\frac{1}{\sqrt{\lambda}} = -2\lg\left(\frac{K}{3.7d} + \frac{2.51}{Re\sqrt{\lambda}}\right) \qquad (4.42)$$

式中 K——工业管道的当量粗糙度。

柯列勃洛克公式实际上是尼古拉兹光滑区公式和粗糙区公式的结合。对于光滑管，Re 偏低，式（4.42）右边括号内第二项很大，第一项相对很小，可以忽略。当 Re 很大时，式（4.42）右边括号内第二项很小，可以忽略不计。这样，柯列勃洛克公式不仅适用于工业管道的紊流过渡区，而且可用于紊流的全部三个阻力区，故又称为紊流沿程阻力系数 λ 的综合计算公式。尽管此式只是个经验公式，但它是在合并两个半经验公式的基础上得出的，公式应用范围广，与试验结果符合良好，随着"当量粗糙高度"数据的逐渐充足完备，该式的应用日渐广泛。

4.5.3 莫迪图

式（4.41）的应用比较麻烦，须经过几次迭代才能得出结果。为了简化计算，1944 年，美国工程师莫迪在柯列勃洛克公式的基础上，以相对粗糙度为参数，把 λ 作为 Re 的函数，绘制出工业管道阻力系数曲线图，即莫迪图（见图 4.12）。在图上 4.12 按 K/d 和 Re 可直接查出 λ。

4.5.4 沿程水头损失的经验公式

为了满足生产实践的需要，早在 18 世纪中后期，人们即在总结大量实测资料的基础上，提出了一些计算沿程水头损失的经验公式，有些公式至今在工程实践中仍被广泛采用，在一

定范围内满足工程设计的需要。

谢才总结了明渠均匀流的实测资料，提出计算均匀流的经验公式，称为谢才公式，即

$$v = C\sqrt{RJ} \tag{4.43}$$

式中　C——谢才系数；

　　　R——过水断面水力半径，即 $R = \dfrac{A}{\chi}$；

　　　J——水力坡度。

谢才公式与达西公式是一致的，只是表现形式不同。只要用式（4.44）

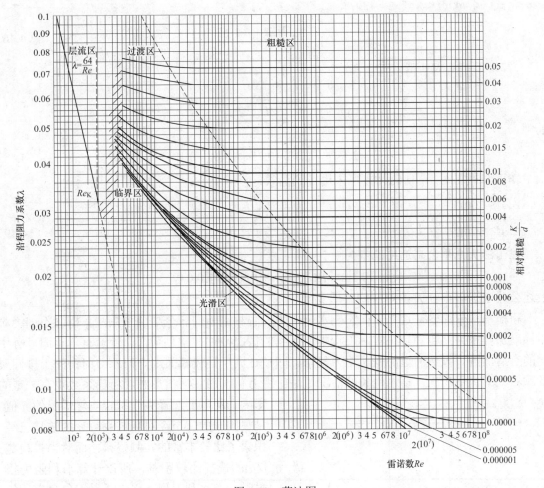

图 4.12　莫迪图

$$C = \sqrt{\frac{8g}{\lambda}} \tag{4.44}$$

代入达西公式就可得到谢才公式。所以谢才公式既可应用于明渠也可应用于管流。由于 λ 是量纲为一的数，故谢才系数 C 是有量纲的，其量纲为 $L^{1/2}T^{-1}$，单位 $\text{m}^{1/2}/\text{s}$。谢才公式可应用于不同流态或流区，只是谢才系数的公式不同而已。

在实际工程上所遇到的水流大多数是阻力平方区的紊流，谢才系数的经验公式是根据阻

力平方区紊流的大量实测资料求得的，所以只能适用于阻力平方区的紊流。下面介绍两个比较常用的求谢才系数的公式

（1）曼宁（Manning，1890）公式

$$C = \frac{1}{n} R^{1/6} \tag{4.45}$$

式中　n——粗糙系数，或简称糙率。

因为曼宁公式形式简单，计算方便，且应用于管道（即较小的河渠）可得到较满意的结果，故现为世界各国工程界采用。

将式（4.44）代入式（4.42）得

$$v = \frac{1}{n} R^{2/3} J^{1/2} \tag{4.46}$$

（2）巴甫洛夫斯基公式

$$C = \frac{1}{n} R^{y} \tag{4.47}$$

其中

$$y = 2.5\sqrt{n} - 0.13 - 0.75\sqrt{R}(\sqrt{n} - 0.10) \tag{4.48}$$

作近似计算时，y 值的计算可采用下列简式：

当 $R < 1.0\text{m}$ 时　　　　　　　　$y = 1.5\sqrt{n}$

当 $R > 1.0\text{m}$ 时　　　　　　　　$y = 1.3\sqrt{n} \tag{4.49}$

巴甫洛夫斯基公式适用范围为

$$0.1\text{m} \leqslant R \leqslant 3.0\text{m}, \quad 0.11 \leqslant n \leqslant 0.04$$

上述公式中水力半径 R 的单位均采用 m。

粗糙系数 n 为表征边界表面影响水流阻力的各种因素的一个综合系数，其概念不如绝对粗糙度那样单纯而明确。在实际工程中所遇到的情况往往非常复杂，如管道有新有旧，有生锈的有清洁的。天然河道的变化更为复杂，即使在同一过流断面上。河滩与河槽的土壤性质及颗粒大小也不相同，草木生长的情况更是千变万化，而且河槽形态对粗糙系数也有一定的影响。所以要选择完全符合实际情况的 n 值是很困难的。至今对粗糙系数 n 的选择已经积累了比较丰富的实测资料，而对当量粗糙度 Δ 的选择比较困难，所以计算沿程阻力损失时，在水利工程上仍广泛采用包含有 n 值的曼宁公式或巴甫洛夫斯基公式。

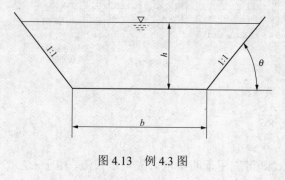

图 4.13　例 4.3 图

例 4.3　有一混凝土护面的梯形渠道（见图 4.13），底宽 b 为 10m，水深 h 为 3m，两岸边坡度为 1:1，粗糙系数 n 为 0.017。如水流属阻力平方区，试用各公式求谢才系数。

解　过水断面面积 $A = bh + mh^2$，式中 $m = \cot\theta$（叫作边坡系数），则

$$A = 10 \times 3\text{m}^2 + 1 \times 3^3\text{m}^2 = 39\text{m}^2$$

湿周
$$\chi = b + 2\sqrt{1+m^2}h = 10\text{m} + 2\sqrt{1+1^2} \times 3\text{m} = 18.5\text{m}$$

水力半径
$$R = \frac{A}{\chi} = \frac{39}{18.5}\text{m} = 2.11\text{m}$$

（1）按曼宁公式计算谢才系数

$$C = \frac{1}{n}R^{\frac{1}{6}} = \frac{1}{0.017} \times 2.11 = 66.5\text{m}^{\frac{1}{2}}/\text{s}$$

（2）按巴甫洛夫斯基公式计算谢才系数

$$y = 2.5\sqrt{n} - 0.13 - 0.75\sqrt{R}(\sqrt{n} - 0.10)$$
$$= 2.5\sqrt{0.017} - 0.13 - 0.75\sqrt{2.11}(\sqrt{0.017} - 0.10)$$
$$= 0.163$$

$$C = \frac{1}{n}R^y = \frac{1}{0.017} \times 2.11^{0.163}\text{m}^{1/2}/\text{s} = 66.3\text{m}^{1/2}/\text{s}$$

4.6 局 部 水 头 损 失

在工业管道或渠道中，往往设有变径管、分岔管、弯管（弯道）、控制闸门、拦污格栅等部件和设备。液体流经这些部件时，均匀流动受到破坏，流速的大小、方向或分布发生变化。由此集中产生的流动阻力是局部阻力，所引起的能量损失称为局部水头损失，造成局部损失的部件和设备称为局部阻碍。工程上有不少管道（如通风和采暖管道），局部损失往往占有很大比重。因此，针对不同类型的局部阻碍，了解局部损失的分析方法和计算方法具有很重要的意义。

与沿程损失相似，局部损失一般也用流速水头的倍数来表示，其计算公式为

$$h_j = \zeta\frac{v^2}{2g}$$

由公式可以看出，求 h_j 的问题就转变为求 ζ 的问题了。

局部水头损失和沿程水头损失一样，不同的流态遵循不同的规律。

如果液体以层流经过局部阻碍，而且受干扰后流动仍能保持为层流，局部损失也还是由各流层间的黏性切应力引起的。只是由于边壁的变化，促使流速分布重新调整，液体质点产生剧烈变形，加强了相邻流层之间的相对运动，因而加大了这一局部区域的水头损失。在这种情况下，局部阻力系数与雷诺数成反比，即

$$\zeta = \frac{B}{Re} \qquad\qquad (4.50)$$

式中 B——随局部阻碍的形状而异的常数。

式（4.50）表明，层流的局部损失也与平均流速的一次方成正比。

不过，要使局部阻碍处受边壁强烈干扰的流动仍能保持层流，只有当 Re 远小于 2300 才有可能，这在实际工程中是很少见的。因此，本节主要讨论紊流的局部损失。

局部阻碍的种类如从流动特征上分析可分为过水断面的扩大或收缩、流动方向的改变、流量的合入与分出等几种基本形式，以及这几种基本形式的不同组合。如从边壁的变化缓急来分，局部阻碍又可分为渐变和突变两类。图 4.14 所示为几种典型的局部阻碍。

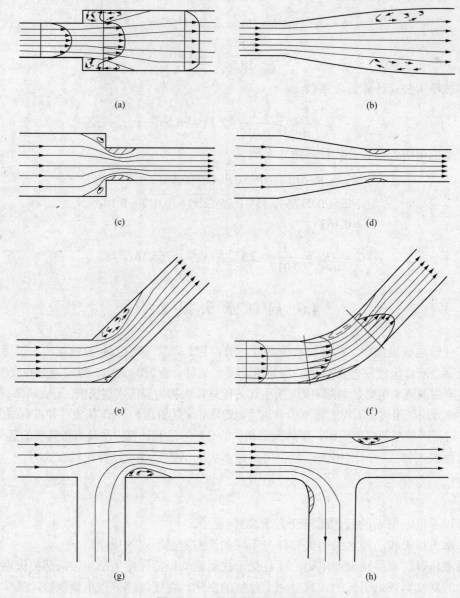

图 4.14　几种典型的局部阻碍

（a）突扩管；（b）渐扩管；（c）突缩管；（d）渐缩管；（e）折弯管；

（f）圆弯管；（g）锐角合流三通；（h）圆角分流三通

　　局部损失的大小与边界变化的程度有关，其原因可归纳为：边壁急剧变形，出现主流与边壁脱离，形成漩涡区，引起能量损失。如图 4.14（a）～（g），当液体以紊流通过突变的局部阻碍时，由于惯性力处于支配地位，流动不能像边壁那样突然转折，于是在边壁突变的地方，发生主流与边壁脱离，在主流与边壁间形成漩涡区。漩涡区的存在大大增加了紊流的脉动程度，同时漩涡区"压缩"了主流的过水断面，引起过水断面上流速重新调整，使得质点间相对运动增加，也就增大了流层间的切应力。此外，漩涡区中涡体的形成、运转和分裂，以及液体质点不断地与主流进行动量交换消耗了主流的能量。再有，漩涡质点不断被主流带向下游，还将加剧下游一定范围内的紊流脉动，加大了这段长度上的水头损失。所以，局部阻碍范围内损失的能量，只是局部损失中的一部分，其余是在局部阻碍下游一定范围的流段上消耗掉的。受局部阻碍干扰的流动，经过一段长度之后，流速分布和紊流脉动才能达到均匀流正常状态。可见，主流脱离边壁和漩涡区的存在是造成局部水头损失的主要原因。试验结果表明，局部阻碍处漩涡区越大，漩涡强度越大，局部水头损失越大。

　　沿流动方向出现减速增压或流动方向变化所造成的二次流会引起能量损失。边壁虽然无突然变化，但沿流动方向出现减速增压现象的地方，也会产生漩涡区。图 4.14（b）所示的渐扩管中，流速沿程减小，压强不断增加。在这样的减速增压区，液体质点受到与流动方向相反的压差作用，靠近管壁的液体质点，流速本来就小，在这一反向压差作用下，流速逐渐减小到零，随后出现了与主流方向相反的流动。在流速等于零的地方，主流开始与壁面脱离，在出现反向流动的地方形成了漩涡区。图 4.14（h）所示的分流三通直通管上的漩涡区，也是这种减速增压过程造成的。在减压增速区，如图 4.14（d）所示，液体质点受到与流动方向一致的正压差作用，只能加速，不能减速。因此，渐缩管内不会出现漩涡区，不过，如收缩角不是很小，紧接渐缩管之后有一个不大的漩涡区。当实际液体在弯管流动时，不但会产生分离，还会产生与主流方向正交的流动，称为二次流。这是因为液体在转弯时，由于产生向外的离心力，把质点从凸边挤向凹边造成的。二次流的存在加速了液体质点之间的相对运动，从而消耗了主流的能量。如图 4.14（e）、（f）中液体经过弯管时，虽然过水断面沿程不变，但弯管内液体质点受到离心力作用，在弯管前半段，外侧压强沿程增大，内侧压强沿程减小；而流速是外侧减小，内侧增大。因此，弯管前半段沿外壁是减速增压的，也能出现漩涡区；在弯管的后半段，由于惯性作用，在 Re 较大和弯管的转角较大而曲率半径较小的情况下，漩涡区又在内侧出现。弯管内侧的漩涡，无论是大小还是强度，一般都比外侧的大。因此，它是加大弯管能量损失的重要因素。

　　对局部阻碍进行的大量试验研究表明，紊流的局部阻力系数 ζ 一般取决于局部阻碍的几何形状、固体壁面的相对粗糙度和雷诺数。但在不同情况下，各因素所起的作用不同。局部阻碍的形状始终是一个起主导作用的因素。对于相对粗糙度的影响，只有对尺寸较长（如圆锥角小的渐扩管或渐缩管，曲率半径大的管），而且相对粗糙度较大的局部阻碍才需要考虑。Re 对 ζ 的影响则和 λ 类似：随着 Re 由小变大，ζ 一般逐渐减小；当 Re 达到一定数值后，ζ 几乎与 Re 无关，这时，局部损失与流速的平方成正比，流动进入阻力平方区。

　　下面给出几种典型的局部水头损失。

4.6.1　断面突然扩大的局部水头损失分析

　　如图 4.15 所示为圆管突然扩大处的流动。取流股将扩未扩的 Ⅰ-Ⅰ 断面和扩大后流速分布与紊流脉动已接近均匀流正常状态的 Ⅱ-Ⅱ 断面，断面上各物理量标注如图 4.15 所示，对两断面列能量方程，并对两断面与管壁所包围的流动空间写出沿流动方向的动量方程，结合液体受力分析，可得到局部水头损失的表达式（推导过程略）

$$h_{\mathrm{j}} = \frac{(v_1 - v_2)^2}{2g} \tag{4.51}$$

　　式（4.51）就是突然扩大的局部水头损失理论计算公式，它表明突然扩大损失等于以平均流速差计算的流速水头。

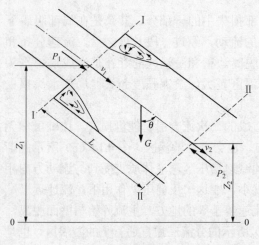

图 4.15　突然扩大

要把式（4.51）变换成计算局部损失的一般形式只需将 $v_2 = v_1 \dfrac{A_1}{A_2}$ 或 $v_1 = v_2 \dfrac{A_2}{A_1}$ 代入。

$$\left.\begin{aligned} h_j &= \left(1 - \frac{A_1}{A_2}\right)^2 \frac{v_1^2}{2g} = \zeta_1 \frac{v_1^2}{2g} \\ h_j &= \left(\frac{A_2}{A_1} - 1\right)^2 \frac{v_2^2}{2g} = \zeta_2 \frac{v_2^2}{2g} \end{aligned}\right\} \quad (4.52)$$

所以突然扩大的阻力系数为

$$\zeta_1 = \left(1 - \frac{A_1}{A_2}\right)^2 \quad \text{或} \quad \zeta_2 = \left(\frac{A_2}{A_1} - 1\right)^2$$

突然扩大前后有两个不同的平均流速，因而有两个相应的阻力系数。计算时必须注意使选用的局部阻力系数与流速水头相对应。

当液体从管道流入断面很大的容器中或气体流入大气时，$\dfrac{A_1}{A_2} \approx 0$，$\zeta_1 = 1$。这是突然扩大的特殊情况，称为出口阻力系数。

4.6.2　断面突然缩小的局部水头损失分析

如图 4.16 是过水截面突然缩小的流体通道。当液体从截面 1-1 向前流动时，总有部分液体与截面 2-2 的壁面发生碰撞而改变方向。碰撞的结果，就要产生能量损失，此即撞击损失。

受到截面 2-2 上的壁面阻碍的流体，属于外主流的部分要折向中心方向流动，这些液体具有垂直于管道轴线的速度分量，因而在截面 2-2 和截面 4-4 间会发生实际过水截面的"颈缩"现象，直到截面 4-4 上液体的速度才完全平行于管轴。在这个过程中，外主流的流动方向又发生了改变，使垂直于管轴的速度分量消失了，这是外主流与中心主

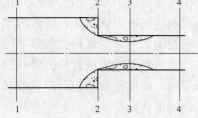

图 4.16　突然缩小

流进行动量交换的结果。在进行这种动量交换时，要消耗掉一部分能量，即流体的转向损失。

在截面 2-2 和截面 3-3 处均示出有涡流区存在，这种漩涡区之所以能维持运动，是由于通过动量交换从主流得到了能量供应，这部分能量消耗在涡流内部和涡流与壁面的摩擦上，最后变成热，这种损失称为涡流损失。

从截面 3-3 到截面 4-4，流体经过一个速度降低、压力升高的过程，即减速扩压的流动过程。该过程会发生能量损失，这个损失是由流体的加速、减速过程引起的，故称加速损失。上述分析的四种能量损失都只发生在局部，故是局部阻力。

过水截面突然缩小，液体从截面 1-1 流到截面 4-4，忽略沿程损失，对 1-1 截面与 4-4 截面应用伯努利方程

$$Z_1 + \frac{P_1}{\rho g} + \frac{\alpha_1 v_1^2}{2g} = Z_4 + \frac{P_4}{\rho g} + \frac{\alpha_4 v_4^2}{2g} + h_j$$

即有
$$h_j = \left(Z_1 + \frac{P_1}{\rho g} + \frac{\alpha_1 v_1^2}{2g} \right) - \left(Z_4 + \frac{P_4}{\rho g} + \frac{\alpha_4 v_4^2}{2g} \right)$$

式中　　　　　　　　h_j——局部阻力；

　　　　　　　　α_1、α_2——动能修正系数；

Z_1、Z_2、P_1、P_2、v_1、v_2——截面 1-1 与截面 4-4 上的位能、压力、平均流速。

　　结合液体受力分析及突然扩大圆管局部水头损失分析，可得到局部水头损失的表达式（推导过程略）

$$h_j = \zeta \frac{v_4^2}{2g} \tag{4.53}$$

式中 ζ 值由表 4.2 查取，也可按式（4.52）近似计算

$$\zeta = \left(\frac{1}{\varepsilon} - 1 \right)^2$$

$$\varepsilon = 0.57 + \frac{0.043}{1.1 - \dfrac{A_4}{A_1}} \tag{4.54}$$

表 4.2　　　　　　　　　　　　　　管道突然缩小的损失系数 ζ 值

D/d	0	0.1	0.2	0.3	0.4	0.5	0.6	0.7	0.8	0.9	(1.0)
A_4/A_1	0	0.01	0.04	0.09	0.16	0.25	0.36	0.49	0.64	0.81	(1.0)
ζ	0.50	0.50	0.49	0.49	0.46	0.43	0.38	0.29	0.18	0.07	(0)

4.6.3　常见的局部水头损失系数

　　其他情况下的局部水头损失还没有理论分析结果，一般都用一个流速水头与一个局部水头损失系数的乘积来表示，即 $h_j = \zeta \dfrac{v_2^2}{2g}$，这个水头损失系数 ζ 由试验测定。一般来讲，某种局部水头损失系数不是常数，应该与流态有关，也即是 $\zeta = f(Re)$。但因为层流在实际中遇到的机会少，而且引起局部水头损失的断面变化都比较剧烈，一般水流的 Re 也已经大到使得 ζ 已不随 Re 而变化的程度，就像沿程水头损失中阻力平方区一样，这种情况下的 ζ 值成为一个常数。

　　常见管路的局部阻力系数值见表 4.3。注意两过流断面间的水头损失等于沿程水头损失加上各处局部水头损失。在计算局部水头损失时，应注意给出的局部阻力系数是在阻碍前后都是足够长的均匀直段或渐变段的条件下，并不受其他干扰而由试验测得的。一般采用这些系数计算时，要求各局部阻碍之间有一段间隔，其长度不得小于 3 倍直径（即 $l \geqslant 3d$）。因为在测定各局部阻力系数时，局部障碍前后两断面间建立伯努利方程式的条件都是要求在该两断面是渐变流。因此，对相距很近的两个局部阻力，其阻力系数不等于单独分开的两个局部阻力的阻力系数之和，应另行试验测定，这类问题在水泵站的管路设计中可能遇到。

表 4.3 常见管路的局部阻力系数值

序号	名称	示意图	ζ值及其说明
1	断面突然扩大		$\zeta' = \left(\dfrac{A_2}{A_1}-1\right)^2\left(\text{应用}\,h_j = \zeta'\dfrac{v_2^2}{2g}\right)$ $\zeta = \left(1-\dfrac{A_1}{A_2}\right)^2\left(\text{应用}\,h_j = \zeta\dfrac{v_1^2}{2g}\right)$
2	圆形渐扩管		$\zeta = K\left(\dfrac{A_2}{A_1}-1\right)^2\left(\text{应用}\,h_j = \zeta\dfrac{v_2^2}{2g}\right)$

α	8°	10°	12°	15°	20°	25°
K	0.14	0.16	0.22	0.30	0.42	0.62

序号	名称	示意图	ζ值及其说明
3	断面突然缩小		$\zeta = 0.5\left(1-\dfrac{A_2}{A_1}\right)\left(\text{应用}\,h_j = \zeta\dfrac{v_2^2}{2g}\right)$
4	圆形渐缩管		$\zeta = K_1\left(\dfrac{1}{K_2}-1\right)^2\left(\text{应用}\,h_j = \zeta\dfrac{v_2^2}{2g}\right)$

α	10°	20°	40°	60°	80°	100°
K_1	0.40	0.25	0.20	0.20	0.30	0.40

A_2/A_1	0.1	0.3	0.5	0.7	0.9
K_2	0.40	0.36	0.30	0.20	0.10

序号	名称	示意图	ζ值及其说明
5	管道进口	 (a) (b)	圆形喇叭口，$\zeta = 0.05$ 安全修圆，$\dfrac{r}{d} \geqslant 0.15, \zeta = 0.10$ 稍加修圆，$\zeta = 0.20 \sim 0.25$ 直角进口，$\zeta = 0.50$ 内插进口，$\zeta = 1.0$

序号	名称	示意图	ζ值及其说明
6	管道出口	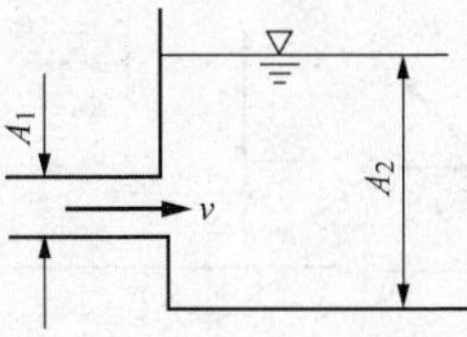 (a) (b)	流入渠道，$\zeta = \left(1 - \dfrac{A_1}{A_2}\right)^2$ 流入水池，$\zeta = 1.0$
7	折管		圆形

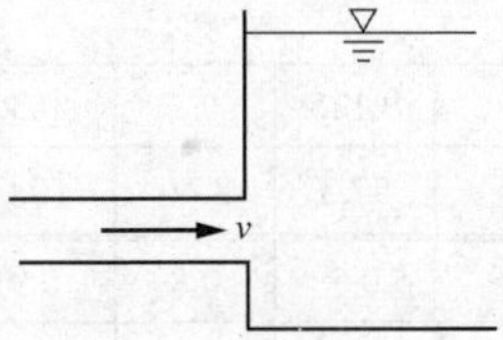

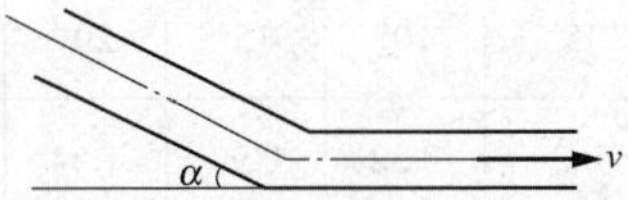

圆形

α	10°	20°	30°	60°	80°	90°
ζ	0.04	0.1	0.2	0.55	0.90	1.10

矩形

α	15°	30°	45°	60°	90°
ζ	0.025	0.11	0.26	0.49	1.20

8　弯管

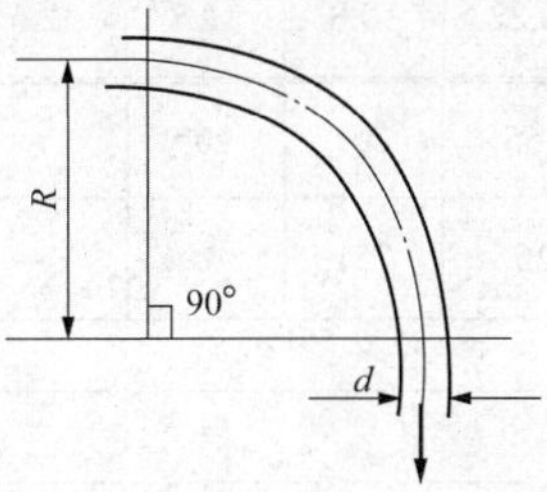

$\alpha = 90°$

d/R	0.2	0.4	0.6	0.8	1.0
ζ	0.132	0.138	0.158	0.206	0.294
d/R	1.2	1.4	1.6	1.8	2.0
ζ	0.440	0.660	0.976	1.406	1.975

9　缓弯管

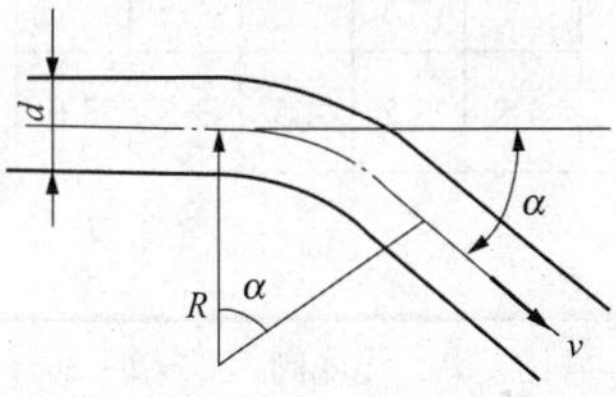

α 为任意角度，$\zeta = k\zeta_{90°}$

α	20	40	60	90	120	180
k	0.47	0.66	0.82	1.00	1.16	1.41

10　分岔管

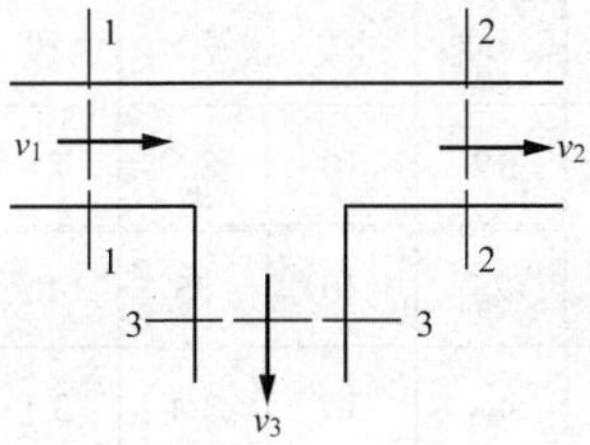

$$\zeta_{1-3} = 2, \quad h_{j1-3} = 2\frac{v_3^2}{2g}, \quad h_{j1-2} = \frac{v_1^2 - v_2^2}{2g}$$

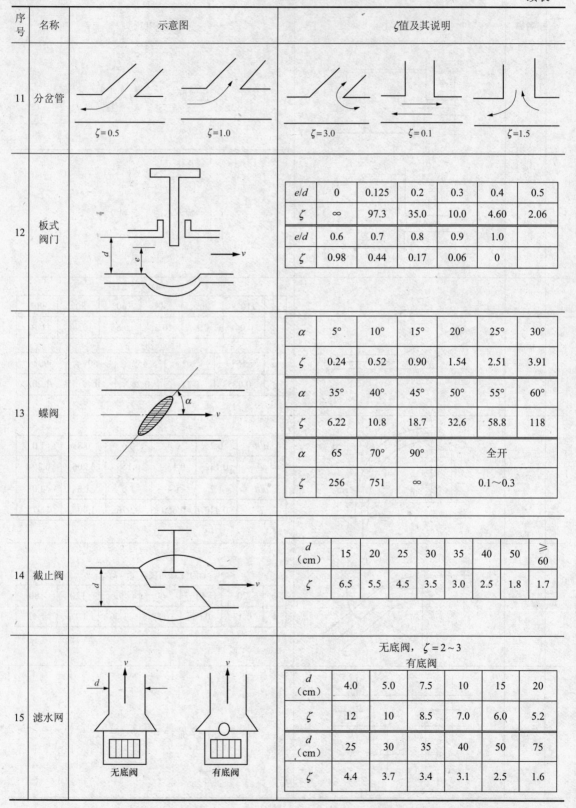

序号	名称	示意图	ζ值及其说明
11	分岔管	ζ=0.5　　ζ=1.0	ζ=3.0　　ζ=0.1　　ζ=1.5

板式阀门 (序号 12):

e/d	0	0.125	0.2	0.3	0.4	0.5
ζ	∞	97.3	35.0	10.0	4.60	2.06
e/d	0.6	0.7	0.8	0.9	1.0	
ζ	0.98	0.44	0.17	0.06	0	

蝶阀 (序号 13):

α	5°	10°	15°	20°	25°	30°
ζ	0.24	0.52	0.90	1.54	2.51	3.91
α	35°	40°	45°	50°	55°	60°
ζ	6.22	10.8	18.7	32.6	58.8	118
α	65	70°	90°	全开		
ζ	256	751	∞	0.1～0.3		

截止阀 (序号 14):

d (cm)	15	20	25	30	35	40	50	≥60
ζ	6.5	5.5	4.5	3.5	3.0	2.5	1.8	1.7

滤水网 (序号 15):

无底阀，$\zeta = 2 \sim 3$

有底阀

d (cm)	4.0	5.0	7.5	10	15	20
ζ	12	10	8.5	7.0	6.0	5.2
d (cm)	25	30	35	40	50	75
ζ	4.4	3.7	3.4	3.1	2.5	1.6

无底阀　　有底阀

例 4.4 水从一水箱经过两段水管流入另一水箱（见图 4.17），已知 $d_1 = 15\text{cm}$，$l_1 = 30\text{m}$，$\lambda_1 = 0.03$，$H_1 = 5\text{m}$，$d_2 = 25\text{cm}$，$l_2 = 50\text{m}$，$\lambda_2 = 0.025$，$H_2 = 3\text{m}$。水箱尺寸很大，箱内水面保持恒定，如考虑沿程水头损失和局部水头损失，试求其流量。

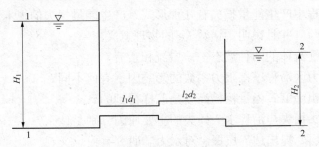

图 4.17 水箱对流示意图

解 取断面 1-1、2-2，以水箱底面作为基准面，对断面 1-1、2-2 列伯努利方程

$$H_1 + \frac{p_1}{\gamma} + \frac{\alpha v_1^2}{2g} = H_2 + \frac{p_2}{\gamma} + \frac{\alpha v_2^2}{2g} + h_w$$

因为 $p_1 = p_2$，并略去水箱中的行近流速，则

$$H_1 = H_2 + h_w$$

而

$$h_w = \sum h_f + \sum h_j$$

$$= \lambda_1 \frac{l_1}{d_1} \frac{v_1^2}{2g} + \lambda_2 \frac{l_2}{d_2} \frac{v_2^2}{2g} + \zeta_1 \frac{v_1^2}{2g} + \zeta_2 \frac{v_1^2}{2g} + \zeta_3 \frac{v_2^2}{2g}$$

由连续性方程得

$$v_2 = \frac{A_1}{A_2} v_1 = \left(\frac{d_1}{d_2}\right)^2 v_1$$

查表 4.3，可得局部水头损失系数，管道进口 $\zeta_1 = 0.5$，管道出口 $\zeta_3 = 1.0$。

而管道突然扩大处水头损失系数

$$\zeta_2 = \left(1 - \frac{A_1}{A_2}\right)^2 = \left(1 - \frac{d_1^2}{d_2^2}\right)^2$$

代入上式得

$$h_w = \left[\lambda_1 \frac{l_1}{d_1} + \lambda_2 \frac{l_2}{d_2} \frac{d_1^4}{d_2^4} + \zeta_1 + \zeta_2 + \zeta_3 \frac{d_1^4}{d_2^4}\right] \frac{v_1^2}{2g}$$

$$h_w = \left[0.003 \times \frac{30}{0.15} + 0.025 \times \frac{50}{0.25} \frac{0.15^4}{0.25^4} + 0.5 + 0.41 + 1.0 \times \frac{0.15^4}{0.25^4}\right] \frac{v_1^2}{2g}$$

$$= 7.69 \frac{v_1^2}{2g}$$

从而有

$$v_1 = \sqrt{\frac{2g(H_1 - H_2)}{7.69}} = \sqrt{\frac{2 \times 9.8(5-2)}{7.69}} = 2.77(\text{m/s})$$

$$Q = v_1 A_1 = \left(2.77 \times \frac{3.14}{4} \times 0.15^2\right) = 0.049(\text{m}^3/\text{s})$$

思 考 题

1. 水流运动过程中产生能量损失有几种形式？产生能量损失的根本原因是什么？
2. 简述雷诺试验，并且说明雷诺数 Re 的物理意义。
3. 怎样判别黏性流体的两种液态——层流和紊流？
4. 紊流不同阻力区沿程摩擦阻力系数的影响因素有何不同？
5. 什么是当量粗糙度？当量粗糙高度是怎样得到的？
6. 造成局部水头损失与沿程水头损失的主要原因分别是什么？
7. 什么是边界层？提出边界层概念对水力学研究有何意义？
8. 紊流不同阻力区（光滑区、过渡区、粗糙区）沿程摩擦阻力系数的影响因素何不同？

习 题

4.1　图 4.18 为一水平放置的突然扩大管路。直径由 d_1=50mm 扩大至 d_2=100mm，在扩大前后断面接出的双液比压计中，上部为水，下部为重力密度 γ=15.7kN/m³ 的四氯化碳，当流量 Q=16m³/h 时的比压计读数 Δh=173mm，不计沿程阻力，试求突然扩大的局部水头阻力系数。

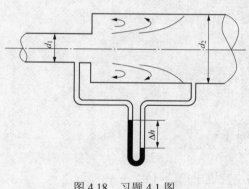

图 4.18　习题 4.1 图

4.2　水流经变断面管道，已知小管径为 d_1，大管径为 d_2，$d_2/d_1=4$。试问哪个断面的雷诺数大？两断面雷诺数的比值 Re_1/Re_2 是多少？

4.3　有一矩形断面的小排水沟，水深 15cm，底宽 20cm，流速为 0.15m/s，水温为 10℃，试判别流态。

4.4　光滑铜管直径 d=50mm，水的流量 Q=3L/s，水温 t=20℃，试求长 l=500m 管段中的沿程水头损失 h_f。

4.5　为了测定圆管内径，在管内通过运动黏度 v 为 0.013cm²/s 的水，实测流量为 35cm³/s，长 15m 管段上的水头损失为 2cmH₂O，试求此圆管的内径。

4.6　$\rho=850\text{kg/m}^3$，$v=0.18\times10^{-4}\text{m}^2/\text{s}$ 的油在管径 d=0.1m 的管中以 $v=0.0635\text{m/s}$ 的速度做层流运动。试求：（1）管中心处的最大流速；（2）在离管中心 $r=20\text{mm}$ 处的流速；（3）沿程阻力系数 λ；（4）管壁切应力 τ_0 及每千米管长的水头损失。

4.7　利用圆管层流 $\lambda=\dfrac{64}{Re}$，水力光滑区 $\lambda=\dfrac{0.3164}{Re^{0.25}}$ 和粗糙区 $\lambda=0.11\left(\dfrac{K}{d}\right)^{0.25}$ 这三个公式，论证在层流中 $h_1\smallsmile v$，光滑区 $h_1\smallsmile v^{1.75}$，粗糙区 $h_1\smallsmile v^2$。

4.8　圆管和正方形管道的断面面积、长度和相对粗糙度都相等，且通过的流量也相等。试求两种形状管道沿程损失之比：（1）管流为层流；（2）管流为紊流粗糙区。

4.9　输水管道中设有阀门，已知管道直径为 50mm，通过流量为 3.34L/s，水银压差计读值 Δh=150mm，沿程水头损失不计，试求阀门的局部水头损失系数。

4.10　如图 4.19 所示，水管直径为 50mm，1、2 两断面相距 15m，高差为 3m，通过的流量 $Q=6\text{L/s}$，水银压差计读值为 250mm，试求管道的沿程摩擦阻力系数。

4.11　从水箱中引出一直径不同的管道，如图 4.20 所示。已知 $d_1=175\text{mm}$，$l_1=30\text{m}$，$\lambda_1=0.032$，$d_2=125\text{mm}$，$l_2=20\text{m}$，$\lambda_2=0.037$，第二段管子上有一平板闸阀，其开度为 $e/d=0.5$，当输送流量为 $Q=25\text{L/s}$ 时，求：沿程水头损失 $\sum h_\text{f}$；局部水头损失 $\sum h_\text{j}$；水箱的水头 H。

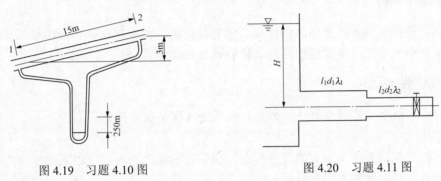

图 4.19　习题 4.10 图　　　　　　图 4.20　习题 4.11 图

4.12　如图 4.21 所示，两水池水位恒定，已知管道直径 $d=10\text{cm}$，管长 $l=20\text{m}$，沿程摩擦阻力系数 $\lambda=0.042$，局部损失系数，弯头 $\zeta_1=0.8$，阀门 $\zeta_2=0.26$，通过的流量 $Q=65\text{L/s}$，试求水池水面高差 H。

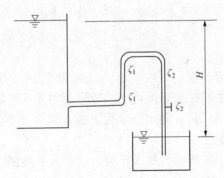

图 4.21　习题 4.12 图

第 5 章 量纲分析和相似原理

教学基本要求

理解量纲的基本概念、量纲和谐原理、量纲分析法、相似理论基础；理解流动相似的基本概念、流动相似原理；掌握模型律的选择和模型的设计方法。

学习重点

量纲的基本概念、量纲分析法、流动相似原理及模型试验设计。

量纲分析法是用于寻求一定物理过程中，相关物理量之间规律性联系的一种方法。它对于正确地分析、科学地表达物理过程是十分有益的。两个规模不同的流动相似是水力学试验时必须面对的问题。本章在量纲分析法的基础上探讨流动的相似理论，对水力学试验研究有重要的指导意义。

5.1 量 纲 分 析

5.1.1 量纲的概念

水力学中常见的物理量有长度、时间、速度、质量、力等。每个物理量都具有数量的大小和种类的差别。表征物理量的性质和类别的符号称为物理量的量纲（或因次）。例如，长度和时间就是不同性质的量。而管径 d 和水力半径 R 都是具有长度性质的同一类的物理量，它们在性质上都具有长度的量纲。

量度各种物理量数值大小的标准，称为单位。例如，长度的单位用 m、cm、ft 等；时间的单位是 s、min、h 等。虽然测量某一类物理量的单位可以有不同的选择，表示该物理量的数值大小也就不同，但是所有同类物理量均具有相同的量纲。所以，量纲是物理量"质"的表征，而单位是物理量"量"的表征。

量纲采用 dim 表示，例如：面积 A 的量纲可以表示为：$\dim A = L^2$。由于许多物理量的量纲之间都有一定的联系，在量纲分析时选少数几个物理量的量纲作为基本量纲，其他物理量的量纲都可以由这些基本量纲导出，称为导出量纲。基本量纲是相互独立的，而不能由其他量纲的组合来表示，在国际单位制中基本量纲常用质量、长度、时间（M、L、T）作为基本量纲。

在一般的力学问题中，任意一个物理量 B 的量纲都可以用 M、L、T 这三个基本量纲的指数乘积来表示

$$\dim B = M^\alpha L^\beta T^\gamma$$

(5.1)

在力学中通常遇到以下三方面的物理量：

几何学量：如长度 L、面积 A、体积 V 等。

动力学量：如速度 u、加速度 a、角速度 ω、流量 Q、运动黏性系数 ν 等。

运动学量：如质量 m、力 F、密度 ρ、动力黏性系数 μ、切应力 τ、压强 p 等。

表 5.1 中列举了国际单位制中的导出量量纲。

表 5.1 　　　　　　　　　　　　**导出量量纲**

常　用　量		
速度、加速度	$\dim V = LT^{-1}$	$\dim g = LT^{-2}$
体积流量、质量流量	$\dim Q = L^3 T^{-1}$	$\dim m = MT^{-1}$
密度、重力密度	$\dim \rho = ML^{-3}$	$\dim \rho g = ML^{-2} T^{-2}$
力、力矩	$\dim F = MLT^{-2}$	$\dim L = ML^2 T^{-2}$
压强、应力、弹性模量	$\dim p = \dim \tau = \dim K = ML^{-1} T^{-2}$	
动力黏性系数、运动黏性系数	$\dim \mu = ML^{-1} T^{-1}$	$\dim \nu = L^2 T^{-1}$
其　他　量		
角速度、角加强度	$\dim \omega = T^{-1}$	$\dim \omega = T^{-2}$
应变率	$\dim \varepsilon_{xx} = \dim \gamma = T^{-1}$	
惯性矩、惯性积	$\dim I_x = \dim I_{xy} = L^4$	
动量、动量矩	$\dim p = MLT^{-1}$	$\dim L = ML^2 T^{-1}$
能量、功、热能	$\dim E = \dim W = \dim Q = ML^2 T^{-2}$	
功率	$\dim W = ML^2 T^{-3}$	
表面张力系数	$\dim \sigma = MT^{-2}$	
比定压（容）热容	$\dim c_p = \dim c_V = L^2 T^{-2} \Theta^{-1}$	
导热系数	$\dim k = MLT^{-3} \Theta^{-1}$	
比熵	$\dim s = ML^2 T^{-2} \Theta^{-1}$	
比焓、内能	$\dim h = \dim e = L^2 T \Theta^{-1}$	

在量纲分析中，有一些物理量的量纲为 1，称为无量纲量，用 $M^0 L^0 T^0$ 表示。无量纲量就是一个数，但可以把它看成由几个物理量组合而成的综合表达。例如，雷诺相似准数的量纲

$$\dim Re = \dim \frac{vd}{v} = \frac{LT^{-1}L}{L^2 T^{-1}} = M^0 L^0 T^0 = 1$$

为一个无量纲量。为了区别于纯数，把无量纲量看成是由多个物理量组成的综合物理量更合适，如把雷诺相似准数 Re 看成由流速 v、特征尺度 l 和液体运动黏性系数 υ 这三个物理量的综合表达，或者把它看成由流速 v、特征尺度 l、流体密度 ρ 和液体动力黏性系数 μ 这四个物理量的综合表达。

依据无量纲量的定义和构成，可以归纳出无量纲量具有以下特点：

（1）客观性。正如前面指出，凡有量纲的物理量都有单位。同一个物理量，因选取的度量单位不同，数值也不同，如果用有量纲量作过程的自变量，计算出的因变量数值将随自变量选取单位的不同而不同。因此，要使运动方程式的计算结果不受人们主观选取单位的影响，就需要把方程中各项物理量组合成无量纲项。从这个意义上说，真正客观的方程式应是由无量纲项组成的方程式。

（2）不受运动规模影响。既然无量纲量是纯数，数值大小与度量单位无关，也就不受运动规模的影响。规模大小不同的流动，如两者是相似的流动，则相应的无量纲数相同，在模型实验中，常用同一个无量纲数（如雷诺数 Re）作为模型和原型流动相似的判据。

（3）可以进行超越函数运算。由于有量纲量只能作简单的代数运算，作对数、指数、三角函数运算是没有意义的，只有无量纲量才能进行超越函数运算。如气体等温压缩功计算式 $W = p_1 V' \ln\left(\dfrac{V_2}{V_1}\right)$，其中压缩后与压缩前的体积比 $\dfrac{V_2}{V_1}$ 组成无量纲项，才能进行对数运算。

5.1.2 量纲和谐原理

量纲和谐原理是量纲分析的基础。量纲和谐原理是指一个物理现象或一个物理过程用一个物理方程表示时，方程中每项的量纲应该都是和谐的、一致的、齐次的，也称为量纲齐次性原理。该原理说明，一个正确的物理方程，式中的每项量纲应该都是相同的。

例如，作为推导力学相似准则基础的牛顿第二定律 $F = ma$，显然方程量纲是相同的，因为当采用基本量纲为 M、L 和 T 时，方程左边力的量纲是 MLT^{-2}，而方程右边的量纲也是 MLT^{-2}，即方程两边的量纲是相同的。

量纲和谐原理可以检查一个物理方程正确与否。若一个物理方程每一项的量纲不完全一致，则这个物理方程就不会是一个正确的方程。

由量纲和谐原理可以引申出以下两点：

（1）凡正确反映客观规律的物理方程，一定能表示成由无量纲项组成的无量纲方程。因为方程中各项的量纲相同，只需用其中一项遍除各项，便得到一个由无量纲项组成的无量纲式，且仍保持原方程的性质。

例如，理想液体伯努利能量方程

$$z_1 + \frac{p_1}{\gamma} + \frac{u_1^2}{2g} = z_2 + \frac{p_2}{\gamma} + \frac{u_2^2}{2g}$$

可改写为

$$\frac{z_1 - z_2}{u_1^2/2g} + \frac{p_1 - p_2}{u_1^2/2g} = \left(\frac{u_2}{u_1}\right)^2 - 1$$

上式各项均为无量纲量。

（2）量纲和谐原理规定了一个物理过程中有关物理量之间的关系。因为一个正确完整的物理方程中，各物理量量纲之间的关系是确定的，按物理量量纲之间的这一确定性，就可以建立该物理过程各物理量的关系式。量纲分析法就是根据这一原理发展起来的，量纲分析法是 20 世纪初在力学上的重要发现之一。

5.1.3 量纲分析法

由于实际液流运动的复杂性，有时候通过实验或现场观测可得知液流运动的若干因素，但是得不出这些因素之间的指数关系式。在这种情况下，就可利用量纲分析法，快速得出各种因素之间的正确结构形式，这是量纲分析法最显著的特点和优点。

量纲分析通常采用两种方法：一种称为瑞利（L.Rayleigh）法，它适用于影响因素较少（≤3）的物理过程。另一种是具有普遍性的方法，称为 π 定理。它们都是以量纲一致性原则作基础的。

1. 瑞利法

瑞利法的基本原理是若某一物理过程与 n 个物理量有关，则可表示为

$$f(q_1, \ q_2, \ q_3, \cdots, \ q_n) = 0$$

其中某个物理量 q_i 可以表示为其他物理量的指数乘积

$$q_i = K q_1^a q_2^b \cdots q_{n-1}^p$$

写成量纲式为

$$\dim q_i = K \cdot \dim(q_1^a q_2^b \cdots q_{n-1}^p)$$

将量纲式中各物理量的量纲按式（5.1）表示为基本量纲的指数乘积形式，并根据量纲和谐原理，确定指数 a, b, $\cdots$, p 就可以得出表达该物理过程的方程式。

例 5.1　一个质量为 m 的物体从空中自由降落，经实验认为其降落的距离 s 与重力加速度 g 及时间 t 有关。试用瑞利法得出自由落体的公式。

解　假定此自由落体的距离 s 与重力加速度 g、时间 t 及物体质量 m 有关，而其关系式可以写成各变量的某种指数的乘积，即

$$s = kg^x t^y m^z$$

式中比例常数 k 为纯数。

把上式写成量纲关系式

$$\dim s = \dim (g^x t^y m^z)$$

按基本量纲展开得

$$L = (LT^{-2})^x (T)^y (M)^z$$

由量纲和谐原理，上式方程左右两边的量纲必须一致，从而得

$$L: \ 1 = x, \ x = 1$$
$$T: \ 0 = -2x + y, \ y = 2$$
$$M: \ 0 = z, \ z = 0$$

将指数 x、y、z 值代入关系式，得

$$s = kgt^2$$

注意式中质量指数为零，表明距离应与质量无关，常数 k 由实验确定。

例 5.2　由实验观察得知，矩形量水堰的过堰流量 Q 与堰上水头 H_0、堰宽 b、重力加速度 g 等物理量之间存在着以下关系

$$Q = kb^\alpha g^\beta H_0^\gamma$$

式中比例系数 k 为一纯数，试用量纲分析法确定堰流流量公式的结构形式。

解　由已知关系式写出其量纲关系式

$$L^3 T^{-1} = L^\alpha (LT^{-2})^\beta (L)^\gamma = (L)^{\alpha + \beta + \gamma} (T)^{-2\beta}$$

由量纲和谐原理得

$$L: \ \alpha + \beta + \gamma = 3$$
$$T: \ -2\beta = -1$$

联解以上两式，可得

$$\beta = 1/2, \ \alpha + \gamma = 2.5$$

根据经验，过堰流量 Q 与堰宽 b 的一次方成正比，即 $\alpha=1$，从而可得 $\gamma=3/2$。将 α、β、γ 的值代入量纲关系式，并令 $m=K/\sqrt{2}$，得 $Q=mb\sqrt{2g}H_0^{3/2}$，此式为堰流基本公式，从中可看出，量纲分析法开拓了研究此问题的途径。

2. π 定理

π 定理是 1915 年由白金汉（E. Buckinghan）提出的，故又称为白金汉定理。其基本意义可表述为：任何一个物理过程，如包含有 N 个物理量，涉及 r 个基本量纲，则这个物理过程可由 $N-r$ 个无量纲量关系式来描述。因这些无量纲量用 π_i（$i=1$，2，3···）表示，故简称为 π 定理。

设影响物理过程的 N 个物理量为 x_1，x_2，···，x_N，则这个物理过程可用一完整的函数关系式表示为

$$f(x_1, x_2, \cdots x_N) = 0 \qquad (5.2)$$

设物理过程中的 N 个物理量包含有 r 个基本量纲。根据国际单位制，水力学中的基本量纲一般是 L、T、M，即 $r=3$，因此可在 N 个物理量中选出 3 个基本物理量作为基本量纲的代表，这三个基本物理量应满足：①包含所有物理量的基本量纲；②它们之间的量纲相互独立。这 3 个基本物理量一般可在几何学量、运动学量和动力学量中各选一个即可。在剩下的 $N-r$ 个物理量中每次轮取一个分别同所选的三个基本物理量一起，组成 $N-r$ 个无量纲量的 π 项，然后根据量纲分析原理，分别求出 π_1，π_2，···，$\pi_{N-\gamma}$。因此原来的方程式（5.2）可写成

$$F(\pi_1, \pi_2 \cdots \pi_{N-\gamma}) = 0 \qquad (5.3)$$

这样，就把一个具有 N 个物理量的关系式（5.2）简化成具有 $N-r$ 个无量纲量的表达式，这种表达式一般具有描述物理过程的普遍意义，它把流动现象或流动过程更概括地表示在此函数关系中，可作为对问题进一步分析研究的基础。

例 5.3　在水平等直径的圆管内流动的流体的压降 Δp 与下列因素有关：管径 d、管长 l、管壁粗糙度 K、管内流体密度 ρ、流体的动力黏性系数 μ，以及断面平均流速 $\bar{v}$ 等有关。试用 π 定理推出压降 Δp 的表达式。

解　所求问题的函数关系表达式可以表示为

$$f(\Delta p, \rho, \mu, K, \bar{v}, d, l) = 0$$

式中物理量的个数为 $n=7$，采用基本量纲 M、L、T，$r=3$，根据 π 定理，这 n 个物理量的关系式可以转换成 $n-r=4$ 个无量纲量的函数关系式

$$F(\pi_1, \pi_2, \pi_3, \pi_4) = 0$$

从 7 个物理量中选出 3 个基本物理量 ρ、$\bar{v}$、d，这三个基本物理量的量纲中包含了 M、L、T 3 个基本量纲，可以用它们组成 4 个无量纲量

$$\pi_1 = l\rho^{\alpha_1}\bar{v}^{\beta_1}d^{\gamma_1}$$

$$\pi_2 = K\rho^{\alpha_2}\bar{v}^{\beta_2}d^{\gamma_2}$$

$$\pi_3 = \mu\rho^{\alpha_3}\bar{v}^{\beta_3}d^{\gamma_3}$$

$$\pi_4 = \Delta p\rho^{\alpha_4}\bar{v}^{\beta_4}d^{\gamma_4}$$

其中 α_i、β_i、γ_i（$i=1$，2，3）为待定系数。

写出各 π 数方程的量纲式

$$\dim \pi_1 = L(ML^{-3})^{\alpha_1}(LT^{-1})^{\beta_1}(L)^{\gamma_1} = M^0L^0T^0$$

$$\dim \pi_2 = L \, (ML^{-3})^{\alpha_2} \, (LT^{-1})^{\beta_2} \, (L)^{\gamma_2} = M^0 L^0 T^0$$

$$\dim \pi_3 = ML^{-1}T^{-1} \, (ML^{-3})^{\alpha_3} \, (LT^{-1})^{\beta_3} \, (L)^{\gamma_3} = M^0 L^0 T^0$$

$$\dim \pi_4 = ML^{-1}T^{-2} \, (ML^{-3})^{\alpha_4} \, (LT^{-1})^{\beta_4} \, (L)^{\gamma_4} = M^0 L^0 T^0$$

根据量纲和谐原理，由第一式解得

$$M: \quad \alpha_1 = 0$$

$$L: \quad \beta_1 = 0$$

$$T: \quad -3\alpha_1 + \beta_1 + \gamma_1 + 1 = 0$$

由上式得到：$\alpha_1 = 0$，$\beta_1 = 0$，$\gamma_1 = -1$，因此 $\pi_1 = l/d$。

根据量纲一致性原理，由第二式解得

$$M: \quad \alpha_2 = 0$$

$$L: \quad -\beta_2 = 0$$

$$T: \quad -3\alpha_2 + \beta_2 + \gamma_2 + 1 = 0$$

由上式得到：$\alpha_2 = 0$，$\beta_2 = 0$，$\gamma_2 = -1$，因此 $\pi_2 = K/d$。

同理可以解得

$$\pi_3 = \frac{\mu}{\rho \bar{v} d} = \frac{\upsilon}{vd} = \frac{1}{Re}$$

$$\pi_4 = \frac{\Delta p}{\rho \bar{v}^2}$$

因此无量纲 π 数表示的方程为

$$F\left(\frac{l}{d}, \ \frac{K}{d}, \ \frac{1}{Re}, \ \frac{\Delta p}{\rho \bar{v}^2}\right) = 0$$

上式可以整理为

$$\frac{\Delta p}{\rho \bar{v}^2} = F_1\left(\frac{l}{d}, \ \frac{K}{d}, \ \frac{1}{Re}\right) = \frac{l}{d} F_2\left(\frac{K}{d}, \ Re\right)$$

$$\frac{\Delta p}{\gamma} = \frac{l}{d} \cdot \frac{\bar{v}^2}{2g} \cdot 2 \cdot F_3\left(\frac{K}{d}, \ Re\right) = \frac{l}{d} \frac{\bar{v}^2}{2g} F_4\left(\frac{K}{d}, \ Re\right)$$

令 $\lambda = F_4\left(\dfrac{K}{d}, \ Re\right)$，则

$$\frac{\Delta p}{\gamma} = \lambda \frac{l}{d} \frac{\bar{v}^2}{2g}$$

上式就是达西公式，式中 λ 就是沿程阻力系数，为无量纲常数。

由上面的例题可知，利用量纲分析法可以在知道与流动过程有关的物理量的情况下，求出表述流动过程函数关系的基本结构形式。但是采用量纲分析法时必须注意：求解时不能遗漏流动过程中的任何一个有关物理量，否则将不会得到全面的结果；当函数关系式中出现无量纲常数时，量纲分析法不能确定其具体数值，只能通过实验来确定，如沿程阻力系数 λ。

5.2　相似理论基础

5.2.1　相似原理

1. 流动现象相似的原理

在水力学的研究中，从水流的内部机理直至与水流接触的各种复杂边界，包括水力机械、水工建筑物等多方面的设计、施工、与运行管理等有关的水流问题，都可应用水力学模型实验来进行研究，即在一个和原型水流相似而缩小了几何尺寸的模型中进行实验。如果在这种缩小了几何尺寸的模型中，所有物理量都与原形中相应点上对应物理量保持一定的比例关系，则这两种流动现象就是相似的，这就是流动相似的基本含义。

在两个相似的水流系统中，每一种物理量的比尺常数都有各自的数值，例如长度 l、速度 u、力 F 的比尺常数可分别为

$$\lambda_l = \frac{l_p}{l_m}, \ \lambda_u = \frac{u_p}{u_m}, \ \lambda_F = \frac{F_p}{F_m}$$

式中角标 p 表示原型量，m 表示模型量，而 λ_l、λ_u、λ_F 分别表示各种物理量的相似比例常数，称为各种量的比尺，它们分别表示原型量与对应的模型量之比。例如：λ_l 称为长度比尺，λ_u 称为速度比尺，λ_F 称为力的比尺。比尺越大，模型越小。

2. 液流相似的特征

表征液流现象的基本物理量一般可分为三类：第一类是描述液流几何形状的量，如长度、面积、体积等；第二类描述液流运动状态的量，如时间、速度、加速度、流量等；第三类是描述液流运动动力特征的量，如质量、动量、密度等。因此，两个系统的相似特征可用几何相似、运动相似和动力相似及初始条件和边界条件保持一致来描述。

（1）几何相似。如果两个液流系统中对应点上的每一种几何量都存在着固定的比例关系，则这两个流动称为几何相似。保证了这一点，就可使得原型和模型两个流场的几何形状相似。

如以 l 表示某一几何长度，其长度比尺为

$$\lambda_l = \frac{l_p}{l_m} \tag{5.4}$$

由此可推得相应的面积 A 和体积 V 的比例，即

$$\lambda_A = \frac{A_p}{A_m} = \frac{l_p^2}{l_m^2} = \lambda_l^2 \tag{5.5}$$

$$\lambda_V = \frac{V_p}{V_m} = \frac{l_p^3}{l_m^3} = \lambda_l^3 \tag{5.6}$$

几何相似时，对应的夹角相等；严格地说，原型与模型表面的粗糙度也应该与其他长度尺度一样成相同的比例，而实际上往往只能近似地做到这点。

（2）运动相似。运动相似是指液体运动的速度场相似，也就是指两个流场各相应点（包括边界上各点）的速度 u 方向相同，其大小成一固定比例 λ_u。如以 u_p 表示原型某一点的速度，u_m 表示模型相应点的速度，则速度比尺为

$$\lambda_u = \frac{u_p}{u_m}$$

注意到流速是位移对时间 t 的微商 $\dfrac{\mathrm{d}l}{\mathrm{d}t}$，令 λ_t 为相应点处液体质点运动相应位移所需时间的比例

$$\lambda_t = \frac{t_p}{t_m} \tag{5.7}$$

则有

$$\lambda_u = \frac{u_p}{u_m} = \frac{\dfrac{\mathrm{d}l_p}{\mathrm{d}t_p}}{\dfrac{\mathrm{d}l_m}{\mathrm{d}t_m}} = \frac{\mathrm{d}l_p}{\mathrm{d}l_m}\frac{\mathrm{d}t_m}{\mathrm{d}t_p} = \frac{\lambda_l}{\lambda_t} \tag{5.8}$$

分析式（5.8）可知，长度比尺 λ_l 已由几何相似定出，因此运动相似就已规定了时间比尺，所以运动相似也称为时间相似。

由于各相应点速度成比例，所以相应断面的平均流速有同样的比尺，即

$$\lambda_v = \frac{v_p}{v_m} = \lambda_u$$

同理，在运动相似的条件下，流场中相应位置处液体质点的加速度也是相似的，即

$$\lambda_a = \frac{a_p}{a_m} = \frac{\dfrac{\mathrm{d}u_p}{\mathrm{d}t_p}}{\dfrac{\mathrm{d}u_m}{\mathrm{d}t_m}} = \frac{\lambda_l}{\lambda_t^2} = \frac{\lambda_u}{\lambda_t} \tag{5.9}$$

（3）动力相似。若两液流相应点处质点所受同名力 F 的方向互相平行，其大小之比均成一固定 λ_F 值，则称这两个液流是动力相似。所谓同名力是具有同一物理性质的力，如两水流相应点所受的压力。于是力的比尺为

$$\lambda_F = \frac{F_p}{F_m} \tag{5.10}$$

力比例系数也可写成

$$\lambda_F = \lambda_m \lambda_a = (\lambda_\rho \lambda_l^3)(\lambda_l \lambda_t^{-2}) = \lambda_\rho \lambda_l^2 \lambda_v^2 \tag{5.11}$$

同理，可以写出其他力学量的比例系数，如力矩 M、压强 p 的比例系数可分别表示为

$$\lambda_M = \frac{(Fl)_p}{(Fl)_m} = \lambda_\rho \lambda_l^3 \lambda_v^2 \tag{5.12}$$

$$\lambda_p = \frac{p_p}{p_m} = \frac{\lambda_F}{\lambda_A} = \lambda_\rho \lambda_v^2 \tag{5.13}$$

若作用在原型和模型上相应液流质点 M_p 和 M_m 上的力分别为 F_{1p}、F_{2p}、F_{3p} 和 F_{1m}、F_{2m}、F_{3m}。根据达朗贝尔原理，对于任一运动的质点，设想加上该质点的惯性力，则惯性力与质点所受主动力平衡，构成封闭的力多边形，即动力相似就表征为液流相应点上的力多边形相似，其相应力（即同名力）成比例

$$\frac{F_{1p}}{F_{1m}} = \frac{F_{2p}}{F_{2m}} = \frac{F_{3p}}{F_{3m}} = \frac{(ma)_p}{(ma)_m} \tag{5.14}$$

以上就是流动相似的含义，表明：凡流动相似的液流，必是边界相似、运动相似和动力相似的流动。这三种相似是相联系的，几何相似是运动相似和动力相似的前提，动力相似是决定两个水流运动相似的主导，运动相似是几何相似和动力相似的表现。

（4）边界条件和初始条件相似。边界条件相似是指两个流动相应边界性质相同，如原型中固体壁面，模型中相应部分也是固体壁面；原型中是自由液面，模型中相应部分也是自由液面。对于非恒定流动，还要满足初始条件相似。边界条件和初始条件相似是保证流动相似的充分条件。

在有的书籍中，将边界条件相似归于几何相似，对于恒定流动又无需初始条件相似，这样水力学相似的含义就简述为几何相似、运动相似、动力相似三个方面。

5.2.2 相似准则

以上说明了相似的含义，所谓相似，其结果实际上是力学相似的结果，重要的问题是怎样来实现原型和模型流动的力学相似。

首先要满足几何相似，否则两个流动不存在相应点，当然也就无相似可言，可以说几何相似是力学相似的前提条件。其次是实现动力相似，要使两个流动动力相似，前面定义的各项比尺必须符合一定的约束关系，这种约束关系称为相似准则。根据动力相似的流动，相应点上的力多边形相似，相应边（即同名力）成比例，推导各单项力的相似推则。

描写液体运动和受力关系的是液体运动微分方程（动力学方程）。两个相似流动必须满足同一运动微分方程（N-S 方程）。现分别写出模型流动和原型流动的不可压缩液体的运动微分方程标量形式第一式

$$\frac{\partial v_{xp}}{\partial t_p} + v_{xp}\frac{\partial v_{xp}}{\partial x_p} + v_{yp}\frac{\partial v_{xp}}{\partial y_p} + v_{zp}\frac{\partial v_{xp}}{\partial z_p} = f_{xp} - \frac{1}{\rho_p}\frac{\partial p_p}{\partial x_p} + v_p\Delta v_{xp}$$

$$\frac{\partial v_{xm}}{\partial t_m} + v_{xm}\frac{\partial v_{xm}}{\partial x_m} + v_{ym}\frac{\partial v_{xm}}{\partial y_m} + v_{zm}\frac{\partial v_{xm}}{\partial z_m} = f_{xm} - \frac{1}{\rho_m}\frac{\partial p_m}{\partial x_m} + v_m\Delta v_{xm}$$

所有同类物理量均具有同一比例系数，因此有

$$x_p = \lambda_l x_m, \quad y_p = \lambda_l y_m, \quad z_p = \lambda_l z_m$$

$$v_{xp} = \lambda_v v_{xm}, \quad v_{yp} = \lambda_v v_{yxm}, \quad v_{zp} = \lambda_v v_{zm}$$

$$t_p = \lambda_t t_m, \ \rho_p = \lambda_\rho \rho_m, \quad v_{xp} = \lambda_v v_{xm}, \ p_p = \lambda_p p_m, \ f_p = \lambda_f f_m$$

由于模型流动和原型流动的运动微分方程及同类物理量有同一比例的关系，并经对比可写出下式

$$\frac{\lambda_v}{\lambda_t} = \frac{\lambda_v^2}{\lambda_l} = \lambda_g = \frac{\lambda_p}{\lambda_\rho \lambda_l} = \frac{\lambda_v \lambda_v}{\lambda_l^2}$$

$$(1)(2) \quad 3) \quad (4) \quad (5)$$

上述 5 项分别表示单位质量的时变惯性力、位变惯性力、质量力、法向表面力-压力、切向表面力-摩擦力，因此上式就表示模型流动与原型流动的力多边形相似。

将上式中的位变惯性力 $\dfrac{\lambda_v^2}{\lambda_l}$ 除全式，可得

$$\frac{\lambda_l}{\lambda_v \lambda_t} = 1 = \frac{\lambda_l \lambda_g}{\lambda_v^2} = \frac{\lambda_p}{\lambda_\rho \lambda_v^2} = \frac{\lambda_v}{\lambda_l \lambda_v} \tag{5.15}$$

　　　　　　　①　　　　　②　　③　　　④

上式中①、②、③、④项表示模型流动和原型流动在动力相似时各比例系数之间有一个约束，并非各比例系数的数值可以随便取值。对其进一步分析可以得到以下各相似准则（相似准数）：

1. 雷诺准则

这是由式（5.15）第四项得出的，由此

$$\frac{\lambda_v \lambda_l}{\lambda_v} = \frac{\lambda_\rho \lambda_v \lambda_l}{\lambda_\mu} = 1 \tag{5.16}$$

$$\frac{v_m l_m}{v_m} = \frac{\rho_m v_m l_m}{\mu_m} = \frac{v_p l_p}{v_p} = \frac{\rho_p v_p l_p}{\mu_p} \tag{5.17}$$

令 $Re = \dfrac{vl}{v} = \dfrac{vl\rho}{\mu}$，动力相似中要求 $Re_m = Re_p$。

　　上式说明两流动的黏性相似时，原型与模型的雷诺数相等，这就是雷诺准则。雷诺相似准数是一个无量纲量，它是由 v、l、v 三个物理量，或者是 v、l、ρ、μ 组合的一个物理量。它代表了流动中的惯性力和所受的黏性力之比，也称为黏性力相似准数。

2. 弗劳德准则

这是由式（5.15）第二项得出的，由此

$$\frac{\lambda_v^2}{\lambda_g \lambda_l} = 1 \tag{5.18}$$

$$\frac{v_p^2}{v_m^2} = \frac{g_p}{g_m} \frac{l_p}{l_m} \tag{5.19}$$

令 $Fr = \dfrac{v^2}{gl}$，动力相似中要求 $Fr_m = Fr_p$。

　　上式说明两个流动相应点的弗劳德数相等，这就是弗劳德准则，也称重力相似准则。弗劳德相似准数是一个无量纲量，它是由 v、g、l 三个物理量组合的一个物理量。它代表了流动中惯性力和重力之比，反映了流体中重力作用的影响程度。

3. 欧拉准则

这是由式（5.15）第三项得出的，由此

$$\frac{\lambda_p}{\lambda_\rho \lambda_v^2} = 1 \tag{5.20}$$

$$\frac{p_p}{p_m} = \frac{\rho_p}{\rho_m} \frac{v_p^2}{v_m^2} \tag{5.21}$$

令 $Eu = \dfrac{p}{\rho v^2}$，动力相似中要求 $Eu_m = Eu_p$。

　　上式说明两个流动相应点的欧拉数相等，这就是欧拉准则，也称压力相似准则。欧拉相似准数是一个无量纲量，它是由 p、ρ、v 三个物理量组合的一个物理量。它代表了流动中所受的压力和惯性力之比，也称为压力相似准数。

4. 斯特劳哈准则

这是由式（5.15）第一项得出的，由此

$$\frac{\lambda_l}{\lambda_v \lambda_l} = 1 \tag{5.22}$$

$$\frac{l_p}{l_m} = \frac{v_p}{v_m} \frac{t_p}{t_m} \tag{5.23}$$

令 $Sr = \dfrac{l}{vt}$，动力相似中要求 $Sr_m = Sr_p$。

斯特劳哈相似准数是一个无量纲量，它是由 l、v、t 三个物理量组合的一个物理量。它代表了时变惯性力和位变惯性力之比，反映了流动运动随时间变化的情况，也称为非定常相似准数。

除上述几个相似准数以外，还可以推出很多相似准数。动力相似若用相似准数来表示，则有 $Sr_m = Sr_p$，$Fr_m = Fr_p$，$Er_m = Er_p$，$Re_m = Re_p$ 等。因此，动力相似也就意味着模型流动和原型流动中，各同名相似准数均应相等。但从各相似准数的表达式可以看出，并不是所有相似准数之间都是相容的。例如，如果考虑原型和模型的重力和黏性力同时满足相似，也就是说保证原型和模型的弗劳德相似准数和雷诺相似准数一一对应相等，由式（5.16）、式（5.18）分别得到

$$\lambda_v = \frac{\lambda_v}{\lambda_l} \tag{5.24}$$

$$\lambda_v = \sqrt{\lambda_l \lambda_g} \tag{5.25}$$

一般 $\lambda_g = 1$，则式（5.25）变为

$$\lambda_v = \sqrt{\lambda_l}$$

由式（5.24）可得

$$\lambda_v = \lambda_v \lambda_l = \sqrt{\lambda_l} \lambda_l$$

也就是说，要实现原型流动和模型流动相似，原型和模型的流速比例系数 λ_v 应为 $\sqrt{\lambda_l}$，而液体运动黏性比例系数必须满足 $\lambda_v = \lambda_l^{3/2}$，通常后一条件难以实现。即使模型与原型采用同一种介质，$\lambda_v = 1$，则 $\lambda_l = 1$，即模型尺寸与原型尺寸完全一致，模型实验研究就失去了意义。因此，模型流动和原型流动之间达到完全的动力相似实际上是做不到的。所以水力学中寻求的是主要动力相似，而不是完全的动力相似。

如何选择主要动力相似？这主要根据所研究液体的流动的性质来决定。例如，水利工程中的明渠流及江、河、溪流，都是以水位落差形式表现的重力来支配流动的，对于这些以重力起支配作用的流动，应该以弗劳德相似准数作为决定性相似准数。有不少流动需要求流动中的黏性力，或者求流动中的水力阻力或水头损失，如管道流动、液体机械中的流动、液压技术中的流动等，此时应当以满足雷诺相似准数为主，Re 就是决定性相似准数。对于非恒定流动，如液体在旋转叶轮叶片间的流动，应当以满足斯特劳哈相似准数为主，Sr 就是决定性相似准数。对于 Eu 相似准数，它代表了流场的速度和压力关系，根据流动基本方程，在满

足流动相似的条件下，其压力场也相似。因此在其他相似准数作为决定性相似准数相等时，欧拉相似准数能够同时满足。

例 5.4　一个物体浸没在油中（ $\rho = 864 \, \text{kg}/\text{m}^3$，$\mu = 0.0258 \, \text{Pa} \cdot \text{s}$ ）以 $v_\text{p} = 13.72 \, \text{m/s}$ 的速度水平运动，为了研究这一运动过程，一个尺度比例系数为 8:1 的放大模型浸没在 15℃ 的水中进行模型实验。为了达到动力相似的条件，试确定放大模型在水中的运动速度。假如放大模型的黏性阻力为 3.56N，试预测原型的黏性阻力。

解　物体浸没在液体中运动，考虑黏性阻力作用将雷诺相似准数作为决定性相似准数。

原型运动黏性系数

$$\nu_\text{p} = \frac{\mu_\text{p}}{\rho_\text{p}} = \frac{0.02584}{864} = 2.99 \times 10^{-5} (\text{m}^2/\text{s})$$

模型运动黏性系数对于 15℃ 的水　$\nu_\text{m} = 1.141 \times 10^{-6} (\text{m}^2/\text{s})$

由雷诺相似准数

$$Re_\text{m} = \frac{v_\text{m} l_\text{m}}{\nu_\text{m}} = \frac{v_\text{p} l_\text{p}}{\nu_\text{p}} = Re_\text{p} \ \text{且} \ \frac{l_\text{p}}{l_\text{m}} = \frac{1}{8}, \quad v_\text{p} = 13.72 \, \text{m/s}$$

得到 $v_\text{m} = 0.065 \, \text{m/s}$ 。

根据式（5.10）、式（5.11）

$$\lambda_F = \frac{F_\text{p}}{F_\text{m}} = \frac{\rho_\text{p} v_\text{p}^2 l_\text{p}^2}{\rho_\text{m} v_\text{m}^2 l_\text{m}^2} = \frac{864 \times 13.72^2 \times 1^2}{1000 \times 0.065^2 \times 8^2} = 601.47$$

所以

$$F_\text{p} = \lambda_F \times F_\text{m} = 601.47 \times 3.56 = 2142.2(\text{N})$$

5.3　模　型　实　验

有的原型尺寸很大（如飞机、船舶、桥梁等），如果对原型直接进行实验不但费用很大，而且有时候难以进行实验测量；有的原型则尺寸微小（如滴灌中的滴头等），难以观测其中的流动过程；而在原型的设计过程中，也需要进行模型实验来修改设计方案。模型实验再现的不仅仅是原型流动的表面现象，而是流动现象的物理本质；只有保证模型实验和原型流动中的物理本质相同，模型实验才有价值。

进行模型实验设计时，首先要根据原型要求的实验范围、实验场地大小、模型制作和量测条件选择尺度比例系数 λ_l；然后根据对流动情况的受力分析，满足对流动起主要作用的力相似，选择相似准数；最后确定流速比例系数和模型的流量。

例 5.5　某一桥墩长 24m，墩宽为 4.3m，两桥台的距离为 90m，水深为 8.2m，平均流速为 2.3m/s。如实验室供水流量仅有 $0.1 \, \text{m}^3/\text{s}$，问该模型可选取多大的尺度比例系数，并计算该模型的尺寸、平均流速和流量。

解　对流动起主要作用的重力作用，取弗劳得相似准数为决定性相似准数

$$Fr_\text{p} = Fr_\text{m}$$

$$\frac{\lambda_v^2}{\lambda_g \lambda_l} = 1$$

因为 $\lambda_g = 1$，所以

$$\lambda_v = \lambda_l^{\frac{1}{2}}$$

流量比例系数

$$\lambda_q = \frac{q_p}{q_m} = \lambda_l^3 \lambda_t^{-1} = \lambda_v \lambda_l^2 = \lambda_l^{\frac{5}{2}}$$

原型流量

$$q_p = v_p (B_p - b_p) h_p = 2.3 \times (90 - 4.3) \times 8.2 = 1616 (\text{m}^3/\text{s})$$

实验室可供流量 $q_m = 0.1\text{m}^3/\text{s}$，因此原型和模型的尺度比例系数为

$$\lambda_l = \frac{l_p}{l_m} = \left(\frac{q_p}{q_m}\right)^{\frac{2}{5}} = \left(\frac{1616}{0.1}\right)^{\frac{2}{5}} = 48.24$$

对尺度比例系数取整，实验室的最大流量为 $0.1\text{m}^3/\text{s}$，可以取比 48.24 稍大的整数作为尺度比例系数，选 $\lambda = 50$，则模型尺寸

桥墩长 $\qquad l_m = l_p / \lambda_l = 24/50 = 0.48(\text{m})$

桥墩宽 $\qquad b_m = b_p / \lambda_l = 4.3/50 = 0.086(\text{m})$

桥台距 $\qquad B_m = B_p / \lambda_l = 90/50 = 1.8(\text{m})$

水深 $\qquad h_m = h_p / \lambda_l = 8.2/50 = 0.164(\text{m})$

模型平均流速 $\qquad v_m = v_p / \lambda_v = \dfrac{v_p}{\lambda_l^{\frac{1}{2}}} = 2.3/\sqrt{50} = 0.325(\text{m/s})$

例 5.6 有一直径为 15cm 的输油管，管长 10m，通过流量为 $0.04\text{m}^3/\text{s}$ 的油。现用水来做实验，选模型管径和原型相等，原型中油的运动粘性系数 $\nu = 0.13\text{cm}^2/\text{s}$，模型中的实验水温 $t = 10℃$。（1）求模型中的流量为若干才能达到与原型相似？（2）若在模型中测得 10m 长管段的压差为 0.35cm，反算原型输油管 1000m 长管段上的压强差为多少？（用油柱高表示）

解 （1）输油管路中的主要作用力为黏性力，所以相似条件应满足雷诺准则，即

$$\lambda_{Re} = \frac{\lambda_v \lambda_d}{\lambda_\nu} = 1$$

因 $\lambda_d = \lambda_l = 1$，故

$$\lambda_v = \lambda_\nu = \nu_p / \nu_m$$

已知 $\nu_p = 0.13\text{cm}^2/\text{s}$，而 10℃ 水的运动性系数 $\nu_m = 0.0131\text{cm}^2/\text{s}$，当以水作模拟介质时，

$$Q_m = \frac{Q_p}{\lambda_v \lambda_l^2} = \frac{Q_p}{\lambda_v} = \frac{0.04}{10} = 0.004(\text{m}^3/\text{s})$$

（2）要使黏性力为主的原型与模型的压强高度相似，就要保证两种液流的雷诺数和欧拉数的比尺关系式都等于 1，即要求

$$\lambda_{\Delta p} = \lambda_\rho \lambda_v^2, \quad \lambda_v = \lambda_v \lambda_l$$

或

$$\lambda_{(\Delta p/\gamma)} = \frac{\lambda_{\Delta p}}{\lambda_\gamma} = \frac{\lambda_v^2}{\lambda_g} = \frac{\lambda_v^2}{\lambda_g \lambda_l^2}$$

故原型压强用油柱高表示为

$$h_{\mathrm{p}} = \left(\frac{\Delta P}{\gamma}\right)_{\mathrm{p}} = \frac{h_{\mathrm{m}}\lambda_v^2}{\lambda_g \lambda_l^2}$$

已知模型中测得 10m 长管段中的水柱压差为 0.0035m，则相当于原型 10m 长管段中的油柱压差为

$$h_{\mathrm{p}} = \frac{0.0035 \times (0.13/0.0131)^2}{1 \times 1^2} = 0.345\mathrm{m}（油柱高）$$

因而在 1000m 长的输油管段中的压差为

$$0.345 \times 1000/10 = 34.5（\mathrm{m}）（油柱高）$$

在进行模型实验设计时，为了使模型流动和原型流动尽可能相似，还要注意以下几点：

（1）模型流动和原型流动的流态要一致，原型中的液流是紊流，模型中的液流也应该是紊流，在模型实验设计时需要选择几个流速较小的断面进行流态校核。

（2）原型水流是缓流或急流，模型中也相应为缓流或急流。

（3）在黏性阻力相似的模型中，应该保持壁面粗糙系数的相似，并检验模型水流是否在阻力平方区。

（4）如果在原型中发生汽蚀，在模型的对应部位也应该发生汽蚀。在虹吸管、水坝的真空断面和水力机械负压出现的部位，尤其需要注意此项条件。

思　考　题

1. 什么是几何相似、运动相似、动力相似？
2. 常用的相似准则数有哪些？分别阐述每个准则数的物理意义。
3. 相似原理中比尺的定义是什么？长度比尺、面积比尺及流速比尺如何表达？
4. 什么是量纲一致性原则？量纲分析法有何用处？
5. 原型与模型中采用同一种液体，模型试验能否同时满足弗劳德准则和雷诺准则，为什么？

习　　题

5.1　按基本量纲为 [L、T、M] 推导出动力黏性系数 μ、体积弹性系数 K、表面张力系数 σ、切应力 τ、线变形率 ε、角变形率 θ、旋转角速度 ω、势函数 ϕ、流函数 ψ 的量纲。

5.2　将下列各组物理量整理成为无量纲数：（1）τ、v、ρ；（2）Δp、v、p、γ；（3）F、l、v、p；（4）σ、l、v、ρ。

5.3　作用沿圆周运动物体上的力 F 与物体的质量 m、速度 v 和圆的半径 R 有关。试用瑞利法证明 F 与 mv^2/R 成正比。

5.4　假定影响孔口泄流流量 Q 的因素有孔口尺寸 a、孔口内外压强差 Δp、液体的密度 ρ、

动力黏性系数 μ，又假定容器甚大，其他边界条件的影响可忽略不计，试用 π 定理确定孔口流量公式的量纲关系式。

5.5   圆球在黏性流体中运动所受的阻力 F 与流体的密度 ρ、动力黏性系数 μ、圆球与流体的相对运动速度 v、球的直径 D 等因素有关，试用量纲分析方法建立圆球受到流体阻力 F 的公式。

5.6   用 π 定理推导鱼雷在水中所受阻力 F_D 的表示式，它和鱼雷的速度 v、鱼雷的尺寸 l、水的动力黏性系数 μ 及水的密度 ρ 有关。鱼雷的尺寸 l 可用其直径或长度代表。

5.7   水流围绕一桥墩流动时，将产生绕流阻力，该阻力和桥墩的宽度 b（或柱墩直径 d）、水流速 v、水的密度 ρ 和动力黏性系数 μ 及重力加速度 g 有关。试用 π 定理推导绕流阻力表示式。

5.8   试用 π 定理分析管流中的阻力表达式。假设管流中阻力 F 和管道长度 l、管径 d、管壁粗糙度 K、管流断面平均流速 v、液体密度 ρ 和动力黏性系数 μ 等有关。

5.9   试用 π 定理分析管道均匀流动的关系式。假设流速 v 和水力坡度 J、水力半径 R、边界绝对粗糙度 K、水的密度 ρ、动力黏性系数 μ 等有关。

5.10   试用 π 定理分析堰流关系式。假设堰上单宽流量 q 和重力加速度 g、堰高 P、堰上水头 H、动力黏性系数 μ、密度 ρ 及表面张力 σ 等有关。

5.11   在深水中进行炮弹模型试验，模型的大小为实物的 1/1.5，若炮弹在空气中的速度为 500km/h，问欲测定其黏性阻力，模型在水中的试验速度应当为多少?（设温度 t 均为 20℃）

5.12   有一圆管直径为 20cm，输送运动黏性系数 $\nu=0.4\text{cm}^2/\text{s}$ 的油，其流量为 121L/s，若在实验中用 5cm 的圆管做模型实验，假如采用 20℃ 的水或采用运动黏性系数 $\nu=0.17\text{cm}^2/\text{s}$ 的空气做试验，则模型流量各为多少?假定主要的作用力为黏性力。

第6章 孔口、管嘴出流和有压管流

教学基本要求

要求了解工程中常见的流动现象并能够根据具体条件进行水力分析；掌握薄壁孔口自由出流、淹没出流、管嘴出流、短管、简单长管的水力计算。理解复杂长管计算原则。

学习重点

各类流动现象的基本概念和特点、计算方法及相关参数。

孔口出流、管嘴出流和有压管流是工程中最常见的流动现象。容器侧壁或底壁上开有孔口，液体经孔口流出的流动现象称为孔口出流。若孔口器壁较厚或在孔口处加一定长度的短管，液体经短管流出并在出口断面充满管口的流动现象称为管嘴出流。若管道的整个断面被液体所充满，管道周界上各点均受到液体压强的作用，这种流动现象称为有压管流。在给排水工程中，各类取水孔口、泄水孔口和配水孔口中的水流流动都和孔口出流有关；消防水枪、喷泉喷头等与管嘴出流有关；室内外输配水管、构筑物连接管、虹吸管、水泵吸水管都是有压管流的工程实例。这些流动现象的水力分析，主要应用连续性方程、伯努利方程和能量损失的计算公式，结合液体运动的具体条件将方程适当简化，从而得到某种流动类型的计算方法。

6.1 孔 口 出 流

6.1.1 孔口出流及其类型

1. 孔口出流

在容器侧壁或底部开孔，容器内的液体经孔口流出的流动现象，称为孔口出流。孔口是工程上用来控制流动、调节流量的装置，由于孔口沿流动方向的边界长度比较短，一般来说，能量损失主要考虑局部水头损失，沿程水头损失通常可以忽略。

2. 孔口出流的类型

（1）按孔口作用水头是否恒定，分为孔口恒定出流和孔口非恒定出流。本书在没有明确说明的情况下，一般指孔口恒定出流。

（2）按孔壁厚度及形状对出流的影响，分为薄壁孔口和厚壁孔口出流。孔口具有很薄的边缘，流体与孔壁接触仅是一条周线，孔的壁厚对出流无影响，这样的孔口称为薄壁孔口。若孔壁厚度促使流体先收缩后扩张，与孔壁接触形成面，这样的孔口称为厚壁孔口。当孔壁厚度达到孔口高度的3～4倍时，出流充满孔壁的全部周界，此时便是管嘴出流。

（3）按出流后周围介质条件，分为自由出流和淹没出流。液体经孔口流入大气中的出流称为自由出流；液体经孔口流入下游液面以下的出流称为淹没出流。

（4）按孔口直径 d 与孔口断面形心处水头 H 的比值大小，分为小孔口出流和大孔口出流。若 $d \leqslant H/10$，称为小孔口，这种情况可认为孔口断面上各点的水头与形心处的水头相等。若 $d > H/10$，则称为大孔口，计算中应考虑孔口断面上不同高度的水头不相等。

6.1.2　薄壁小孔口自由出流

先对薄壁小孔口自由出流的流动现象进行分析，建立孔口出流的基本公式。如图 6.1 所示，水流从各个方向趋向孔口，由于水流运动的惯性，流出孔口的水流的流线仍保持收缩趋势，因此在孔口断面上流线互不平行，而使水流在出口后继续形成收缩，直到距孔口约为 $d/2$ 处收缩完毕，流线在此趋于平行，这一断面称为收缩断面，如图 6.1 中的 c-c 断面。

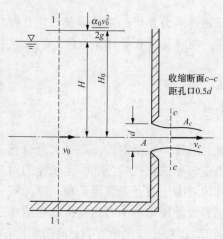

图 6.1　孔口自由出流

设收缩断面 c-c 处的过流断面面积为 A_c，孔口的面积为 A，则两者的比值 $\dfrac{A_c}{A}$ 反映了水流经过孔口后的收缩程度，称为收缩系数，以符号 ε 表示，即 $\varepsilon = \dfrac{A_c}{A}$。

为了计算流体经小孔口出流的流速和流量，现以通过孔口中心的水平面为基准面，列出水箱水面 1-1 与收缩断面 c-c 的能量方程

$$H + \frac{p_0}{\gamma} + \frac{\alpha_0 v_0^2}{2g} = \frac{p_c}{\gamma} + \frac{\alpha_c v_c^2}{2g} + h_j$$

式中孔口的局部水头损失 $h_j = \zeta_c \dfrac{v_c^2}{2g}$，而且 $p_0 = p_c = p_a$，令 $\alpha_0 = \alpha_c = 1.0$，则有

$$H + \frac{v_0^2}{2g} = (1 + \zeta_c)\frac{v_c^2}{2g}$$

令 $H_0 = H + \dfrac{v_0^2}{2g}$，代入上式整理得

收缩断面流速
$$v_c = \frac{1}{\sqrt{1 + \zeta_c}}\sqrt{2gH_0} = \varphi\sqrt{2gH_0} \qquad (6.1)$$

孔口出流量
$$Q = v_c A_c = \varphi \varepsilon A \sqrt{2gH_0} = \mu A \sqrt{2gH_0} \qquad (6.2)$$

式中　Q——孔口出流的流量，m^3/s；

　　　A——孔口面积，m^2；

　　　H_0——孔口的作用水头，如 $v_0 \approx 0$，则 $H_0 \approx H$；

　　　ζ_c——孔口的局部阻力系数，根据实测，对圆形薄壁小孔口 $\zeta_c = 0.06$；

　　　φ——孔口的流速系数，$\varphi = \dfrac{1}{\sqrt{1 + \zeta_c}}$，对圆形薄壁小孔口 $\zeta_c = 0.06$，所以 $\varphi = \dfrac{1}{\sqrt{1 + \zeta_c}} = \dfrac{1}{\sqrt{1 + 0.06}} = 0.97$；

　　　μ——孔口流量系数，根据实测，圆形薄壁小孔口 $\varepsilon = 0.62 \sim 0.64$，$\mu = \varepsilon\varphi = 0.60 \sim 0.62$。

μ 值取决于 $\varepsilon\varphi$ 值，而 $\varepsilon\varphi$ 不仅与边界条件有关，而且与 Re 也有关。然而工程上遇到的孔口出流问题，Re 往往足够大，只要流动基本上处在阻力平方区，就可认为 μ 与 Re 无关。对薄壁小孔口，试验证明，不同形状孔口的流量系数差别不大，孔口在壁面上的位置对收缩系数有直接影响。

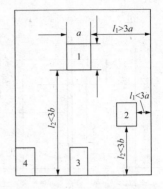

图 6.2　不同形状孔口自由出流

全部收缩，即孔口的全部边界都不与容器的底边、侧边或液面重合时，孔口的四周流线均发生收缩（见图 6.2 中孔 1、孔 2）；反之，称为部分收缩（见图 6.2 中孔 3、孔 4）。全部收缩又分为完善收缩和不完善收缩。完善收缩：凡孔口与要邻壁面或液面的距离大于同方向孔口尺寸的 3 倍，孔口的收缩不受壁面或液面的影响（见图 6.2 中孔 1）。否则称为不完善收缩（见图 6.2 中孔 2）。不完善收缩孔和部分收缩孔与完善收缩孔相比收缩系数偏大，其流量系数也相应增大。

6.1.3　薄壁大孔口自由出流

将大孔口分解为许多水头不等的小孔口，应用小孔口自由出流公式计算其流量，而后积分求总和，得出大孔口出流流量公式，其形式仍为 $Q=\varepsilon\varphi A\sqrt{2gH_0}$，式中 H_0 指大孔口形心处的总水头。

在实际工程中，大孔口往往为部分收缩或不完善收缩，其 ε 较大，因而 μ 也较大。现将巴甫洛夫斯基实验所得的部分大孔口流量系数列于表 6.1 中供参考选用。

表 6.1　　　　　　　　　　**大　孔　口　流　量　系　数**

孔　口　形　式	流　量　系　数
全部收缩的孔口（宽达 2m）	0.65
不完善收缩的大型孔口（宽 5～6m）	0.70
底边无收缩的孔口：	
（1）侧面收缩显著影响	0.65～0.70
（2）侧面收缩影响不大	0.70～0.75
（3）具有平滑侧面进口	0.80～0.85
（4）其他各周界均有极平滑进口	0.90

6.1.4　薄壁孔口淹没出流

如前所述，当液体从孔口直接流入另一个充满相同液体的空间时称为淹没出流，如图 6.3 所示。水流由于惯性作用，经孔口后仍然形成收缩断面，然后突然扩大。

现以通过孔口形心的水平面作为基准面，列出水箱两侧水面 1-1 与断面 2-2 的能量方程式

$$H_1+\frac{p_1}{\gamma}+\frac{\alpha_1 v_1^2}{2g}=H_2+\frac{p_2}{\gamma}+\frac{\alpha_2 v_2^2}{2g}+h_{\mathrm{w}}$$

由于 $p_1=p_2=p_a$，取 $\alpha_1=\alpha_2=1.0$，忽略两断面之间的沿程水头损失，而局部损失包括孔口的局部损失和收缩断面之后突然扩大的局部水头损失，设它们的局部阻力系数分别为 ζ_c 和 ζ_k，则水头损失为

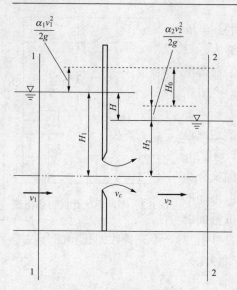

图 6.3 孔口淹没出流

$$h_w = h_j = (\zeta_c + \zeta_k)\frac{v_c^2}{2g}$$

将上述已知条件代入能量方程式得

$$H_1 + \frac{v_1^2}{2g} = H_2 + \frac{v_2^2}{2g} + (\zeta_c + \zeta_k)\frac{v_c^2}{2g}$$

令 $H_0 = (H_1 - H_2) + \left(\frac{v_1^2}{2g} - \frac{v_2^2}{2g}\right)$ 为孔口淹没出流的

作用水头，上式可写为

$$H_0 = (\zeta_c + \zeta_k)\frac{v_c^2}{2g}$$

$$v_c = \frac{1}{\sqrt{\zeta_c + \zeta_k}}\sqrt{2gH_0} \qquad (6.3)$$

则孔口淹没出流的流量为

$$Q = v_c A_c = v_c \varepsilon A = \frac{1}{\sqrt{\zeta_c + \zeta_k}}\varepsilon A\sqrt{2gH_0} \qquad (6.4)$$

式中　ζ_c——孔口处的局部阻力系数；

　　　ζ_k——流体在收缩断面之后突然扩大的局部阻力系数。

由于断面 2-2 远大于断面 c-c，所以突然扩大局部阻力系数

$$\zeta_k = \left(1 - \frac{A_c}{A_2}\right)^2 \approx 1$$

于是令

$$\varphi = \frac{1}{\sqrt{\zeta_c + \zeta_k}} = \frac{1}{\sqrt{1 + \zeta_c}}$$

其中 φ 为淹没出流的流速系数。对比自由出流 φ 在孔口形状尺寸相同的情况下，其值相等，但其含义有所不同。对照自由出流的计算公式 $\mu = \varepsilon\varphi$，其中 μ 为淹没出流的流量系数，则式（6.4）可写成

$$Q = \mu A\sqrt{2gH_0} \qquad (6.5)$$

　　式（6.5）为水箱上下游液面压强为大气压强（即为敞口容器时）淹没出流的计算公式。式中作用水头在水箱断面较大时（如 $v_1 = v_2 \approx 0$），等于水箱两侧液面高度之差，也就是说在孔口形式和尺寸确定的情况下，淹没孔口出流流量取决于上下游水面高差，而与孔口的淹没深度无关。另外，在淹没出流时，孔口的作用水头为上下游水头差，作用于孔口断面上各点的水头均相等，因此不论大孔口出流还是小孔口出流，其计算方法相同。如果上下游水箱液面压强不等于大气压（为封闭容器时），式中的作用水头 $H_0 = (H_1 - H_2) + \left(\frac{p_1}{\gamma} - \frac{p_2}{\gamma}\right)$。

　　在工程中经常遇到气体经孔口流入大气的问题，这是一种典型的淹没孔口出流。其流量计算与式（6.5）相同，但式中要用压强差代替水头差，其公式应改写为

$$Q = \mu A\sqrt{\frac{2\Delta p_0}{\rho}} \qquad (6.6)$$

$$\Delta p_0 = (p_1 - p_2) + \frac{\rho(\alpha_1 v_1^2 - \alpha_2 v_2^2)}{2}$$

式中　Δp_0——促使出流的全部能量，即全压差。

6.1.5　孔口非恒定出流

若容器的作用水头在出流过程中发生变化，孔口流量也将随之变化，这种情况称为孔口非恒定出流。通常情况下，容器水平断面面积较大，液面高度变化缓慢，在微小时段 dt 内可近似认为水位不变，这样把非恒定流问题转化为恒定流处理，从而应用孔口恒定出流的公式解决孔口非恒定流问题。这类非恒定流问题主要涉及容器或水池的充泄水过程所需时间的估算。

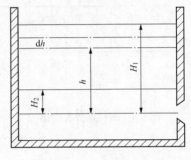

图 6.4　孔口非恒定出流

下面分析等截面容器在无水量补充条件下的泄空时间（见图 6.4）。某时刻 t，孔口作用水头 h，在微小时段 dt 内，经孔口流出的液体体积 $dV = Qdt = \mu A\sqrt{2gh}dt$，在 dt 段内，水面下降 dh，液体所减少的体积为

$$dV = -A_0 dh$$

从孔口流出的水体积应等于水箱中减少的水体积，即

$$\begin{cases} \mu A\sqrt{2gh}dt = -A_0 dh \\ dt = -\dfrac{A_0}{\mu A\sqrt{2g}}\dfrac{dh}{\sqrt{h}} \end{cases}$$

对上式积分，得水头由 H_1 降至 H_2 所需时间

$$T = \int_0^T dt = \int_{H_1}^{H_2} -\frac{A_0}{\mu A\sqrt{2g}}\frac{dh}{\sqrt{h}} = \frac{2A_0}{\mu A\sqrt{2g}}(\sqrt{H_1} - \sqrt{H_2}) \tag{6.7}$$

当水箱内水面降至孔口中心，即 $H_2 = 0$ 时，便得到容器泄空所需时间

$$T = \frac{2A_0\sqrt{H_1}}{\mu A\sqrt{2g}} = \frac{2A_0 H_1}{\mu A\sqrt{2gH_1}} = \frac{2V}{Q_{\max}} \tag{6.8}$$

式中　V——水箱放空水的体积；

$Q_{\max}$——变水头出流的初始最大流量。

式（6.8）说明，变水头的放空时间等于按初始水头 H_1 作用下恒定流泄放同体积的液体所需时间的两倍。

6.2　管　嘴　出　流

若孔口器壁厚度 $\delta = (3\sim 4)d$，或在孔口上加设一段长度为 $L = (3\sim 4)d$ 的短管，即形成管嘴，液体经过管嘴流出并在出口断面充满管口的流动现象称为管嘴出流。

6.2.1　圆柱形外管嘴的恒定出流

如图 6.5 所示为圆柱形外管嘴出流，当液体从各方向汇集并流入管嘴以后，由于惯性作

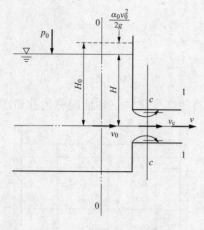

图 6.5　圆柱形外管嘴出流

用，流股也要发生收缩，从而形成收缩断面 c-c。在收缩断面流体与管壁分离，形成旋涡区，然后流股逐渐扩大，充满整个断面满管流出。

下面讨论管嘴出流的水力计算方法。

以通过管嘴中心的水平面为基准面，列出水箱水面 0-0 和管嘴出口断面 1-1 的能量方程式

$$z_0 + \frac{p_0}{\gamma} + \frac{\alpha_0 v_0^2}{2g} = z_1 + \frac{p_1}{\gamma} + \frac{\alpha_1 v_1^2}{2g} + \zeta \frac{v_1^2}{2g}$$

由于 $z_0 = H$，$z_1 = 0$，$p_0 = p_1 = p_a$，取动能修正系数 $\alpha_0 = \alpha_1 = 1.0$，代入上式得

$$H + 0 + \frac{v_0^2}{2g} = 0 + 0 + \frac{v_1^2}{2g} + \zeta \frac{v_1^2}{2g}$$

令作用水头 $H_0 = H + \dfrac{v_0^2}{2g}$，代入上式整理得

$$H_0 = (1 + \zeta)\frac{v_1^2}{2g}$$

所以

$$v_1 = \frac{1}{\sqrt{1+\zeta}}\sqrt{2gH_0} = \varphi\sqrt{2gH_0} \tag{6.9}$$

$$Q = v_1 A = \varphi A \sqrt{2gH_0} = \mu_n A \sqrt{2gH_0} \tag{6.10}$$

式中　H_0——管嘴出流的作用水头，如果流速 v_0 很小，可近似认为 $H_0 = H$；

ζ——管嘴局部阻力系数，相当于锐缘管道入口的情况，$\zeta = 0.5$；

φ——管嘴流速系数，$\varphi = \dfrac{1}{\sqrt{1+\zeta}} = \dfrac{1}{\sqrt{1+0.5}} = 0.82$；

μ_n——管嘴流量系数，因管嘴出口断面无收缩，$\mu_n = \varphi = 0.82$。

如果把圆柱形外管嘴与薄壁圆形小孔口加以比较，设两者的作用水头相等，并且管嘴的过水断面面积与孔口的过水断面面积也相等，而 $\mu_n = 1.32\mu$，则管嘴出流的流量比孔口出流的流量增大至少 32%。

6.2.2　圆柱形外管嘴的正常工作条件

为什么会出现上述管嘴出流流量较大的情况呢？接上管嘴后，管壁摩擦阻力增加了，流量不但没有减小反而增加，其原因一定跟管嘴中液体的运动有关，下面来分析一下。

以通过管嘴中心水平面为基准面，列出收缩断面 c-c 与出口断面 1-1 的能量方程式

$$\frac{p_c}{\gamma} + \frac{\alpha_c v_c^2}{2g} = \frac{p_1}{\gamma} + \frac{\alpha_1 v_1^2}{2g} + h_w$$

式中 $\alpha_c = \alpha_1 = 1.0$，$p_1 = p_a$，$h_w$ 主要是收缩断面水流扩大至整个管嘴断面的局部水头损失，可应用突然扩大的局部水头损失公式

$$h_w = \frac{(v_c - v_1)^2}{2g} = \left(\frac{1}{\varepsilon} - 1\right)^2 \frac{v_1^2}{2g}$$

由连续性方程

$$v_c = \frac{A}{A_c} v_1 = \frac{1}{\varepsilon} v_1$$

则能量方程可以写为

$$\frac{p_a - p_c}{\gamma} = \left[\frac{1}{\varepsilon^2} - 1 - \left(\frac{1}{\varepsilon} - 1 \right)^2 \right] \frac{v_1^2}{2g}$$

由管嘴流速 $v = \varphi \sqrt{2gH_0}$ 可得 $\frac{v_1^2}{2g} = \varphi^2 H_0$，因此

$$\frac{p_a - p_c}{\gamma} = \left[\frac{1}{\varepsilon^2} - 1 - \left(\frac{1}{\varepsilon} - 1 \right)^2 \right] \varphi^2 H_0$$

当 ε=0.64，φ=0.82 时，代入上式，得

$$\frac{p_a - p_c}{\gamma} = 0.75 H_0 \tag{6.11}$$

　　该式表明圆柱形外管嘴在收缩断面出现了真空，真空度可以达到管嘴作用水头的 0.75 倍，相当于把管嘴的作用水头增大了 75%。这就是相同直径、相同总水头下圆柱形外管嘴的流量比孔口大的原因。

　　管嘴收缩断面上的真空值是有一定限制的，当真空值达到 $7.0 \sim 8.0 mH_2O$ 时，常温下的水就会发生汽化而不断产生气泡，破坏了连续流动，同时在较大的气压差作用下，空气从管嘴出口被吸入真空区，使收缩断面真空遭到破坏，此时管嘴已不能保持满管出流。因此要保持管嘴的正常出流，收缩断面的真空值必须要控制在 $7 mH_2O$ 以下，所以圆柱形外管嘴的作用水头

$$H_0 \leqslant \frac{7}{0.75} \approx 9m$$

　　另外，管嘴长度也有一定的限制，长度过短，射流收缩后来不及扩散到整个管嘴断面而形成孔口出流；过长，则沿程水头损失增大而成为有压管。

　　因此，圆柱形外管嘴正常工作的条件：

　　（1）作用水头 $H_0 \leqslant 9m$。

　　（2）管嘴长度 L=(3~4)d（d 为管嘴管径）。

6.2.3　其他形式的管嘴

　　除了圆柱形外管嘴之外，工程中还用到一些其他类型的管嘴，对于这些管嘴的出流，其流速、流量的计算公式与圆柱形外管嘴形式是相同的，但流速系数、流量系数各不相同。下面介绍几种工程上常用的管嘴。

　　（1）扩大圆锥形管嘴。如图 6.6（a）所示，其外形呈圆锥扩张状，这种管嘴可以得到分散而流速小的射流。其流速系数与流量系数与圆锥扩张角 θ 有关，当 θ=5°~7° 时，$\varphi = \mu = 0.42 \sim 0.50$。它适用于把部分动能转化为压能，加大流量的场合，如引射器的扩压管、水轮机的尾水管、扩散形送风口等。

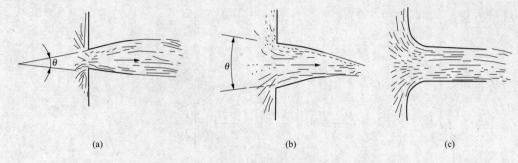

(a)　　　　　　　　　　(b)　　　　　　　　　　(c)

图 6.6　其他形式的管嘴

（2）收缩圆锥形管嘴。如图 6.6（b）所示，其外形呈圆锥收缩状，这种管嘴可以得到高速而密集的射流。其流量系数和流速系数与圆锥收缩角口有关，当 $\theta=32°24'$时，$\varphi=0.96$，$\mu=0.94$，达到最大值。它适用于要求加大喷射速度的场合，如消防水枪、水力喷沙管、射流泵等。

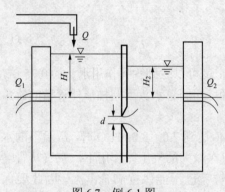

图 6.7　例 6.1 图

（3）流线形管嘴。如图 6.6（c）所示，这种管嘴的外形符合流线形状，因此水头损失较小，其流速系数和流量系数 $\varphi=\mu=0.97\sim0.98$。它适用于要求流量大而水头损失小，出口断面上速度分布均匀的场合。

例 6.1　某水池壁厚 $\delta=20\text{cm}$，两侧壁上各有一直径 $d=60\text{mm}$ 的圆孔，水池的来水量为 30L/s，通过该两孔流出；为了调节两孔的出流量，池内设有隔板，隔板上开有与池壁孔径相等的圆孔。试求池内水位恒定的情况下池壁两孔的出流量。

解　池壁厚 $\delta=(3\sim4)d$，所以池壁两侧孔口出流均实为圆柱形外管嘴出流。在恒定流的情况下

$$Q=Q_1+Q_2$$

$$Q_k=Q_2$$

$$Q_1=\mu_1 A\sqrt{2gH_1}$$

$$Q_2=\mu_1 A\sqrt{2gH_2}$$

$$Q_k=\mu_k A\sqrt{2g(H_1-H_2)}$$

联立方程可求得：

$$1.32\sqrt{H_2}=\sqrt{H_1-H_2}$$

$$\frac{Q_1}{Q_2}=\sqrt{\frac{H_1}{H_2}}=\sqrt{2.74}=1.655$$

$$Q_1=18.7\text{L/s},\ Q_2=11.3\text{L/s}$$

6.3　有　压　管　流

管道的整个断面被液体所充满，管道周界上各点均受到液体压强的作用，这种流动现象

称为有压管流。室内外输配水管、构筑物连接管、虹吸管、水泵吸水管都是有压管流的工程实例。有压管流可根据沿程水头损失与局部水头损失的相对大小分为短管和长管。以沿程损失为主、局部损失和流速水头可忽略的管道称为长管；不可忽略时称为短管。根据管道的布置与连接情况，又可将管道分为简单管道和复杂管道。前者指没有分支的等直径管道，后者指由两条以上简单管路组成的管道系统。复杂管道又可分为串联管道、并联管道和沿程泄流管道等。

6.3.1　短管水力计算

1. 自由出流

如图 6.8 所示的短管恒定自由出流，以出口断面中心的水平面 0-0 为基准面，对渐变流断面 1-1 和断面 2-2 列出能量方程

$$H + \frac{\alpha_0 v_0^2}{2g} = 0 + \frac{\alpha v^2}{2g} + h_{\mathrm{w}}$$

以总水头 $H_0 = H + \dfrac{\alpha_0 v_0^2}{2g}$ 代入上式得

$$H_0 = \frac{\alpha v^2}{2g} + h_{\mathrm{w}} \tag{6.12}$$

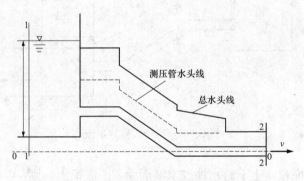

图 6.8　短管自由恒定出流

式（6.12）表明，管道的总水头 H_0 的一部分转换为出口的流速水头，另一部分则在流动过程中形成水头损失。水头损失应为所有的沿程水头损失和局部水头损失之和

$$h_{\mathrm{w}} = \sum \lambda \frac{l}{d} \frac{v^2}{2g} + \sum \zeta \frac{v^2}{2g}$$

整理后能量方程转化为如下形式

$$H_0 = \left(\alpha + \sum \lambda \frac{l}{d} + \sum \zeta \right) \frac{v^2}{2g} \tag{6.13}$$

于是管内流速及流量为

$$v = \frac{1}{\sqrt{\alpha + \sum \lambda \dfrac{l}{d} + \sum \zeta}} \sqrt{2gH_0} \tag{6.14}$$

$$Q = vA = \frac{1}{\sqrt{\alpha + \Sigma\lambda\dfrac{l}{d} + \Sigma\zeta}}\sqrt{2gH_0}A = \mu_c A\sqrt{2gH_0} \tag{6.15}$$

$$\mu_c = \frac{1}{\sqrt{\alpha + \Sigma\lambda\dfrac{l}{d} + \Sigma\zeta}}$$

式中 μ_c——管道流量系数。

2. 淹没出流

如图 6.9 所示的短管恒定淹没出流，以下游水池水平面 0-0 为基准面，对渐变流断面 1-1 和断面 2-2 列能量方程

$$H_1 + \frac{\alpha_{01}v_{02}^2}{2g} = H_2 + \frac{\alpha_{02}v_{02}^2}{2g} + h_w$$

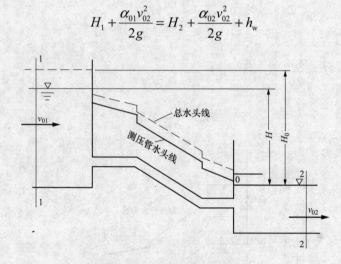

图 6.9 短管淹没恒定出流

相对于管道截面面积，上下游水池过水断面面积一般很大，则 $\dfrac{\alpha_{01}v_{01}^2}{2g} \approx \dfrac{\alpha_{02}v_{02}^2}{2g} \approx 0$，得

$$H_1 - H_2 = H = h_w \tag{6.16}$$

式（6.16）说明，淹没出流时，它的作用水头完全消耗在克服沿程水头损失和局部水头损失上。

将 $h_w = \Sigma h_f + \Sigma h_j = \Sigma\lambda\dfrac{l}{d}\dfrac{v^2}{2g} + \Sigma\zeta\dfrac{v^2}{2g}$ 代入上式，整理得

$$v = \frac{1}{\sqrt{\lambda\dfrac{l}{d} + \Sigma\zeta}}\sqrt{2gH} \tag{6.17}$$

若管道断面面积为 A，则管道流量

$$Q = vA = \frac{1}{\sqrt{\lambda\dfrac{l}{d} + \Sigma\zeta}}\sqrt{2gH}A = \mu_c A\sqrt{2gH} \tag{6.18}$$

$$\mu_c = \frac{1}{\sqrt{\lambda\dfrac{l}{d}+\Sigma\zeta}}$$

式中　　μ_c——管道流量系数。

比较自由出流和淹没出流的流量、流速公式，它们的形式基本相同，只是水头 H 的含义不同，自由出流时 H 是指上游水面与管道出口中心的高差，而淹没出流时 H 则为上下游水面高差。其次，在这两种情况下的管道流量系数 μ_c 的计算公式在形式上虽然不同，但 μ_c 的值是近似相等的。因为淹没出流时的流量系数中虽没有 α 一项，但 $\Sigma\zeta$ 中却增加了出口局部水头损失 $\zeta_{出口}=1$，若取 $\alpha=1$，则自由出流与淹没出流的流量系数 μ_c 值相等。

3．短管水力计算问题

短管水力计算主要有以下几类问题：

（1）求作用水头 H。根据流量和管道参数计算作用水头，如水箱、水塔的水位标高。

（2）求管道流速 v 和流量 Q。根据作用水头和管道参数，计算流速和流量，这类问题一般属于工况校核。

（3）设计管径 d。沿程损失和局部损失的大小及过流断面面积均取决于管径，直接计算比较繁琐。实际设计时常根据经济流速计算出管径后，再按管道统一规格选择相应的标准管径。

（4）分析管道各断面压强。验算管道各断面压强是否满足工程要求，以防真空度过大而产生气蚀。通过绘制测压管水头线可定性分析。

下面介绍几种典型的短管水力计算工程应用问题。

（1）虹吸管。

例 6.2　如图 6-10 所示，虹吸管将 A 池中的水输入 B 池，已知长度 $l_1=3\text{m}$，$l_2=5\text{m}$，直径 $d=75\text{mm}$，两池水面高差 $H=2\text{m}$，最大超高 $h=1.8\text{m}$，沿程阻力系数 $\lambda=0.02$，局部阻力系数：进口 $\zeta=0.5$，转弯 $\zeta=0.3$，出口 $\zeta=1$，试求流量及管道最大超高截面的真空度。

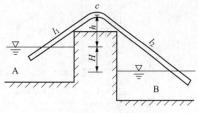

图 6.10　例 6.2 图

解　1）列上下游水面间的伯努利方程，下游水面为基准面，得

$$H=\left(\lambda\frac{l}{d}+\Sigma\zeta\right)\frac{v^2}{2g}$$

则

$$v=\sqrt{\frac{2gH}{\lambda\dfrac{l}{d}+\Sigma\zeta}}=\sqrt{\frac{2\times9.81\times2}{0.02\times\dfrac{3+5}{0.075}+0.5+0.3+1}}=3.16\,(\text{m/s})$$

流量为

$$Q=\frac{1}{4}\pi d^2 v=\frac{1}{4}\times3.14\times0.075^2\times3.16=0.014(\text{m}^3/\text{s})$$

2）列上游水面至 c 截面间的伯努利方程，上游水面为基准面，得

$$0=\frac{p_c}{\gamma}+h+\left(1+\lambda\frac{l_1}{d}+\Sigma\zeta\right)\frac{v^2}{2g}$$

所以，管道最大超高截面的真空度为

$$\frac{p_v}{\gamma} = -\frac{p_c}{\gamma} = h + \left(1 + \lambda \frac{l_1}{d} + \Sigma\zeta\right)\frac{v^2}{2g}$$

$$= 1.8 + \left(1 + 0.02 \times \frac{3}{0.075} + 0.5 + 0.3\right) \times \frac{3.16^2}{2 \times 9.8} = 3.1 \text{mH}_2\text{O}$$

　　虹吸管输水，可以跨越高地，减少挖方，在给排水工程中应用较广。但应注意虹吸管安装高度不宜过大。

　　（2）水泵吸水管。对于离心泵，泵壳内注水后叶轮高速旋转将能量传递给水，水沿流道输出泵壳，在泵壳内形成一定程度的真空，吸水池中的水在大气压的作用下通过吸水管进入泵壳形成连续供水。吸水管长度一般较短，管路配件较多，通常按短管计算。吸水管的计算主要是确定水泵的最大安装高度 H_{ss}（泵轴与吸水池水面的高差，见图 6.11）。

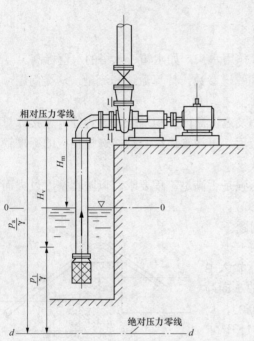

图 6.11　水泵吸水管安装示意图

　　列吸水池水面 0-0 和水泵进口断面 1-1 能量方程，取吸水池水面为基准面，得

$$\frac{p_a}{\gamma} = H_{ss} + \frac{p_1}{\gamma} + \frac{\alpha v^2}{2g} + h_w$$

整理后得到水泵安装高度

$$H_{ss} = \frac{p_a}{\gamma} - \frac{p_1}{\gamma} - \frac{\alpha v^2}{2g} - h_w$$

$$= \frac{p_v}{\gamma} - \frac{\alpha v^2}{2g} - h_w = H_v - \frac{\alpha v^2}{2g} - h_w$$

其中 H_v 为水泵进口处真空高度。该真空高度是有一定限制的，真空度过大（即进口断面压强过低）有可能发生气蚀。为了防止气蚀发生，可通过试验确定水泵进口处的允许真空高度 H_s。允许真空高度 H_s 是评价水泵吸水性能的一个重要参数，可以认为 H_s 是 H_v 的最大极限值。由此可得水泵的最大安装高度

$$H_{ss} = H_s - \frac{\alpha v^2}{2g} - h_w$$

　　例 6.3　某离心泵出水流量为 30m³/h 时允许吸上真空高度 H_s=5.6m，吸水管直径为 100mm，管长为 10m，沿程阻力系数为 0.045，局部阻力系数包括：弯头 $\zeta_1 = 0.25$，带底阀的滤网 $\zeta_2 = 7$。试求该水泵最大安装高度 H_{ss}。

　　解　该水泵吸水管管径与水泵进口处直径相等，吸水管中流速与水泵进口处流速相等，则最大安装高度可表示为

$$H_{ss} = H_s - \frac{\alpha v^2}{2g} - h_w = H_s - \left(\alpha + \lambda \frac{l}{d} + \zeta_1 + \zeta_2\right)\frac{v^2}{2g}$$

管道过流断面平均流速

$$v = \frac{4Q}{\pi d^2} = \frac{4 \times 30}{3.14 \times 0.1^2 \times 3600} = 1.06(\text{m/s})$$

代入数据计算可得

$$H_{ss} = 5.6 - \left(1 + 0.045 \times \frac{10}{0.1} + 0.25 + 7\right)\frac{1.06^2}{2 \times 9.8} = 4.87(\text{m})$$

6.3.2　简单长管水力计算

如图 6.12 所示，简单长管是指具有相同管径、相同流量的管段，是组成各种复杂管路的基本单元。由于不考虑流速水头，测压管水头线与总水头线重合。

列 1-1、2-2 两断面间的能量方程，忽略局部水头损失，化简后可得

$$H = h_f = \lambda \frac{l}{d}\frac{v^2}{2g} \qquad (6.19)$$

式（6.19）表明，长管中全部水头用于克服沿程阻力。

对简单管路而言，管道的管径、材质、流速和流量均保持不变，水头损失和管长成比例，即

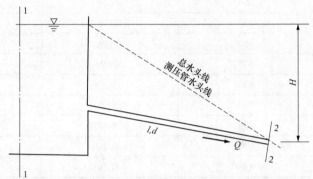

图 6.12　简单长管水头线示意图

$$h_f = \lambda \frac{l}{d}\frac{v^2}{2g} = Jl \qquad (6.20)$$

式中　J——水力坡度，是指一定流量 Q 通过单位长度管道的水头损失。

在给排水工程中常常需要讨论流量、管径、管长和水头之间的关系，因此习惯用流量 Q 代替流速 v 来计算水头损失，即

$$h_f = \lambda \frac{l}{d}\frac{v^2}{2g} = \lambda \frac{l}{d}\frac{\left(\frac{4Q}{\pi d^2}\right)^2}{2g} = \frac{8\lambda}{g\pi^2 d^5}lQ^2$$

令

$$S_0 = \frac{8\lambda}{g\pi^2 d^5}$$

则

$$h_f = S_0 lQ^2 = SQ^2 \qquad (6.21)$$

其中 S_0 称为管道比阻，表示单位流量液体通过单位长度管道所需克服的水头损失；$S = S_0 l$ 为管道阻抗，S 对已给定的管路是一个定值，它综合反映了管路上的阻力情况。

管道比阻 S_0 是管径和沿程阻力系数的函数，而沿程阻力系数又与雷诺数和相对粗糙度有关且有多种表达式，管道比阻 S_0 的计算变得比较繁琐。在工程中，将常见管材、管径根据不同沿程阻力表达式计算的管道比阻 S_0 值列表以方便应用。表 6.2 中管道比阻 S_0 是根据曼宁公式计算得到的，理论上只是用于紊流粗糙区。

表 6.2 以曼宁公式计算的 S_0 值

水管直径（mm）	S_0（s²/m⁶）		
	$n = 0.012$	$n = 0.013$	$n = 0.014$
75	1480	1740	2010
100	319	375	434
150	36.7	43.0	49.9
200	7.92	9.30	10.8
250	2.41	2.83	3.28
300	0.911	1.07	1.24
350	0.401	0.471	0.545
400	0.196	0.230	0.267
450	0.105	0.123	0.143
500	0.0598	0.0702	0.0815
600	0.0226	0.0265	0.0307
700	0.00993	0.0117	0.0135
800	0.00487	0.00573	0.00663
900	0.00260	0.00305	0.00354
1000	0.00148	0.00174	0.00201

6.3.3 复杂长管水力计算

1. 串联管道

串联管道是由直径不同或粗糙度不同的管道连接而成的管道系统。串联管道各管段的流量可能相等也可能不等，如存在分流的情况。

如图 6.13 所示，第 i 管段通过流量 Q_i，在管段末集中分出流量 q_i，由连续性方程可得

$$Q_i = Q_{i+1} + q_i \qquad (6.22)$$

由式（6.22）可知，当沿途无分流时，即 $q_i = 0$，各管段通过的流量均相等。

串联管道的总水头损失等于各管段水头损失之和，即

$$H = h_f = \sum_{i=1}^{n} h_f = \sum_{i=1}^{n} S_{0i} l_i Q_i^2 \qquad (6.23)$$

上述两式即为串联管道水力计算的基本公式，可以求解 Q、H、d 等。

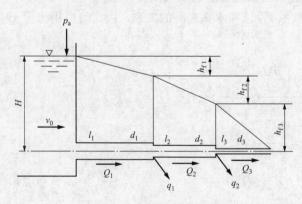

图 6.13 串联管道示意图

2. 并联管道

两条及两条以上的管道从某节点分出，又在另一节点汇合，这样组成的管道系统成为并联管道。

如图 6.14 所示并联管道，由连续性方程可得

$$Q = Q_1 + Q_2 + Q_3 + q_A \qquad (6.24)$$

如果无流量分出，则干管流量等于各并联支管流量之和。

并联管道中并联节点间各并联支管的水头损失皆相等。由于并联节点处测压管水头是唯一的，因此并联节点间的测压管水头差也是唯一的，流体通过不同支路所产生的水头损失等于并联节点间的水头差，即

$$h_{f1} = h_{f2} = h_{f3} = h_f \tag{6.25}$$

或

$$S_1 Q_1^2 = S_2 Q_2^2 = S_3 Q_3^2 = S_p Q_{AB}^2 \tag{6.26}$$

上式中 Q_{AB} 为并联支管流量之和，S_p 为并联管段系统的阻抗，即

$$\left.\begin{array}{l} Q_1 = \dfrac{\sqrt{h_{f1}}}{\sqrt{S_1}}, \ Q_2 = \dfrac{\sqrt{h_{f2}}}{\sqrt{S_2}}, \ Q_3 = \dfrac{\sqrt{h_{f3}}}{\sqrt{S_3}}, \ Q_{AB} = \dfrac{\sqrt{h_f}}{\sqrt{S_p}} \\[3mm] Q_{AB} = Q_1 + Q_2 + Q_3 = \dfrac{\sqrt{h_f}}{\sqrt{S_p}} = \dfrac{\sqrt{h_{f1}}}{\sqrt{S_1}} + \dfrac{\sqrt{h_{f2}}}{\sqrt{S_2}} + \dfrac{\sqrt{h_{f3}}}{\sqrt{S_3}} \\[3mm] \dfrac{1}{\sqrt{S_p}} = \dfrac{1}{\sqrt{S_1}} + \dfrac{1}{\sqrt{S_2}} + \dfrac{1}{\sqrt{S_3}} \\[3mm] Q_1 : Q_2 : Q_3 = \dfrac{1}{\sqrt{S_1}} : \dfrac{1}{\sqrt{S_2}} : \dfrac{1}{\sqrt{S_3}} \end{array}\right\} \tag{6.27}$$

于是得到并联管路计算原则：并联节点间的总流量为各支管中流量之和；各支管上的阻力损失相等。总的阻抗平方根倒数等于各支管阻抗平方根倒数之和，各支路流量之比等于其阻抗平方根倒数之比。

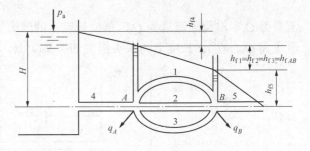

图 6.14　并联管道示意图

例 6.4　如图 6.15 所示，由水塔向车间供水，采用铸铁管，管长为 2500m，管径 350mm，水塔地面标高 $\nabla_1 = 61$m，水塔水面距地面的高度 H_1 为 18m，车间地面标高 $\nabla_2 = 45$m，供水点需要的最小服务水头 H_2 为 25m，车间供水需求为 100L/s，现有供水系统能否满足要求？如果不能满足要求，可采取哪些工程措施？

解　根据已知条件可知，该供水系统的作用水头

$$H = (\nabla_1 + H_1) - (\nabla_2 + H_2) = 9(\text{m})$$

查表得 $d = 350$mm 的铸铁管道（$n = 0.013$），比阻 $S_{01} = 0.471\text{s}^2/\text{m}^6$，带入简单长管计算公式进行计算，可得管道流量

$$Q = \frac{\sqrt{H}}{\sqrt{S_{01} l}} = \frac{\sqrt{9}}{\sqrt{0.471 \times 2500}} = 0.087(\text{m}^3/\text{s})$$

由计算结果可知，现有供水系统不能满足供水要求。

可采取以下措施提高供水量：

1）增大作用水头

$$H' = S_0 l Q^2 = 0.471 \times 2500 \times 0.1^2 = 11.8 \text{(m)}$$

即需要把水塔水面距地面高度增加到 20.8m。

2）增大部分管段管径，降低管道阻抗。假如 l_1 管段保持原管材不变，将 l_2 管段更换为管径为 400mm 的铸铁管，其比阻 $S_{02}=0.230\text{s}^2/\text{m}^6$，则

$$H = S_{01} l_1 Q^2 + S_{02} l_2 Q^2 = [0.471 \times (2500 - l_2) + 0.230 \times l_2] \times 0.1^2 = 9 \text{(m)}$$

得出　　　　　　　　　　　　　　$l_2 = 1151.45\text{m}$

即需要将长度为 1151.45m 的管道更换为管径为 400mm 的铸铁管。

3）将部分管段改为并联管道，降低管道总阻抗。假如将 l_1 管段改为并联管道，采用与原管道相同管径的铸铁管，则

$$H = S_{01}(l - l_1) Q^2 + S_{01} l_1 \left(\frac{Q}{2} \right)^2 = 0.471 \times \left(2500 - l_1 + \frac{l_1}{4} \right) \times 0.1^2 = 9 \text{(m)}$$

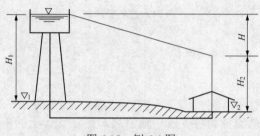

图 6.15　例 6.4 图

得出　　　　　　　　　$l_1 = 785.6\text{m}$

3. 沿程均匀泄流管道

沿程均匀泄流管道是指水在沿管轴方向流动的同时，在管侧壁上连续地有流量泄出。例如，给水工程中滤池的反冲洗管，城市自来水管道也可以简化为沿线均匀泄流管道。

如图 6.16 所示沿程均匀泄流管道，在直径为 d，长度为 l 的管道上，管道末端流出的转输流量为 Q_z，沿程泄流量为 Q_t，单位长度上的泄流量称比流量 $q = Q_t / l$。假设距起点 x 处通过的流量为 Q_x，在 dx 长度上的水头损失 $dh_f = S_0 Q_x^2 dx$。

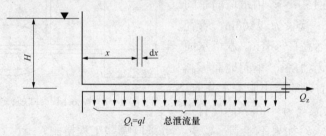

图 6.16　沿程均匀泄流管道

由于　　　　　　　　　$$Q_x = Q_z + Q_t - \frac{Q_t}{l} x$$

所以　　　　　　　　　$$dh_f = S_0 \left(Q_z + Q_t - \frac{Q_t}{l} x \right)^2 dx$$

将上式沿管长积分，得整个管段的水头损失

$$h_f = \int_0^l dh_f = \int_0^l S_0 \left(Q_z + Q_t - \frac{Q_t}{l} x \right)^2 dx$$

当管道的沿程阻力系数及管径不变时，对上式求解可得

$$h_f = S_0 l \left(Q_z^2 + Q_z Q_t + \frac{1}{3} Q_t^2 \right) \qquad (6.28)$$

为了简化计算，令沿程均匀泄流的折算流量为

$$Q_c = \sqrt{Q_z^2 + Q_z Q_t + \frac{1}{3} Q_t^2} \qquad (6.29)$$

式（6.28）可写成

$$h_f = S_0 l Q_c^2 \qquad (6.30)$$

上式与简单长管的水力计算公式相似，即沿程均匀泄流管道可以按流量为折算流量 Q_c 的简单长管进行计算，关键在于如何求得 Q_c。可以直接用式（6.29）求解，但习惯上通过以下方法求解。

令 $Q_c = Q_z + \alpha Q_t$，α 为待定系数，则

$$\alpha = \frac{Q_c - Q_z}{Q_t} = \sqrt{\left(\frac{Q_z}{Q_t}\right)^2 + \frac{Q_z}{Q_t} + \frac{1}{3}} - \frac{Q_z}{Q_t} \qquad (6.31)$$

令 $\eta = Q_z / Q_t$ 为转输流量和总泄流量之比，则

$$\alpha = \frac{Q_c - Q_z}{Q_t} = \sqrt{\eta^2 + \eta + \frac{1}{3}} - \eta$$

$$\alpha = \frac{\left(\sqrt{\eta^2 + \eta + \frac{1}{3}} - \eta \right)\left(\sqrt{\eta^2 + \eta + \frac{1}{3}} + \eta \right)}{\sqrt{\eta^2 + \eta + \frac{1}{3}} + \eta}$$

$$\alpha = \frac{\eta^2 + \eta + \frac{1}{3} - \eta^2}{\sqrt{\eta^2 + \eta + \frac{1}{3}} + \eta} = \frac{\eta + \frac{1}{3}}{\sqrt{\eta^2 + \eta + \frac{1}{3}} + \eta} = \frac{1 + \frac{1}{3\eta}}{\sqrt{1 + \frac{1}{\eta} + \frac{1}{3\eta^2}} + 1}$$

$\eta = Q_z / Q_t \to 0$，即转输流量为零，$Q_z = 0$，$\alpha = \sqrt{\dfrac{1}{3}} = 0.577$。

$\eta = Q_z / Q_t \to \infty$，即转输流量远远大于泄流量，$\alpha = 0.5$。

α 值在 $0.500 \sim 0.577$ 之间变化，$\alpha = 0.5$ 可视为 α 的近似平均值。所以工程中采用下式计算 Q_c，即

$$Q_c = Q_z + 0.55 Q_t \qquad (6.32)$$

在大型给水管道中，当转输流量远远超过沿程均匀总泄出流量时，可取 $\alpha = 0.5$，即 $Q_c = Q_z + 0.55 Q_t$。

若转输流量 $Q_z = 0$，由式（6.28）得

$$h_f = \frac{1}{3} S_0 l Q_t^2 \qquad (6.33)$$

式（6.33）表明，对于只有泄流量而无转输流量的管道，其水头损失仅是全部流量集中在管道末端泄出时的 1/3。

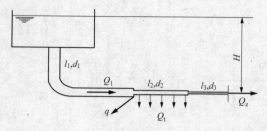

图 6.17 例 6.5 图

例 6.5 如图 6.17 所示，由三段铸铁管串联而成的水塔供水系统，中段为均匀泄流管路。已知 $l_1=500m$，$d_1=200mm$，$l_2=200m$，$d_2=150mm$，$l_3=200m$，$d_3=125mm$，各管段比阻值为 $A_1=9.029s^2/m^6$，$a_2=41.85s^2/m^6$，$A_3=110.8s^2/m^6$，节点 B 分出流量 $q=0.01m^3/s$，转输流量 $Q_z=0.02m^3/s$，途泄流量 $Q_t=0.015m^3/s$，试求所需作用水头。

解 首先计算各管段流量

$$Q_1=Q_z+Q_t+q=0.02+0.015+0.01=0.045(m^3/s)$$

$$Q_2=Q_z+0.55Q_t=0.02+0.550.015=0.028(m^3/s)$$

$$Q_3=Q_z=0.02(m^3/s)$$

由于三段管段为串联，因此系统所需作用水头应等于各管段水头损失之和，即

$$H=\Sigma h_f=h_{fAB}+h_{fBC}+h_{fCD}$$

故

$$H=A_1l_1Q_1^2+A_2l_2Q_2^2+A_3l_3Q_3^2$$
$$=9.029\times500\times0.045^2+41.85\times200\times0.028^2+110.8\times200\times0.02^2$$
$$=24.56(m)$$

6.4 有压管道中的水击

6.4.1 水击现象

在有压管道中，由于某些外界原因（如阀门突然开启或关闭、水泵机组突然停车等），使水流流速突然发生变化，从而导致压强的骤然变化，这种现象称为水击，又称为水锤。水击发生时所产生的升压值可达管道正常工作压强的几十倍，甚至上百倍。大幅度的压强波动，具有很大的破坏性，往往会引起管路系统强烈振动，严重时会造成阀门破裂、管道接头脱落，甚至管道爆裂等重大事故。

由于水击而产生的弹性波称为水击波，是可压缩液体受到扰动后弹性波的传播与反射产生的一种压强、流速波动现象。水击波的传播速度 c 可按下式计算

$$c=\frac{c_0}{\sqrt{1+\dfrac{E_0}{E}\dfrac{d}{\delta}}}=\frac{1435}{\sqrt{1+\dfrac{E_0}{E}\dfrac{d}{\delta}}} \tag{6.34}$$

式中 c_0——声波在水中的传播速度，m/s；

E_0——水的弹性模量，$E_0=2.07\times10^5N/cm^2$；

E——管壁的弹性模量，见表 6.3；

d——管道直径，m；

δ——管壁厚度，m。

对于普通钢管，$d/\delta=100$，$E/E_0=100$，代入式中，得 $c=1000m/s$。可见水击产生的压强变化会以很快的速度在管道中传播。

表 6.3   常用管壁材料的弹性模量 E

管壁材料	E（N/cm²）	管壁材料	E（N/cm²）
钢管	$206×10^5$	混凝土管	$20.6×10^5$
铸铁管	$88×10^5$	木管	$6.9×10^5$

6.4.2 水击的传播过程

水击现象产生的外界因素是液体运动边界条件的突然变化，而水流的惯性和压缩性及管材的弹性是其内在因素。下面结合水击的传播过程做进一步的了解。

如图 6.18 所示，管道长 l，直径为 d，流速为 v_0，为便于分析水击现象，忽略流速水头和水头损失，则管道各断面压强水头均为 H。阀门突然关闭时，使紧靠阀门的水突然停止流动，速度由 v_0 变为零，由动量定理可知，阀门对水流作用力的冲量等于水动量的改变量。阀门对水流的作用使得其压强增加 Δp，称为水击压强。很大的水击压强使得停止流动的水层压缩，管壁膨胀，以容纳后续水体。当靠近阀门的第一层水停止流动后，第二层以后的各层水体都会相继停止下来，这是因为已经静止的水体对后续水体产生的作用力，使得后续水体流速减小为零，压强势必增加，体积压缩，管壁膨胀，并持续向管道进口传播。可见，管道中水流速逐段减小为零，压强逐段增加，以波的形式向管道进口传播。典型水击波传播周期可分为四个阶段，如图 6.18（b）～（e）所示。

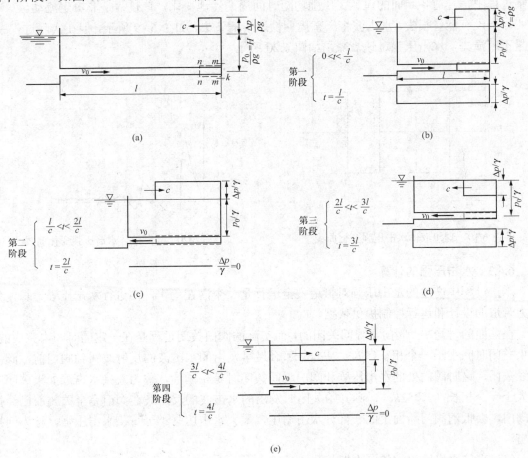

图 6.18   水击传播过程示意图

第一阶段：由于阀门突然关闭而引起的减速增压波，从阀门向上游传播，沿程各断面依次减速增压。在 $\tau=l/c$ 时，水击波传递至管道进口处，此时管道内液体全部被压缩，管壁全部处于膨胀状态，管中压强均为 $p_0+\Delta p$。

第二阶段：由于管中压强 $p_0+\Delta p$ 大于水池中静水压强 p_0，在压差 Δp 的作用下，管道进口处的液体以 $-v_0$ 的速度向水池方向倒流，同时压强恢复为 p_0。减压波从管道进口向阀门处传播，在 $\tau=2l/c$ 时，减压波传递至阀门处，此时管中压强全部恢复到正常压强 p_0，同时具有向水池方向的流速 $-v_0$。

第三阶段：在惯性的作用下，管中水流仍以 $-v_0$ 的速度向水池倒流，因阀门关闭无水补充，致使靠近阀门处的水流停止流动，速度由 $-v_0$ 变为零，同时引起压强降低，管壁收缩，管中流速从进口开始各断面依次由 $-v_0$ 变为零。在 $\tau=3l/c$ 时，增速减压波传递至管道进口处，此时管中压强为 $p_0-\Delta p$，速度为零。

第四阶段：由于管道进口压强 $p_0-\Delta p$ 小于池中静水压强 p_0，在压差 Δp 的作用下，水流又以速度 v_0 向阀门方向流动，管道中水的密度及管壁恢复正常，在 $\tau=4l/c$ 时，增压波传递至阀门处，此时全管恢复至初始状态，管中压强为 p_0。

由于惯性作用，水流继续以速度 v_0 向阀门方向流动，而阀门依然是关闭的，水击波将重复上述四个阶段，在水击波传播速度极快，上述四个阶段在极短的时间内连续进行。在水击传播过程中，管道各断面的流速、压强均随时间周期性地变化，该过程是非恒定流动。

如果没有能量损失，水击波将一直周期性地传播下去，如图 6.19 所示，但在实际过程中，能量不断损失，水击压强迅速衰减，如图 6.20 所示。

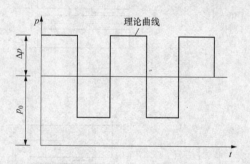

图 6.19　理想液体水击压强变化曲线

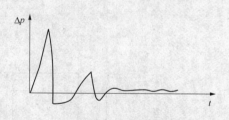

图 6.20　实际液体水击压强变化曲线

6.4.3　水击压强的计算

水击过程中产生的水击压强对管道安全运行是一个潜在危害，需进行水击压强计算，为压力管道的设计和运行控制提供依据。

在前面的讨论中，阀门是瞬间关闭的，而实际的阀门关闭过程是在一定的时间内完成的。如果关闭时间小于一个相长（$T_z<2l/c$），那么最早发出的水击波的反射波回到阀门前，阀门已经关闭，这时阀门处的水击压强和阀门瞬间关闭时是相同的，称为直接水击。如果关闭时间大于一个相长（$T_z>2l/c$），则开始关闭时发出的水击波的反射波在阀门完全关闭前已经抵达阀门，会抵消阀门断面上的一部分水击增压，最大水击压强小于直接水击压强，称为间接水击。

（1）直接水击压强按儒可夫斯基公式计算

$$\Delta p = \rho c (v_0 - v) \tag{6.35}$$

当阀门瞬间完全关闭时，$v = 0$，则最大水击压强为

$$\Delta p = \rho c v_0$$

式中　c——水击波传播速度，m/s；

　　　ρ——水的密度，kg/m³；

　　　v——阀门处流速，m/s；

　　　v_0——管道中流速，m/s。

对于普通钢管，$d/\delta = 100$，$E/E_0 = 1/100$，得 $c = 1000$m/s。如果 $v_0 = 1$m/s，则由于阀门突然关闭而引起的直接水击产生的水击压强 $\Delta p = 1$MPa，可见直接水击压强是很大的。

（2）间接水击的最大压强可按下式估算

$$\Delta \rho = \rho C v_0 \frac{T}{T_z} = \frac{2 \rho v_0 l}{T_z} \tag{6.36}$$

式中　v_0——水击发生前管中断面平均流速，m/s；

　　　T——水击波相长，$T = 2l/c$，s；

　　　T_z——阀门关闭时间，s；

　　　l——管道长度，m。

6.4.4　防止水击危害的措施

随着工程实践经验的积累和科学技术的不断发展，对水击问题的认识不断深化，现在已经能够提出防止水击危害的原则和各种具体措施，一般来说，可以从延长关闭阀门的时间、缩短水击波传播长度，减小管内流速，以及在管道上设置减压、缓冲装置等方面着手。

防止水击危害的具体措施是多种多样的，归纳起来大约有以下几方面：

（1）在管道的适当地点设置一缓冲空间，用以减缓水击压强升高；同时这也缩短了水击波的传播长度，使增压逆波遇到缓冲装置（如调压井）时尽快以降压顺波反射回到阀门处，以抵消阀门处因关阀而引起的增压水击波，也即使其发生压强较小的间接水击，如可在阀门上游设置空气室、气囊、调压井等。

（2）在泵的压水管中设置缓慢关闭的止回阀，用以延长关阀时间，若能使关闭阀时间 $T > 2l/c$，则可避免直接水击的发生，如设置油阻尼止回阀等。

（3）使在水击发生时的高压水流在给定的位置有控制地释放出去，避免水管爆裂；或者在压强突然降低时往管内负压区注水，以免水股断裂，连续性遭到破坏，如设置水击消除器、减压阀、金属膜覆盖的放水孔等。

思 考 题

1．比较孔口管嘴自由出流、淹没出流时，水力计算方法和相关参数的异同。

2．在作用水头相同时，直径相同的孔口和管嘴出流的流量哪个大？为什么？

3．圆柱形外管嘴正常工作条件是什么？

4．如何区分长管和短管？其水力计算有何特点？

5．串联管道和并联管道的水力计算分别有何特征？

6．水击的概念是什么？如何预防水击危害？

7. 虹吸管在应用过程中应注意哪些问题？

8. 管道比阻 S_0 和哪些因素有关？

6.1　如图 6.21 所示，储液箱中水深保持为 1.8m，液面上的压强 p_0=70kPa（相对压强），箱底开一孔，孔直径 $d=50$mm。若流量系数 $\mu=0.61$，试求此底孔排出水的流量。

6.2　如图 6.22 所示，水箱用隔板分为左右两室，右边水位保持恒定，在该液面下 4.8m 处隔板上开一孔口，其直径 $d_1=0.1$m，左边侧壁在相同高度处开有直径 $d_2=0.125$m 的圆形孔口。当左右两边水位恒定后，试求左边水面高度及孔口流量。

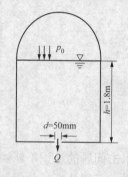

图 6.21　习题 6.1 图

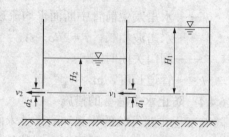

图 6.22　习题 6.2 图

6.3　如图 6.23 所示，在混凝土重力坝坝体内设置一泄水管，管长 $l=4$m，管轴处的水头 $H=6$m，现需通过流量 $Q=10$m³/s，若流量系数 $\mu=0.82$，试确定所需管径，并求管中收缩断面的真空度。

6.4　游泳池长 25m，宽 10m，水深 1.5m，池底设有直径为 100mm 的放水孔直通排水地沟，试求放净池水所需的时间。

6.5　如图 6.24 所示，油槽车的油槽长度为 l，直径为 D，油槽底部设有泄油孔，孔口面积为 A，流量系数为 μ，试求该车充满油后所需泄空时间。

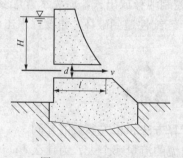

图 6.23　习题 6.3 图

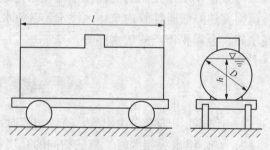

图 6.24　习题 6.5 图

6.6　有一水泵将水抽至水塔，如图 6.25 所示，已知动力机的功率为 100kW，抽水流量 $Q=100$L/s，吸水管长 $L_1=30$m，压水管长 $L_2=500$m，管径 $d=300$mm，管的沿程阻力系数 $\lambda=0.03$，水泵允许真空值为 6mH₂O，动力机及水泵的总效率为 0.75，局部阻力系数：进口

$\xi_1 = 6$，弯头 $\xi_2 = 0.4$，试求：水泵的提水高度 z；水泵的最大安装高度 h_s。

6.7　如图 6.26 所示，由水库引水，先用长 $l_1 = 25\text{m}$，直径 $d_1 = 75\text{mm}$ 的管道将水引至贮水池中，再由长 $l_2 = 150\text{m}$，直径 $d_2 = 50\text{mm}$ 的管道将水引至用水点。已知水头 $H = 8\text{m}$，沿程阻力系数 $\lambda_1 = \lambda_2 = 0.03$，阀门局部阻力系数 $K_v = 3$，试求：（1）流量 Q 和水面高差 h；（2）绘总压头线和测压管压头线。

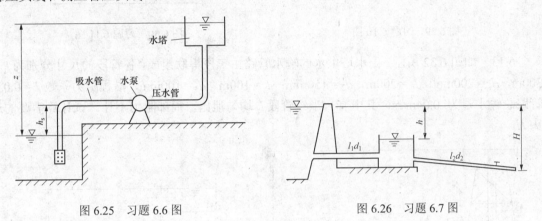

图 6.25　习题 6.6 图　　　　　　　　　　图 6.26　习题 6.7 图

6.8　如图 6.27 所示，一条跨越河道的方形钢筋混凝土倒虹吸管，边长 0.8m，粗糙系数 $n = 0.012$，全长 $l = 50\text{m}$，经过两个 $\alpha = 30°$ 的折角拐弯（每个拐弯的局部损失系数 $\zeta = 0.2$）。如果上下游水位差 $z = 3\text{m}$，求此时通过的流量 Q。

6.9　如图 6.28 所示，自密闭容器经两段串联管道输水，已知压力表读值 $p_M = 1\text{at}$，水头 $H = 2\text{m}$，管长 $l_1 = 10\text{m}$，$l_2 = 20\text{m}$，直径 $d_1 = 200\text{mm}$，$d_2 = 100\text{mm}$，沿程摩阻力系数 $\lambda_1 = \lambda_2 = 0.03$，试求流量并绘总水头线和测压管水头线。

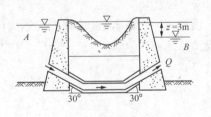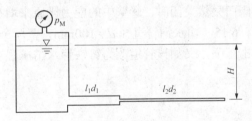

图 6.27　习题 6.8 图　　　　　　　　图 6.28　习题 6.9 图

6.10　如图 6.29 所示，工厂供水系统，由水塔向 A、B、C 三处供水，管道均为铸铁管，已知流量 $Q_C = 10\text{L/s}$，$q_B = 5\text{L/s}$，$q_A = 10\text{L/s}$，各段管长 $l_1 = 350\text{m}$，$l_2 = 450\text{m}$，$l_3 = 100\text{m}$，各段直径 $d_1 = 200\text{mm}$，$d_2 = 150\text{mm}$，$d_3 = 100\text{mm}$，整个场地水平，试求所需水头。

6.11　如图 6.30 所示，在长为 $2l$，直径为 d 的管道上，并联一根直径相同，长为 l 的支管（图 6.30 中虚线），若水头 H 不变，不计局部损失，试求并联支管前后的流量比。

6.12　如图 6.31 所示供水系统，管道为钢管，粗糙系数 $n = 0.012$。分流量 $Q_b = 45\text{L/s}$，$Q_D = 20\text{L/s}$；直径 $d = 250\text{mm}$，$d_1 = 150\text{mm}$，$d_2 = 150\text{mm}$，$d_{CD} = 150\text{mm}$；管长 $l_{AB} = 500\text{m}$，$l_1 = 350\text{m}$，$l_2 = 700\text{m}$，$l_{CD} = 300\text{m}$。假定管路轴线水平，D 点最小服务水头 $h_{sev} = 10\text{m}$，试求：（1）并联管路中的流量分配；（2）水塔高度 H。

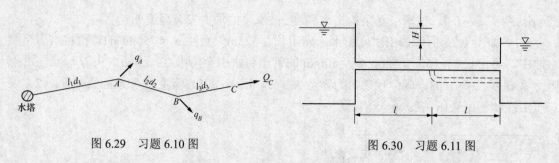

图 6.29　习题 6.10 图　　　　　　　　　图 6.30　习题 6.11 图

6.13　如图 6.32 所示，由水塔供水的输水管路由三段串联组成，各管段的尺寸分别为 $l_1 =$ 300m，$d_1 = 200$mm；$l_2 = 200$m，$d_2 = 150$mm；$l_3 = 100$m，$d_3 = 100$mm，沿程阻力系数 $\lambda = 0.03$。管路总输水量为 $0.04\text{m}^3/\text{s}$，其中有一半经管段 l_2 均匀泄出，局部阻力不计。试计算需要的压头 H。

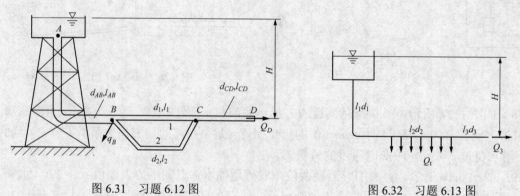

图 6.31　习题 6.12 图　　　　　　　　　图 6.32　习题 6.13 图

6.14　电厂引水钢管直径 $d = 180$mm，壁厚 $\delta = 10$mm，流速 $v = 2$m/s，工作压强为 1×10^6Pa，当阀门突然关闭时，管壁中的应力比原来增加多少倍？

6.15　输水钢管直径 $d = 100$mm，壁厚 $\delta = 7$mm，流速 $v = 1.2$m/s，试求阀门突然关闭时的水击压强，又如该管道改为铸铁管水击压强有何变化？

第 7 章 明 渠 流

教学基本要求

掌握明渠流的基本概念、明渠均匀流的特征及形成条件，理解水力最佳断面和允许流速的概念，掌握水力最佳断面的条件，熟练掌握明渠均匀流水力计算。掌握明渠水流三种流态（急流、缓流、临界流）的运动特征和判别明渠水流流态的方法，理解弗劳德数 Fr 的物理意义。理解断面比能、临界水深、临界底坡的概念和特性，掌握矩形断面明渠临界水深 h_k 的计算公式和其他形状断面临界水深的计算方法。了解水跃和水跌现象，掌握共轭水深的计算，特别是矩形断面明渠共轭水深计算。能进行水跃能量损失和水跃长度的计算。掌握棱柱体渠道水面曲线的分类、分区和变化规律，能正确进行水面线定性分析，了解水面线衔接的控制条件。

学习重点

明渠均匀流的水力特征和形成条件、明渠均匀流水力计算；明渠水流三种流态的判别；明渠恒定非均匀渐变流水面曲线分析和计算，水跃的特性和共轭水深计算。

7.1 概　　述

人工渠道、天然河道及未充满水流的管道等统称为明渠。明渠流是一种具有自由表面的流动，自由表面上各点受当地大气压的作用，其相对压强为零，所以又称为无压流动。与有压管流不同，重力是明渠流的主要动力，而压力是有压管流的主要动力。

明渠流根据其水力要素是否随时间变化分为恒定流和非恒定流动。明渠恒定流动又根据流线是否为平行直线分为均匀流和非均匀流。

明渠流与有压管流的一个很大区别是：明渠流的自由表面会随着不同的水流条件和渠身条件而变动，形成各种流动状态和水面形态，在实际问题中，很难形成明渠均匀流。但是，在实际应用中，如在铁路、公路、给排水和水利工程的沟渠中，其排水或输水能力的计算，常按明渠均匀流处理。此外，明渠均匀流理论对于进一步研究明渠非均匀流也具有重要意义。

明渠的过水断面形状、尺寸及底坡的变化对明渠水流运动有着重要的影响，直接关系到明渠输送水流功能的发挥。

7.1.1 明渠的横断面

明渠断面有各种形状，如梯形、矩形、圆形、半圆形及抛物线形等，如图 7.1 所示。天然河道的断面一般为不规则形状，常见的横断面具有主槽和滩地的形式。人工渠道的断面均为规则形状，土渠大多为梯形断面，涵管、隧洞多为圆形断面，也有采用马蹄形或卵形断面的；混凝土渠或渡槽则可采用矩形、半圆形或 U 形断面。

此外，根据渠道的几何特性可分为棱柱形渠道和非棱柱形渠道。

断面形状、尺寸及底坡沿程不变的长直渠道称为棱柱形渠道，其过水断面面积 A 仅随水

深 h 而变化，即 $A = f(h)$。如图 7.2 所示为棱柱形梯形渠道，其宽度 b、边坡 m 沿程不变。断面规则的长直人工渠道、管径相同的排水管道和涵洞等是典型的棱柱形渠道。

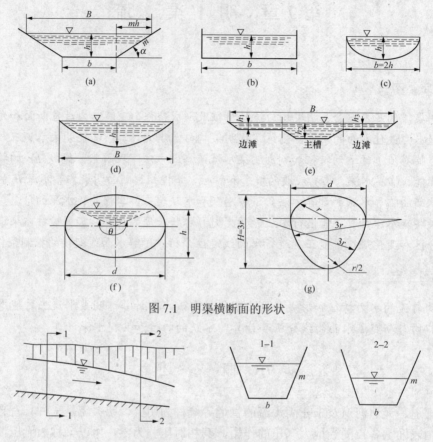

图 7.1　明渠横断面的形状

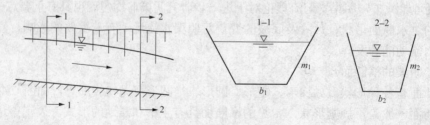

图 7.2　棱柱形梯形渠道

断面形状、尺寸及底坡沿程变化的渠道则称为非棱柱形渠道，其过水断面面积不仅随水深变化，而且还随着各断面的沿程位置而变化，也就是说，过水断面面积 A 的大小是水深 h 及其距某起始断面的距离 s 的函数，即 $A = f(h, s)$。如图 7.3 所示为非棱柱形梯形渠道，其宽度 b、边坡 m 的某一项沿程有变化。渠道的连接过渡段是典型的非棱柱形渠道，天然河道的断面不规则，都属于非棱柱形渠道。

图 7.3　非棱柱形梯形渠道

7.1.2　明渠的底坡

如图 7.4 所示明渠，明渠渠底与纵剖面的交线称底线。底线沿程在单位长度内的高程差

称为坡道纵坡或底坡，以符号 i 表示

$$i = \frac{\nabla_1 - \nabla_2}{l} = \sin\theta \tag{7.1}$$

在实际工程中，一般的渠道底坡都很小，θ 角很小，为便于量测计算，通常以断面间的水平距离 l_x 代替渠底线长度，以铅垂深度 h 作为过流断面的水深，则

$$i = \frac{\nabla_1 - \nabla_2}{l_x} = \tan\theta \tag{7.2}$$

如图 7.5 所示，明渠底坡可分为三种情况：渠底高程沿程下降的，称为顺坡（或正坡）渠道，规定 $i>0$；渠底高程沿程保持水平的，称为平底坡渠道，$i=0$；渠底高程沿程上升的，称为逆坡（或负坡）渠道，规定 $i<0$。

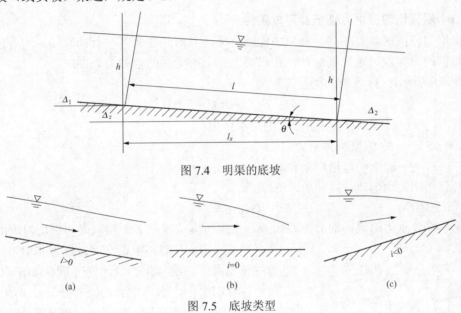

图 7.4　明渠的底坡

图 7.5　底坡类型

7.1.3　明渠流的特点

同有压管流相比，明渠流有以下特点：

（1）明渠流动具有自由表面，沿程各断面的表面压强都是大气压，重力对流动起主导作用。

（2）明渠底坡的改变对断面的流速和水深有直接影响，如图 7.6 所示，底坡 $i_1 \neq i_2$，则流速 $v_1 \neq v_2$，水深 $h_1 \neq h_2$。而有压管流，只要管道的形状、尺寸一定，管线坡度变化对流速和过流断面面积无影响。

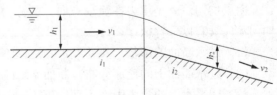

图 7.6　底坡影响

（3）明渠局部边界的变化，如设置控制设备、渠道形状和尺寸的变化，改变底坡等，都会造成水深在很长的流程上发生变化。因此，明渠流动实际上存在均匀流和非均匀流（见图 7.7），而在有压管流中，局部边界变化影响的范围很短，只需计入局部水头损失，仍按均匀流计算（见图 7.8）。

综上所述，重力作用、底坡影响、水深可变是明渠流有别于有压管流的特点。

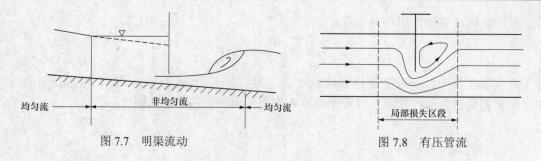

图 7.7　明渠流动　　　　　　　　　　　　图 7.8　有压管流

7.2　明　渠　均　匀　流

7.2.1　明渠均匀流水力特征及形成条件

明渠均匀流同时具有均匀流和重力流的特征，其流线是相互平行的直线，所有液体质点都沿着相同的方向做匀速直线运动，在水流方向上所受到的合外力为零。

如图 7.9 所示，Δs 流段的动量方程为

$$P_1 - P_2 + G\sin\theta - F = 0 \tag{7.3}$$

式中　P_1、P_2——过水断面 1-1 和 2-2 的动水压力；

　　　G——Δs 流段水体重力；

　　　F——边壁（包括岸壁和渠底）阻力。

对棱柱形明渠均匀流，$P_1 = P_2$，所以

$$G\sin\theta = T \tag{7.4}$$

可见，水体重力沿流向的分力 $G\sin\theta$ 与水流所受边壁阻力平衡，是明渠均匀流的力学特

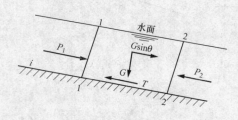

图 7.9　明渠均匀流动平衡分析

性。当 $G\sin\theta \neq F$ 时，明渠水流必然为非均匀流。平坡棱柱体明渠中，水体重力沿流向分量 $G\sin\theta = 0$；在逆坡棱柱体明渠中，水体重力沿流向分量 $G\sin\theta < 0$，其方向与边壁阻力 T 相同。在这两种情况下，都不可能形成均匀流。在非棱柱形渠道中，由于断面形状、尺寸等沿程发生变化，水流速度、水深会沿程改变，显然也不可能满足 $G\sin\theta = F$ 这个条件，也不能形成均匀流。可见，明渠恒定均匀流只可能发生在正坡棱柱体明渠中。

明渠均匀流就是重力在流动方向上的分力与液流阻力相平衡的流动，由此可以推知明渠均匀流应具有以下特征：

（1）过水断面的形状、尺寸及水深沿程不变。

（2）过水断面上的流速分布、断面平均流速沿程不变，因而流速水头也沿程不变。

（3）明渠水流的自由表面不受约束，实现等深、等速流动是有条件的。为了说明明渠均匀流形成的条件，在均匀流中（见图 7.10）取过水断面 1-1、2-2 列伯努利方程

$$(h_1 + \Delta z) + \frac{P_1}{\rho g} + \frac{\alpha_1 v_1^2}{2g} = h_2 + \frac{P_2}{\rho g} + \frac{\alpha_2 v_2^2}{2g} + h_w$$

明渠均匀流

$$P_1 = P_2 = 0, \ h_1 = h_2 = h_0, \ v_1 = v_2, \ \alpha_1 = \alpha_2, \ h_w = h_f$$

上式化为

$$\Delta z = h_f$$

除以流程长度

$$i = J$$

如图 7.10 所示,总水头线、水面线(即测压管水头线)和渠底线三线为相互平行的直线,所以,水力坡度 J、水面坡度 J_p 和底坡 i 三坡沿程不变且相等,即

$$J = J_p = i = 常数 \qquad (7.5)$$

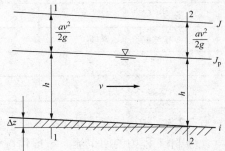

图 7.10 明渠均匀流水头分析

根据上述明渠恒定均匀流的各种特性,可见只有同时具备下述条件,才能形成明渠恒定均匀流:

(1)明渠中水流必须是恒定的,流量沿程不变。

(2)明渠必须是棱柱形渠。

(3)明渠的糙率必须保持沿程不变。

(4)明渠的底坡必须是顺坡,同时应有相当长的而且其上没有建筑物的顺直段。

由于上述条件的限制,在明渠流中大量存在的是非均匀流。但是,在工程实践中,对于足够长而直的正坡棱柱形渠道,若在较长的距离内其底坡维持不变,并且采用同一种材料,且没有附属建筑物,流量沿程不变,这样就基本上能满足均匀流形成的条件。天然河道中一般不容易形成均匀流,但对某些顺直规整的河段,也可按均匀流做近似估算。对于人工非棱柱形渠道通常采用分段计算,在各段上按均匀流考虑,一般情况下也可以满足生产上的要求。因此,明渠均匀流虽然是难以保证的流动形式,但明渠均匀流理论却是分析明渠流的一个重要基础,也是设计明渠的重要依据。

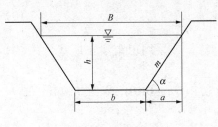

图 7.11 梯形断面

7.2.2 过水断面的几何要素

如图 7.11 所示,明渠断面以梯形最具代表性,其几何要素包括基本量底宽 b、水深 h(均匀流的水深沿程不变,称为正常水深)、边被系数 m(是表示边坡倾斜程度的量,该系数的大小取决于渠壁土质或护面的性质,见表 7.1)。

$$m = \frac{a}{h} = \cot \alpha \qquad (7.6)$$

导出量:

$$\left.\begin{array}{ll} 水面宽 & B = b + 2mh \\ 过水断面面积 & A = (b + mh)h \\ 湿周 & x = b + 2h\sqrt{1 + m^2} \\ 水力半径 & R = \dfrac{A}{x} \end{array}\right\} \qquad (7.7)$$

表 7.1　　　　　　　　　　　各种岩土的边坡系数

岩土种类	边坡系数 m（水下部分）	边坡系数（水上部分）
未风化的岩石	1～0.25	0
风化的岩石	0.25～0.5	0.25
半岩性耐水土壤	0.5～1	0.5
卵石和砂砾	1.25～1.5	1
黏土、硬或半硬黏壤土	1～1.5	0.5～1
松软黏壤土、砂壤	1.25～2	1～1.5
细砂	1.5～2.5	2
粉砂	3～3.5	2.5

7.2.3　明渠均匀流基本公式

实际工程中的明渠流，一般情况下都处于紊流阻力平方区。因此，明渠均匀流水力计算的基本公式是如式（7.8）所示的谢才公式，即

$$v = C\sqrt{RJ} \tag{7.8}$$

该式是均匀流的通用公式，既适用于有压管道均匀流，也适用于明渠均匀流。由于明渠均匀流中，水力坡度 J 等于渠底坡度 i，故谢才公式也可写成

$$v = C\sqrt{Ri} \tag{7.9}$$

由此可得流量公式

$$Q = Av = AC\sqrt{Ri} = K\sqrt{i} \tag{7.10}$$

式中　C——谢才系数，通常采用曼宁公式 $C = \dfrac{1}{n}R^{\frac{1}{6}}$ 来计算，或采用巴甫洛夫斯基公式 $C = \dfrac{1}{n}R^{y}$ 来计算，其中 $y = 2.5\sqrt{n} - 0.13 - 0.75\sqrt{R}(\sqrt{n} - 0.10)$ 或当 $R < 1\text{m}$ 时，$y = 1.5\sqrt{n}$；当 $R > 1\text{m}$ 时，$y = 1.3\sqrt{n}$。

K——明渠流的流量模数，m^3/s，具有流量的量纲。

n——粗糙系数。

式（7.9）、式（7.10）是明渠均匀流基本公式。

根据明渠均匀流的特征，水深沿程不变，称为正常水深，需特殊标识时，以符号 h_0 表示。由式（7.10）可知，正常水深与流量和渠边断面的形状、尺寸、壁面粗糙度及渠边底坡诸因素有关，梯形断面渠边水深 $h_0 = f(Q, b, m, n, i)$。

7.2.4　水力最优断面和允许流速

1. 水力最优断面

由明渠均匀流基本公式，有 $Q = Av = AC\sqrt{Ri}$，将谢才系数 $C = \dfrac{1}{n}R^{\frac{1}{6}}$ 和水力半径 $R = \dfrac{A}{x}$ 代入，得

$$Q = \frac{1}{n}AR^{\frac{2}{3}}i^{\frac{1}{2}} = \frac{i^{1/2}}{n}\frac{A^{5/3}}{x^{2/3}} \tag{7.11}$$

式（7.11）表明，在 i、n、A 给定的条件下，要使输水能力 Q 最大，则要求水力半径 R 最大，即湿周为最小。这样，渠壁的阻力也最小。因此，所谓水力最优断面，就是湿周最小的断面形状。

在各种几何形状中，同样的面积，圆形和半圆形断面的湿周最小，是水力最优断面，因而管道的断面形式通常为圆形，对渠道来讲则为半圆形。实际工程中不少钢筋混凝土或钢丝网水泥渠就是采用底部为半圆形的 U 形断面。半圆形断面施工困难，最接近半圆形的是半个正六边形，由于土壤需要有一定的边坡才能保证不塌方，因此，工程上多采用梯形断面。下面对土质渠道常用的梯形断面讨论其水力最佳条件。

梯形断面的湿周 $\chi = b + 2h\sqrt{1+m^2}$，边坡系数 m 已知，由于面积 A 给定，b 和 h 相互关联，$b = A/h - mh$，所以

$$\chi = \frac{A}{h} - mh + 2h\sqrt{1+m^2}$$

在水力最佳条件下应有

$$\frac{\mathrm{d}\chi}{\mathrm{d}h} = -\frac{A}{h^2} - m + 2\sqrt{1+m^2} = -\frac{b}{h} - 2m + 2\sqrt{1+m^2} = 0$$

从而得到水力最佳的梯形断面的宽深比条件

$$\beta_{\mathrm{m}} = \frac{b}{h} = 2 \times (\sqrt{1+m^2} - m) \tag{7.12}$$

当 $m = 0$ 时，$\alpha = 90°$，即为矩形断面，其宽深比 $\beta = \dfrac{b}{h} = 2$，即 $b = 2h$。这说明矩形断面水力最优断面的底宽 b 为水深 h 的两倍。

由式（7.12）得 $b + 2mh = 2h\sqrt{1+m^2}$。因水面宽 $B = b + 2mh$，所以梯形断面水力最优断面的水力半径为

$$R = \frac{A}{\chi} = \frac{(b+mh)h}{b+2h\sqrt{1+m^2}} = \frac{(b+mh)h}{b+b+2mh} = \frac{h}{2} \tag{7.13}$$

即梯形水力最优断面的水力半径 R 等于水深 h 的一半。

以上讨论只是从水力学角度去考虑的水力最优断面的概念，只是按渠道湿周最小提出的，所以"水力最优"并不等于"技术经济最优"。对于工程造价基本由土方及衬砌量决定的小型渠道，水力最优断面接近于技术经济最优断面。大型渠道需由工程量、施工技术、运行管理等各方面因素综合比较后确定经济合理的断面，水力最优断面仅是应考虑的因素之一。

2. 允许流速

一条设计合理的渠道，除了考虑上述水力最佳条件及经济因素外，还应使渠道的设计流速不应大到使渠床遭受冲刷，也不可小到使水中悬浮的泥沙发生淤积，而应当是不冲、不淤的流速。因此在设计中，要求渠道流速 v 在不冲、不淤的允许流速范围内，即

$$v'' < v < v'$$

式中　v'——免遭冲刷的最大允许流速，简称不冲允许流速；

v''——免受淤积的最小允许流速，简称不淤允许流速。

渠道中的不冲允许流速 v' 的大小取决于土质情况，即土壤种类、颗粒大小和密实程度，或取决于渠道的衬砌材料及渠中流量等因素。表 7.2 和表 7.3 为我国陕西省水利厅于 1965 年总结的各种渠道免遭冲刷的最大允许流速，可供设计明渠时选用。

渠道中的不淤允许流速 v'' 的大小与水中的悬浮物有关，为了防止泥沙淤积或水草滋生，可分别取为 0.4m/s 和 0.6m/s。

此外，还有其他类型的允许流速，如为阻止渠床上植物所要求的流速下限和航道中的保证航运而要求的流速上限等。

表 7.2 非土质渠道的不冲允许流速 v'

坚硬岩石和人工护面渠道	流量范围（m³/s）		
	<1	1～10	>10
软质水成岩（泥灰岩、页岩、软砾岩）	2.5	3.0	3.5
中等硬质水成岩（致密砾质、多孔石灰岩、层状石灰岩，白云石灰岩，灰质砂岩）	3.5	4.25	5.0
硬质水成岩（白云砂岩，砂质石灰岩）	5.0	6.0	7.0
结晶岩，火成岩	8.0	9.0	10.0
单层块石铺砌	2.5	3.5	4.0
双层块石铺砌	3.5	4.5	5.0
混凝土护面	6.0	8.0	10.0

表 7.3 土质渠道的不冲允许流速 v'

	土质	不冲允许流速（m/s）		说　　明
均质黏性土	轻壤土	0.60～0.80		（1）均质黏性土各种土质的干重力密度为 12.75～16.67kN/m³。
	中壤土	0.65～0.85		（2）表中所列为水力半径 R=1m 的情况。当 R≠1m 时，应将表中数值乘以 R^α 才得相应的不冲允许流速。其中 α 为指数，对于砂、砾石、卵石和疏松的壤土、黏土，$\alpha=1/3\sim1/4$。
	重壤土	0.70～1.0		
	黏土	0.75～0.95		
	土质	粒径（mm）	不冲允许流速（m/s）	
均质无黏性土	极细砂	0.05～0.1	0.35～0.45	
	细砂、中砂	0.25～0.5	0.45～0.60	对于密实的壤土、黏土，$\alpha=1/4\sim1/5$
	粗砂	0.5～2.0	0.60～0.75	
	细砾石	2.0～5.0	0.75～0.90	
	中砾石	5.0～10.0	0.90～1.10	
	粗砾石	10.0～20.0	1.10～1.30	
	小卵石	20.0～40.0	1.30～1.80	
	中卵石	40.0～60.0	1.80～2.20	

7.2.5　明渠均匀流的水力计算

明渠均匀流的基本公式中 $Q = AC\sqrt{Ri} = K\sqrt{i} = f(m, b, h, n, i)$，其中 K 取决于渠道断面特征。在 Q、K、i 中，已知任意两个量，即可求出另一个量，因此渠道水力计算问题可分为三类。

1. 验算渠道的输水能力

已知渠道断面形状及大小、渠壁的粗糙系数、渠道的底坡，求渠道的输水能力，即已知 K、i，求 Q。求解中需要先计算出 A、R、C 值。这类问题主要是校核已建成渠道的输水能力，如根据洪水位来估算洪峰流量。

例 7.1 有一预制的混凝土陡槽，断面为矩形，底宽 $b = 1.0\text{m}$，底坡 $i = 0.005$，均匀流水深 $h = 0.5\text{m}$，糙率系数 $n = 0.014$，求通过的流量及流速。

解 矩形断面，边坡系数 $m=0$，代入基本公式得

$$Q = \frac{\sqrt{i}}{n} \frac{(bh)^{5/3}}{(b+2h)^{2/3}} = \frac{\sqrt{0.005}(0.5)^{5/3}}{0.014(2)^{2/3}} = 1.0 (\text{m}^3/\text{s})$$

$$v = \frac{Q}{bh} = \frac{1}{0.5} = 2.0 (\text{m/s})$$

2. 确定渠道底坡

已知渠道断面尺寸、粗糙系数、通过流量或流速，设计渠道的底坡，即已知 Q，求 i。求解中需要先计算出 K 值。如对于下水道，为避免沉积淤塞，要求按"自清"流速设计底坡。对于兼作通航的渠道，则由要求的流速来设计底坡。

3. 确定渠道断面尺寸

已知渠道输水量 Q、渠道底坡 i、粗糙系数 n 及边坡系数 m，求渠道断面尺寸 b 和 h。由基本公式 $Q = AC\sqrt{Ri} = f(m, b, h, n, i)$ 可知，6 个量中已知 4 个量，需求解 b 和 h 两个未知量，而在一个方程中要求解两个未知量则有多组解，因此要得到唯一解，就必须根据工程要求和经济要求附加一定的条件，下面分四种情况说明求解方法。

（1）水深 h 已定，求相应的底宽 b。给出几个不同的 b 值，计算出相应的 $K = AC\sqrt{R}$ 值，根据若干对 b 和 K 值，绘出 $K = f(b)$ 曲线，如图 7.12 所示。由给定的 Q 和 i，计算出 $K = \frac{Q}{\sqrt{i}}$。再从图 7.12 中找出对应于这个 K 值的 b 值，即为所求的底宽 b。

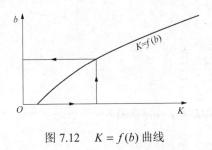
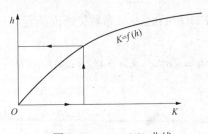

图 7.12　$K = f(b)$ 曲线　　　　图 7.13　$K = f(h)$ 曲线

（2）底宽 b 已知，求相应的水深 h。给出几个不同的 h 值，算出相应的 $K = AC\sqrt{R}$ 值，根据若干对 h 和 K 值，绘出 $K = f(h)$ 曲线，如图 7.13 所示。由给定的 Q 和 i，计算出 $K = \frac{Q}{\sqrt{i}}$。再从图 7.13 中找出对应于这个 K 值的 h 值，即为所求的水深 h。

例 7.2 有一条大型输水土渠（$n = 0.025$），为梯形断面，边坡系数 $m = 1.5$，问在底坡 $i = 0.0003$ 和水深 $h = 2.65\text{m}$ 时，其底宽 b 为多少才能通过流量 $Q = 40\text{m}^3/\text{s}$？

解　依据
$$Q = AC\sqrt{Ri} = Ki$$

$$K = \frac{Q}{\sqrt{i}} = \frac{40}{\sqrt{0.0003}} = 2305(\text{m}^3/\text{s})$$

$$K = AC\sqrt{R} = A\frac{1}{n}R^{\frac{1}{6}}R^{\frac{1}{2}} = \frac{A}{n}R^{\frac{2}{3}} = \frac{A^{\frac{5}{3}}}{n\chi^{\frac{2}{3}}}$$

$$A = (b + mh)h$$
$$= (b + 1.5 \times 2.65) \times 2.65$$

$$\chi = b + 2h\sqrt{1 + m^2}$$
$$= b + 2 \times 2.65\sqrt{1 + 1.5^2} = b + 9.54$$

代入上式，得

$$K = \frac{[(b + 3.97) \times 2.65]^{\frac{5}{3}}}{0.025(b + 9.54)^{\frac{2}{3}}} = 2305$$

用图解法来求，如图 7.14 所示。

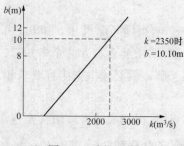

$k = 2350$时
$b = 10.10$m

图 7.14　例 7.2 图

（3）按水力最优断面条件，求相应的 b 和 h。按当地土质条件确定边坡系数 m 值，在水力最优断面时，计算出 $\beta = \dfrac{b}{h} = 2(\sqrt{1 + m^2} - m)$，可建立 $b = \beta h$ 的附加条件，因此，问题的解是可以确定的。对于小型渠道，一般按水力最优断面设计，对于大型渠道的设计，则要考虑经济因素，对于通航渠道则按特殊要求设计。

例 7.3　修建混凝土砌面（较粗糙）的矩形渠道，要求通过流量 $Q = 9.7\text{m}^3/\text{s}$，底坡 $i = 0.001$，试按水力最优断面设计断面尺寸。

解　对矩形断面，水力最优断面满足 $b = 2h$，有

$$A = bh = 2h^2,\quad \chi = b + 2h = 4h,\quad R = \frac{2h^2}{4h} = \frac{h}{2}$$

$$Q = A\frac{1}{n}R^{2/3}\sqrt{i},\quad 取 i = 0.001,\quad n = 0.017$$

$$2h^2\left(\frac{h}{2}\right)^{2/3} = \frac{nQ}{\sqrt{i}},\quad h^{\frac{8}{3}} = \frac{nQ}{2^{\frac{1}{3}}\sqrt{i}} = \frac{0.017 \times 9.7}{2^{\frac{1}{3}}\sqrt{0.001}} = 4.14$$

可得
$$h = 1.70\text{m},\quad b = 3.40\text{m}$$

（4）按最大允许流速 $[v]_{max}$ 值，求相应的 b 和 h。以 $[v]_{max}$ 为控制条件，则渠道的过水断面面积和水力半径为定值 $A = \dfrac{Q}{[v]_{max}}$，$R = \left(\dfrac{n[v]_{max}}{i^{\frac{1}{2}}}\right)^{3/2}$。由几何关系 $A = (b + mh)h$ 和 $R =$

$\dfrac{(b+mh)h}{b+2h\sqrt{1+m^2}}$ 两式联立就可解得 b 和 h。

例7.4 修建梯形断面渠道，要求通过流量 $Q=1\text{m}^3/\text{s}$，边坡系数 $m=1.0$，底坡 $i=0.0022$，粗糙系数 $n=0.03$，试按不冲允许流速 $[v_{\max}]=0.8\text{m/s}$，设计断面尺寸。

解 $\qquad v \leqslant v_{\max}=0.8$，$\dfrac{Q}{A}\leqslant 0.8$，$A \geqslant \dfrac{Q}{v_{\max}}=\dfrac{1}{0.8}=1.25$（$\text{m}^2$）

又 $v=\dfrac{1}{n}R^{2/3}\sqrt{i}\leqslant [v_{\max}]$，即 $R^{2/3}\leqslant \dfrac{n[v_{\max}]}{i^{1/2}}=\dfrac{0.03\times 0.8}{\sqrt{0.0022}}=0.502$

$$R=0.366$$

有 $\qquad\qquad\qquad\qquad hb+mh^2 \geqslant 1.25$

$$\dfrac{hb+mh^2}{b+2h\sqrt{1+m^2}}\leqslant 0.366$$

即有 $\qquad\qquad\qquad \left.\begin{array}{r} hb+h^2 \geqslant 1.25 \\ b+2\sqrt{2}h \geqslant 3.42 \end{array}\right\}$

解得 $\qquad\qquad\qquad h^2-1.87h+0.684=0$

$$h=\begin{cases}0.5\\1.37\end{cases},\quad b=\begin{cases}2.01\\-2.455\end{cases}$$

可得 $\qquad\qquad\qquad\qquad b=2.00\text{m}，h=0.5\text{m}$

7.3 无压圆管均匀流

本节继续上一节的讨论，补充说明无压圆管均匀流。无压圆管是指圆形断面非满管流的长管道，主要用于排水管道中。因为排水流量经常变动，为避免在流量增大时，管道承压，污水涌出排污口，污染环境及为保持管道内通风，防止污水中溢出的有毒、可燃气体聚集，所以排水管道内通常为非满管流。污水以一定的充满度流动。

7.3.1 无压圆管均匀流的特征

无压圆管均匀流是明渠均匀流特定的断面形式，无压圆管均匀流的形成条件、水力特征及基本公式都和明渠均匀流式（7.5）及式（7.10）相同，即

$$J=J_\text{p}=i=\text{常数}$$

$$Q=Av=AC\sqrt{Ri}=K\sqrt{i}$$

7.3.2 过水断面的几何要素

无压圆管过水断面的几何要素如图7.15所示。

由几何关系可得各水力要素间的关系为

过水断面面积 $\qquad A=\dfrac{d^2}{8}(\varphi-\sin\varphi)\qquad$ (7.14)

湿周 $\qquad\qquad x=\dfrac{1}{2}\varphi d \qquad\qquad$ (7.15)

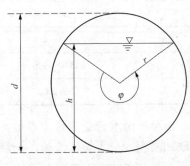

图7.15 无压圆管过水断面

水面宽度

$$B = d \sin \frac{\varphi}{2} \qquad (7.16)$$

水力半径

$$R = \frac{d}{4} \left(1 - \frac{\sin \varphi}{\varphi} \right) \qquad (7.17)$$

充水深度 h 和中心角 φ 的关系

$$h = \frac{d}{2} \left(1 - \cos \frac{\varphi}{2} \right) = d \sin^2 \frac{\varphi}{4} \qquad (7.18)$$

$$\alpha = \frac{h}{d} = \sin^2 \frac{\varphi}{4} \qquad (7.19)$$

式中 α——称为充满度。

7.3.3 输水性能最优充满度

设 Q_1 和 v_1 为充水深度 $h = d$ 时的流量和流速，Q 和 v 为充水深度 $h < d$ 时的流量和流速。

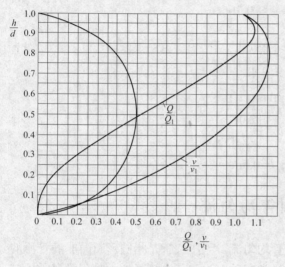

图 7.16 无量纲参数图

根据不同的充满度 $\alpha = \dfrac{h}{d}$，可由上述各式的关系，算出流量比 $\dfrac{Q}{Q_1}$ 和流速比 $\dfrac{v}{v_1}$。以 $\dfrac{h}{d}$ 为纵坐标，以 $\dfrac{Q}{Q_1}$ 和 $\dfrac{v}{v_1}$ 为横坐标，画出曲线图 7.16，可借以进行明渠圆管的水力计算。由图 7.16 可知，在 $\dfrac{h}{d} = 0.938$ 时，明渠圆管的流量为最大；在 $\dfrac{h}{d} = 0.81$ 时，明渠圆管的流速为最大。

7.3.4 最大充满度、设计流速

在工程上进行无压管道的水力计算时，还需符合相关的规范规定。对于污水管道，为避免因流量变动形成有压流，充满度不能过大，《室外排水设计规范》（GB 50014—2006）规定，污水管道最大设计充满度见表 7.4。

表 7.4 　　　　　　　　　　　最 大 设 计 充 满 度

管径（d）或暗渠高（H）（mm）	最大设计充满度 $\left(a = \dfrac{h}{d} \text{ 或 } \dfrac{h}{H} \right)$
200～300	0.55
350～450	0.65
500～900	0.70
≥1000	0.75

至于雨水管道与合流管道，允许短时承压，按满管流进行水力计算。为防止管道发生冲刷和淤积，最大设计流速，金属管为 10m/s，非金属管为 5m/s；最小设计流速（在设计充满度下），$d \leqslant 500$mm 时为 0.7m/s，$d > 500$mm 时为 0.8m/s。

此外，对于管道的最小管径和最小设计坡度，《室外排水设计规范》[2016 年版]（GB 50014

—2006）中均有规定。

7.3.5　无压圆管的水力计算

无压圆管的水力计算也可以分为三类问题。

1. 验算输水能力

因为管道已经建成，管道直径 d、管壁粗糙系数 n 及管线底坡 i 都已知，充满度由《室外排水设计规范》[2016 年版]（GB 50014—2006）确定，从而只需按已知 d、α，由上述公式计算出 A、R，并计算出谢才系数 C，代入基本公式 $Q = AC\sqrt{Ri}$，便可以计算出流量 Q。

2. 确定管道底坡

此时管道直径 d、充满度 α、管壁粗糙系数 n 及输水流量 Q 都已知，只需按 d、α，由上述公式计算出 A、R，并计算出流量模数 $K = AC\sqrt{R}$，代入基本公式，便可以确定管道底坡 i。

3. 计算管道直径

这是在流量 Q、管道底坡度 i、管壁粗糙系数 n 都已知，充满度 α 按相关规范预先设定的条件下，求管道直径。为此，按所设定的充满度 α，由上述公式计算出 A、R 与直径 d 的关系，代入基本公式 $Q = AC\sqrt{Ri} = f(d)$，便可以解出管道直径 d。

7.4　明渠的流动状态与判别

前面所述明渠均匀流是理想化的等深、等速流动，无需研究沿程水深的变化。明渠非均匀流是不等深、不等速流动，水深的变化与明渠流的状态有关。因此，在继续讨论明渠非均匀流之前，需进一步认识明渠的流动状态。

观察发现，明渠流有两种截然不同的流动状态。一种常见于底坡平缓的灌溉渠道及枯水季节的平原河道中，水流流态徐缓，遇到障碍物（如河道中的孤石）阻水，则障碍物前水位壅高能逆流上传到较远的地方 [见图 7.17 (a)]；另一种多见于陡槽、瀑布、险滩中，水流流态湍急，遇到障碍物阻水，则水面隆起越过，障碍物上水深增加，障碍物干扰的影响不能向上游传播 [见图 7.17 (b)]。以上两种明渠流动状态，前者是缓流，后者是急流，并将处于急流与缓流临界状态的流动现象称为临界流。

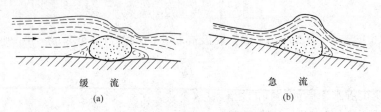

缓　流　　　　　　　　　　急　流
(a)　　　　　　　　　　　　(b)

图 7.17　明渠流动状态

掌握不同流动状态的实质，对认识明渠流动现象，分析明渠流的运动规律，有着重要意义。下面从运动学和能量的角度分析明渠流的流动状态。

7.4.1　明渠流动状态的判别

缓流与急流的判别在明渠非恒定均匀流的分析与计算中，有非常重要的意义。常用的判别方法有：

1. 微幅干扰波波速法

缓流和急流遇障碍物干扰，流动状态不同，从运动学的角度看，缓流受干扰引起的水面波动，既向下游传播，也向上游传播；而急流受干扰引起的水面波动，只向下游传播，不能向上游传播。如图7.18（a）所示，设平底坡的棱柱形渠道，渠内水静止，水深为 h，水面宽度为 B，过流断面面积为 A，如用直立薄板 N-N 向左拨动一下，使水面产生一个波高为 Δh 的微波（该波称为微幅干扰波，简称微波），以速度 c 传播，波形所到之处，引起水体运动，渠内形成非恒定流。取固结在波峰上的动坐标系 ［图7.18（b）］，将区内水流转化为恒定流进行研究。

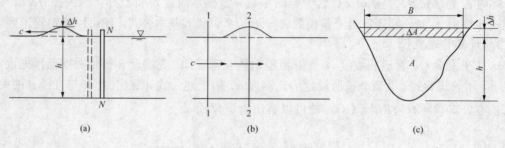

图 7.18 微幅干扰波的传播

根据伽利略相对运动原理，假若忽略摩擦阻力不计，以水平渠底为基准面，对水流的两相距很近的 1-1 和 2-2 断面建立连续性方程式和能量方程式，有

$$hc=(h+\Delta h)v_2$$

$$h+\frac{\alpha_1 c^2}{2g}=h+\Delta h+\frac{\alpha_2 v_2^2}{2g}$$

联解上两式，并令 $\alpha_1 \approx \alpha_2 \approx 1$，得

$$c=\sqrt{gh\frac{\left(1+\dfrac{\Delta h}{h}\right)^2}{\left(1+\dfrac{\Delta h}{2h}\right)}}$$

结合图7.18（c），可知 $\Delta h \approx \Delta A/B$，对波高较小的微波，可令 $\Delta h/h \approx 0$，则上式可简化为

$$c=\sqrt{gh} \tag{7.20}$$

上式就是矩形明渠静水中微波传播的相对波速公式。

如果明渠断面为任意形状，则可证得

$$c=\sqrt{g\frac{A}{B}}=\sqrt{g\overline{h}} \tag{7.21}$$

式中 $\overline{h}=\dfrac{A}{B}$ ——断面平均水深；

  A ——断面面积；

  B ——水面宽度。

由式（7.21）可知，在忽略阻力的情况下，微波的相对波速的大小与断面平均水深的1/2

次方成正比，水深越大，微波相对波速也越大。

在实际的明渠流中，水总是流动的，若水流速度为 v，则此时微波的绝对速度 c' 是静水中的波速 c 与水流速度 v 之和

$$c' = v \pm c = v \pm \sqrt{g\frac{A}{B}} \qquad (7.22)$$

式中：微波顺水流方向传播取"+"号；反之，取"−"号。

当明渠中流速较小，平均水深 A/B 又相当大时，$v < c$，c' 有正、负值，表明微波既能向下游传播，又能向上游传播，这种流态是缓流；反之，当明渠中流速较大，平均水深 A/B 又相当小时，$v > c$，c' 只有正值，表明微波只能向下游传播，不能向上游传播，这种流态是急流；当明渠中流速与平均水深的关系恰好满足 $v = c$ 时，微波向上游传播的速度为零，这种流态是临界流。

因此，微波速度 c 可以判别明渠水流的流动状态：$v < c$，流动为缓流；$v > c$，流动为急流；$v = c$，流动为临界流。

2. 弗劳德数法

既然缓流与急流取决于水流断面平均流速和波速的相对大小，那么流速 v 和波速 c 的比值就可作为判别缓流与急流的标准，把流速 v 与波速 c 的比值称为弗劳德数，它是一个无量纲数，以符号 Fr 表示，则

$$Fr = \frac{v}{c} = \frac{v}{\sqrt{g\dfrac{A}{B}}} = \frac{v}{\sqrt{g\bar{h}}} \qquad (7.23)$$

对临界流来说，$v = c$，弗劳德数正好等于 1。因此，弗劳德数可用来判别明渠流的状态：当 $Fr < 1$ 时，水流为缓流；当 $Fr = 1$ 时，水流为临界流；当 $Fr > 1$ 时，水流为急流。

由于明渠水流中 Fr 的大小能反映其水流的缓、急程度，所以可用它来作为明渠流状态的判别准则。

3. 临界水深法

当明渠流中实际水深 $h > h_c$ 时为缓流；$h = h_c$ 时为临界流；$h < h_c$ 时为急流。

4. 其他方法

其他如临界流速和断面比能等也可用来进行流动状态的判别。

7.4.2 断面单位能量、临界水深及临界底坡

明渠流的流动状态，还可以从能量的角度来分析判断。

1. 断面单位能量

图 7.19 所示为一渐变流，若以 0-0 为基准面，则过水断面上单位质量液体所具有的总能量为

$$E = z + \frac{\alpha v^2}{2g} = z_0 + h\cos\theta + \frac{\alpha v^2}{2g} \qquad (7.24)$$

式中　θ——明渠底面与水平面的倾角。

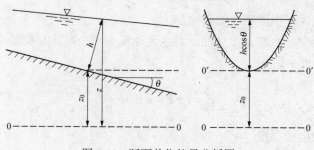

图 7.19 断面单位能量分析图

如果把参考基准面选在渠底这一特殊位置，把对通过渠底的水平面 0′-0′ 所计算得到的单位能量称为断面单位能量或断面比能，并以 E_s 来表示，则

$$E_s = h\cos\theta + \frac{\alpha v^2}{2g} \tag{7.25}$$

不难看出，断面比能 E_s 是过水断面上单位质量液体总能量 E 的一部分，两者相差的数值乃是两个基准面之间的高差 z_0。

由图 7.19 可知

$$E_s = E - z_0, \quad 故 \frac{\mathrm{d}E_s}{\mathrm{d}s} = \frac{\mathrm{d}E}{\mathrm{d}s} - \frac{\mathrm{d}z_0}{\mathrm{d}s}, \quad 而 \frac{\mathrm{d}z_0}{\mathrm{d}s} = -i, \quad \frac{\mathrm{d}E_s}{\mathrm{d}s} = -\frac{\mathrm{d}h_w}{\mathrm{d}s} = -J, \quad 故$$

$$\frac{\mathrm{d}E_s}{\mathrm{d}s} = i - J \tag{7.26}$$

对于明渠均匀流，$i=J$，$\dfrac{\mathrm{d}E_s}{\mathrm{d}h}=0$，即断面比能沿程不变，这是因为明渠均匀流水深 h_0 及流速 v 沿程不变。

在明渠非均匀流中，对于平坡 $i=0$ 和逆坡 $i<0$ 的渠道，根据式（7.26），$\dfrac{\mathrm{d}E_s}{\mathrm{d}s}$ 总是负值，即 $\dfrac{\mathrm{d}E_s}{\mathrm{d}s}<0$。这说明断面比能在此情况下总是沿程减少的；而在顺坡渠道 $i>0$ 的情形，断面比能沿程变化的情况，则要看水力坡度 $J=-\mathrm{d}E/\mathrm{d}s$ 与底坡 i 的相对大小来决定了。因为非均匀流 $i\neq J$。如果水流的能量损失强度（坡度）$J<i$，则 $\mathrm{d}E_s/\mathrm{d}s>0$；反之，如水流的能量损失强度 $J>i$，则 $\mathrm{d}E_s/\mathrm{d}s<0$。

由此可知，断面比能沿程变化表示明渠流的不均匀程度，因此，在明渠非均匀流中，断面比能 E_s 的性质就有着特殊重要的意义。

在实用上，因一般明渠底坡较小，可认为 $\cos\theta\approx1$，故常采用

$$E_s = h + \frac{\alpha v^2}{2g} \tag{7.27}$$

或写作

$$E_s = h + \frac{\alpha Q^2}{2gA^2} \tag{7.28}$$

由式（7.28）可知，当流量 Q 和过水断面的形状及尺寸一定时，断面比能仅仅是水深的函数，即 $E_s=f(h)$，按照此函数可以绘出断面比能随水深变化的关系曲线，该曲线称为比能曲

线。很明显，要具体绘出一条比能曲线必须首先给定流量 Q 和渠道断面的形状及尺寸。对于一个已经给定尺寸的渠道断面，当通过不同流量时，其比能曲线是不相同的；同样，对某一指定的流量，渠道断面的形状及尺寸不同时，其比能曲线也是不相同的。

假定已经给定某一流量和渠道断面的形状及尺寸，现在来定性地讨论一下比能曲线的特性。由式（7.28）可知，若过水断面面积 A 是水深 h 的连续函数，当 $h \to 0$ 时，$A \to 0$，则 $\dfrac{\alpha Q^2}{2gA^2} \to$

∞，故 $E_s \to \infty$。当 $h \to \infty$ 时，$A \to \infty$，则 $\dfrac{\alpha Q^2}{2gA^2} \to 0$，因而 $E_s \to h \to \infty$。若以 h 为纵坐标，以 E_s 为横坐标，根据上述讨论，绘出的比能曲线见图 7.20，曲线的下端以横坐标轴为渐近线，上端以与坐标轴成 45°夹角并通过原点的直线为渐近线。该曲线在 K 点断面比能有最小值 E_{smin}。K 点把曲线分成上下两支。在上支，断面比能随水深的增加而增加；在下支，断面比能随水深的增加而减小。

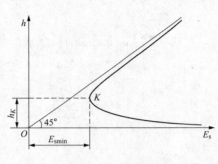

图 7.20　比能曲线

若将式（7.28）对 h 取导数，可以进一步了解比能曲线的变化规律

$$\frac{dE_s}{dh} = \frac{d}{dh}\left(h + \frac{\alpha Q^2}{2gA^2}\right) = 1 - \frac{\alpha Q^2}{gA^3}\frac{dA}{dh} \tag{7.29}$$

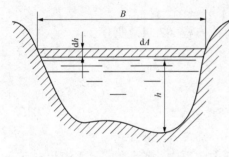

图 7.21　断面比能分析图

因在过水断面上 $\dfrac{dA}{dh}$ 为过水断面面积 A 由于水深 h 的变化所引起的变化率，它恰好等于水面宽度（见图 7.21），即

$$\frac{dA}{dh} = B \tag{7.30}$$

代入上式，得

$$\frac{dE_s}{dh} = 1 - \frac{\alpha Q^2 B}{gA^3} = 1 - \frac{\alpha v^2}{g\dfrac{A}{B}} \tag{7.31}$$

若取 $\alpha = 1.0$，则上式可写作

$$\frac{dE_s}{dh} = 1 - Fr^2 \tag{7.32}$$

式（7.32）说明，明渠水流的断面比能随水深的变化规律取决于断面上的弗劳德数。对于缓流，$Fr < 1$，则 $\dfrac{dE_s}{dh} > 0$，相当于比能曲线的上支，断面比能随水深的增加而增加；对于急流，$Fr > 1$，则 $\dfrac{dE_s}{dh} < 0$，相当于比能曲线的下支，断面比能随水深的增加而减小；对于临界流，$Fr = 1$，则 $\dfrac{dE_s}{dh} = 0$，相当于比能曲线上下两支的分界点，断面比能为最小值。

2. 临界水深

临界水深是指在断面形式和流量给定的条件下，相应于断面单位能量为最小值时的水深，也即 $E_s = E_{smin}$ 时，$h = h_K$，如图 7.20 所示。

临界水深 h_K 的计算公式可根据上述定义得出。

令 $\dfrac{dE_s}{dh}=0$，以求 $E_s=E_{smin}$ 时之水深 h_K，由式（7.31）得

$$1-\frac{\alpha Q^2 B_K}{g A_K^3}=0 \tag{7.33}$$

或

$$\frac{\alpha Q^2}{g}=\frac{A_K^3}{B_K} \tag{7.34}$$

式（7.34）便是求临界水深的普遍式，称为临界流程，式中等号的左边是已知值，右边 B_K 及 A_K 为相应于临界水深的水力要素，均是 h_K 的函数，故可以确定 h_K。由于 A^3/B 一般是水深 h 的隐函数形式，故常采用试算或作图的办法来求解。

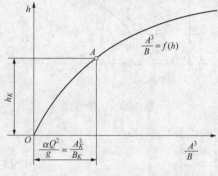

图 7.22　$h—A^3/B$ 号曲线

对于给定的断面，设各种 h 值，依次算出相应的 A、B 和 $\dfrac{A^3}{B}$ 值。以 $\dfrac{A^3}{B}$ 为横坐标，以 h 为纵坐标作图 7.22。

由式（7.34）可知，图 7.21 中对应于 $\dfrac{A^3}{B}$ 恰等于 $\dfrac{\alpha Q^2}{g}$ 的水深 h 便是 h_K。

对于矩形断面的明渠水流，其临界水深 h_K 可用以下关系式求得。

此时，矩形断面的水面宽度 B 等于底宽 b，代入临界流方程（7.34）便有

$$\frac{\alpha Q^2}{g}=\frac{(bh_K)^3}{b}$$

得

$$h_K=\sqrt[3]{\frac{\alpha Q^2}{g b^2}}=\sqrt[3]{\frac{\alpha q}{g}} \tag{7.35}$$

式中 $q=\dfrac{Q}{b}$，称为单宽流量。可见，在底宽 b 一定的矩形断面明渠中，水流在临界水深状态下，$Q=f(h_K)$。利用这种水力性质，工程上出现了有关的测量流量的简便设施。

对于梯形渠道，h_c 可写成迭代解的形式

$$h_{K(j+1)}=\left[\frac{\alpha Q^2}{g}\frac{(b+2mh_{cj})}{(b+mh_{cj})^3}\right]^{1/3} \quad (j=1,2\cdots) \tag{7.36}$$

式（7.36）在收敛域 $(0,\infty)$ 内收敛速度都很快。

式（7.34）是临界水深 h_K 的隐函数式，其相应的速度即为临界流速 v_K。

3. 临界底坡、缓坡和陡坡

设想在流量和断面形状、尺寸一定的棱柱体明渠中，当水流做均匀流动时，如果改变明渠的底坡，相应的均匀流正常水深 h_0 也随之而改变。如果变至某一底坡，其均匀流的正常水深 h_0 恰好与临界水深 h_K 相等，此坡度定义为临界底坡。

若已知明渠的断面形状及尺寸，当流量给定时，在均匀流的情况下，可以将底坡与渠中正常水深的关系绘出，如图 7.23 所示。不难理解，当底坡 i 增大时，正常水深 h_0 将减小；反

之，当 i 减小时，正常水深 h_0 将增大。从该曲线上必能找出一个正常水深恰好与临界水深相等的 K 点。曲线上 K 点所对应的底坡 i_K 即为临界底坡。

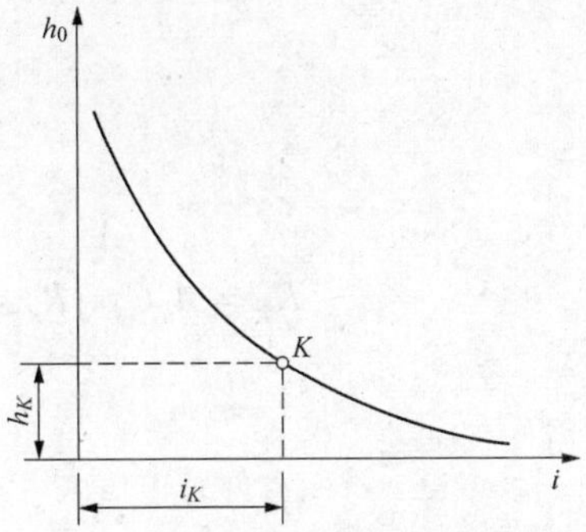

在临界底坡上做均匀流动时，一方面它要满足临界流方程式

$$\frac{\alpha Q^2}{g} = \frac{A_K^3}{B_K}$$

另一方面又要同时满足均匀流的基本方程式

$$Q = A_K C_K \sqrt{R_K i_K}$$

图 7.23 临界底数

联解上列两式可得临界底坡的计算式为

$$i_K = \frac{g A_K}{\alpha C_K^2 R_K B_K} = \frac{g \chi_K}{\alpha C_K^2 B_K} \tag{7.37}$$

式中 R_K、x_K、C_K——渠中水深为临界水深时所对应的水力半径、湿周、谢才系数。

由式（7.37）不难看出，明渠的临界底坡 i_K 与断面形状与尺寸、流量及渠道的糙率系数有关，而与渠道的实际底坡无关。

一个底坡为 i 的明渠，与其相应（即同流量、同断面尺寸、同糙率系数）的临界底坡相比较可能有三种情况，即 $i<i_K$，$i=i_K$，$i>i_K$。根据可能出现的不同情况，可将明渠的底坡分为三类：$i<i_K$，为缓坡；$i=i_K$，为陡坡；$i>i_K$，为临界坡。

由图 7.23 可知，明渠流为均匀流时，若 $i<i_K$，则正常水深 $h_0>h_K$；若 $i>i_K$，则正常水深 $h_0<h_K$；若 $i=i_K$，则正常水深 $h_0=h_K$。所以在明渠均匀流的情况下，用底坡的类型就可以判别水流的流态，即在缓坡上的均匀流为缓流，在陡坡上的均匀流为急流，在临界坡上的均匀流为临界流。但一定要强调，这种判别只能适用于均匀流的情况，而非均匀流就不一定了。

必须指出，上述关于渠底底坡的缓、急之称，是对应于一定流量来讲的。对于某一渠道，底坡已经确定，但当流量改变时，所对应的 h_K（或 i_K）也发生变化，从而该渠道是缓坡或陡坡也可能随之改变。

例 7.5 一条长直的矩形断面渠道（$n=0.02$），底宽 $b=5\mathrm{m}$，正常水深 $h_0=2\mathrm{m}$ 时的通过流量 $Q=40\mathrm{m}^3/\mathrm{s}$。试分别用 h_K、i_K、Fr 及 v_K 来判别该明渠水流的缓、急状态。

解 对于矩形断面明渠有：

（1）临界水深

$$h_K = \sqrt[3]{\frac{\alpha Q^2}{g b^2}} = \sqrt[3]{\frac{1 \times 40^2}{9.80 \times 5^2}} = 1.87(\mathrm{m})$$

可见 $h_0=2\mathrm{m}>h_K=1.87\mathrm{m}$，此均匀流为缓流。

（2）临界坡度

$$i_K = \frac{Q^2}{K_K^2}，\quad 而 \quad K_K = A_K C_K \sqrt{R_K}$$

其中

$$A_K = b h_K = 5 \times 1.87 = 9.35(\mathrm{m}^2)$$

$$\chi_K = b + 2h_K = 5 + 2 \times 1.87 = 8.74 (\text{m})$$

$$R_K = \frac{A_K}{\chi_K} = \frac{9.35}{8.74} = 1.07 (\text{m})$$

$$K_K = A_K C_K \sqrt{R_K} = A_K \frac{1}{n} R_K^{1/6} R_K^{1/2} = \frac{A_K}{n} R_K^{2/3} = \frac{9.35}{0.02} \times 1.07^{2/3} = 489 (\text{m}^3/\text{s})$$

得

$$i_K = \frac{Q^2}{K_K^2} = \frac{40^2}{489^2} = 0.0069$$

另外

$$i = \frac{Q^2}{K^2}, \quad \overline{\text{而}} \quad K = AC\sqrt{R}$$

其中

$$A = bh_0 = 5 \times 2 = 10 (\text{m}^2)$$

$$x = b + 2h_0 = 5 + 2 \times 2 = 9 (\text{m})$$

$$R = \frac{A}{\chi} = \frac{10}{9} = 1.11 (\text{m})$$

$$K = AC\sqrt{R} = \frac{A}{n} R^{2/3} = \frac{10}{0.02} \times 1.11^{2/3} = 536.0 (\text{m}^3/\text{s})$$

得

$$i = \frac{Q^2}{K^2} = \frac{40^2}{536^2} = 0.0056$$

可见 $i = 0.0056 < i_K = 0.0069$，此均匀流为缓流。

（3）弗劳德数

$$Fr^2 = \frac{\alpha v^2}{gh}$$

其中

$$h = h_0 = 2\text{m}$$

$$v = \frac{Q}{A} = \frac{Q}{bh_0} = \frac{40}{5 \times 2} = 4 (\text{m/s})$$

得

$$Fr^2 = \frac{\alpha v^2}{gh} = \frac{1 \times 4^2}{9.80 \times 2} = 0.816 < 1$$

可见 $Fr < 1$，此时均匀流为缓流。

（4）临界速度

$$v_K = \frac{Q}{A_K} = \frac{Q}{bh_K} = \frac{40}{5 \times 1.87} = 4.28 (\text{m/s})$$

$$v = \frac{Q}{A} = \frac{Q}{bh_0} = 4 (\text{m/s})$$

可见 $v < v_K$，此均匀流为缓流。

上述利用 h_K、i_K、Fr 及 v_K 来判别明渠流的状态是等价的，实际应用时只取其中之一即可。

7.5 水 跃 和 水 跌

7.5.1 水跃

1. 水跃现象

当明渠中水流由急流过渡到缓流时，水面将会发生突然跃起的局部水力现象，即在较短的渠段内水深从小于临界水深急剧地跃到大于临界水深，这种局部水面不连续的水力现象，称为水跃（见图 7.24）。例如，在溢洪道下、泄水闸下、平坡渠道中的闸下出流均可形成水跃。

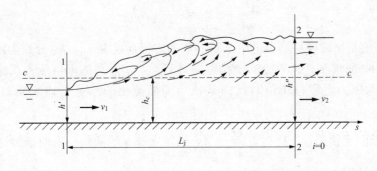

图 7.24　水跃

当跃前弗劳德数大于 1.7 时，水跃具有强烈的表面漩滚区，称完全水跃。在水跃区域上部的表面漩滚区，有饱掺空气的水流做剧烈的回旋运动。漩滚区之下则是急剧扩散的主流。表面漩滚起点的过水断面 1-1（或水面开始上升处的过水断面）称为跃前断面，该断面处的水深 h' 称作跃前水深。如图 7.24 所示，表面漩滚末端的过水断面 2-2 称为跃后断面，该断面处的水深 h'' 称作跃后水深，h' 与 h'' 又称为水跃的共轭水深。跃后水深与跃前水深之差，即 $h''-h'=a$，称为跃高。跃前断面与跃后断面的水平距离则称为跃长 L_j。在跃前断面和跃后断面之间的水跃段内，水流运动要素急剧变化，水流紊动、混掺剧烈，漩滚与主流间质量不断交换，致使水跃段内有较大的能量损失。因此，常利用水跃来消除泄水建筑物下游高速水流中的巨大动能。

2. 棱柱形渠道中的水跃方程

在棱柱形渠道中不借助任何障碍物而形成的水跃称为自由水跃。

由于水跃现象属于明渠急变流，发生水跃时伴随着较大的能量损失，对它既不能忽略不计，又没有一个独立于能量方程之外的能用来确定水头损失的公式，因此，在推求水跃方程时，应用动量方程而不用能量方程。在推导过程中，根据水跃发生的实际情况，做下列一些假设：

（1）水跃段长度不大，渠床的摩擦阻力较小，可以忽略不计。

（2）跃前、跃后两过水断面上水流具有渐变流的条件，于是作用在该两断面上动水压强的分布可以按静水压强的分布规律计算。

（3）设跃前、跃后两过水断面的动量修正系数相等，即 $\beta_1 = \beta_2 = 1$。

如图 7.25 所示，取跃前断面 1-1、跃后断面 2-2 之间的水跃空间为控制体，列流动方向

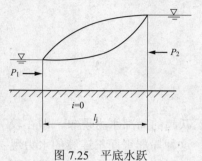

图 7.25　平底水跃

的动量方程

$$\Sigma F = \rho Q(\beta_2 v_2 - \beta_1 v_1)$$

因平坡渠道重力与流动方向正交，又壁面摩擦阻力忽略不计，故作用在控制体上的力只有过流断面上的动水压力 $P_1 = \rho g h_{c1} A_1$，$P_2 = \rho g h_{c2} A_2$，代入上式

$$\rho g h_{c1} A_1 - \rho g h_{c2} A_2 = \rho Q\left(\frac{Q}{A_2} - \frac{Q}{A_1}\right)$$

整理得

$$\frac{Q^2}{g A_1} + A_1 h_{c1} = \frac{Q^2}{g A_2} + A_2 h_{c2} \tag{7.38}$$

式（7.38）就是平坡棱柱形渠道中水跃的基本方程，式中 h_{c1}、h_{c2} 分别为跃前断面 1-1 及跃后断面 2-2 形心的水深。式（7.38）表明，在水跃区内，单位时间内流入跃前断面的动量和该断面上动水总压力之和与单位时间内从跃后断面流出的动量与该断面上动水总压力之和相等。

在流量和断面形状尺寸一定时，$\dfrac{Q^2}{gA} + Ah_c$ 只是水深 h 的函数。为便于讨论，把这个函数称为水跃函数，并用 $J(h)$ 表示，即

$$J(h) = \frac{Q^2}{gA} + Ah_c \tag{7.39}$$

上述水跃方程可表示为　　　　　　　　$J(h')=J(h'') \tag{7.40}$

式（7.40）说明：在平底棱柱形渠道中，对某一流量 Q，存在着具有相同水跃函数值的两个水深（跃前水深 h' 和跃后水深 h''），这一对水深就是共轭水深。

对任意断面形状的棱柱体明渠，在流量一定的条件下，可以计算绘制 $J(h)$-h 关系曲线，这个曲线就称为水跃函数曲线，如图 7.26 所示。

水跃函数曲线具有如下特点：

（1）水跃函数曲线的两端均向右方无限延伸，中间必有一极小值。

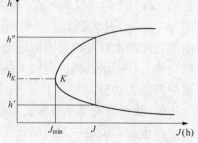

图 7.26　水跃函数曲线

（2）水跃函数曲线的极小值对应的水深为临界水深。

（3）水跃函数曲线的上支水流为缓流，$h>h_K$，代表跃后断面，水跃函数为增函数。

（4）曲线下支水流为急流，$h<h_K$，代表跃前断面，水跃函数为减函数。

（5）跃前水深越小，对应的跃后水深越大。

（6）借助水跃函数曲线可以计算共轭水深。

3. 水跃计算

（1）共轭水深计算。共轭水深计算是各项水跃计算的基础。若已知共轭水深中的一个（h' 或 h''），由式（7.39）计算出这个水深的水跃函数 $J(h')$ 或 $J(h'')$，再由式（7.38）求解另

一个共轭水深，一般可以采用图解法计算。

对矩形断面而言，$A=bh$，$h_c=\frac{1}{2}h$，$q=\frac{Q}{b}$，将其代入水跃共轭方程，化简整理可得

$$h''=\frac{h'}{2}\left(\sqrt{1+\frac{8q^2}{gh'^3}}-1\right) \text{ 或 } h'=\frac{h''}{2}\left(\sqrt{1+\frac{8q^2}{gh''^3}}-1\right) \tag{7.41}$$

又

$$\frac{\alpha q^2}{g}\frac{1}{h'^3}=\frac{\alpha V_2^2}{gh'}=Fr_1^2$$

$$\frac{\alpha q^2}{g}\frac{1}{h''^3}=\frac{\alpha V_2^2}{gh''}=Fr_2^2$$

式中　Fr_1、Fr_2——跃前水流和跃后水流的弗劳德数。

所以

$$h'=\frac{h''}{2}(\sqrt{1+8Fr_2^2}-1) \text{ 或 } h''=\frac{h'}{2}(\sqrt{1+8Fr_1^2}-1) \tag{7.42}$$

（2）水跃长度计算。由于水跃段中，主流靠近底部，并且紊动强烈，因此对渠底有较大的冲刷作用，工程实际中必须对水跃段进行加固设计。水跃长度与建筑物下游加固保护段长度（护坦）有密切关系。但由于水跃现象的复杂性，其理论分析还没有成熟的结果，水跃长度的确定只能依靠试验得到的经验公式。下面给出常用于确定矩形槽内水跃长度的三个经验公式。

1）以跃后水深表示的公式

$$L_j=6.1h'' \tag{7.43}$$

2）以跃高表示的公式

$$L_j=6.9(h''-h') \tag{7.44}$$

3）以 Fr_1 表示的公式

$$L_j=10.8h'(\sqrt{Fr_1}-1)^{0.93} \tag{7.45}$$

例 7.6　某泄水建筑物泄流单宽流量 $q=15.0\text{m}^2/\text{s}$，在下游渠道产生水跃，渠道断面为矩形。已知跃前水深 $h'=0.80\text{m}$，（1）求跃后水深 h''；（2）计算水跃长度 l_j。

解（1）已知 $q=15.0\text{m}^2/\text{s}$，$h'=0.80\text{m}$，求 h''。设 $\alpha\approx1.0$，则

跃前断面佛汝德数　　　　　$Fr_1=\sqrt{\alpha q^2/gh'^3}=6.696$

跃后水深　　　　　　　　$h''=\frac{h'}{2}(\sqrt{1+8Fr_1^2}-1)=7.19\text{ （m）}$

（2）水跃长度计算，分别按式（7.43）～式（7.45）计算得

$$l_j=6.1h''=43.86\text{ （m）}$$

$$l_j=6.9(h''-h')=44.09\text{ （m）}$$

$$l_j=10.8h'(\sqrt{Fr_1}-1)^{0.93}=43.57\text{ （m）}$$

7.5.2　水跌

在水流状态是缓流的明渠中，如果明渠底纵坡由缓坡（$i<i_K$）折转成为陡坡（$i>i_K$）或跌坎，则附近水面急剧降落，水流以临界流状态通过这个突变的断面，转变为急流，这种从缓

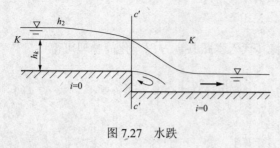

图 7.27　水跌

流向急流过渡的局部水力现象称为水跌，如图 7.27 所示。水跌现象使水面呈有反弯点的 S 形曲线，反弯点所在断面的水深可近似为临界水深 $h=h_K$，这一断面称为控制断面，如图 7.27 中的断面 $c'-c'$，控制断面上的水深为控制水深。控制断面为后续水面线分析计算提供了一个已知条件。故了解水跌现象对水面线分析计算具有重要意义。

7.6　棱柱形明渠非均匀渐变流水面曲线分析

7.6.1　明渠非均匀流的定义、形成及特征

明渠水流的流速、水深等水力要素沿程变化的流动，称为明渠非均匀流。人工渠道和天然河道中的水流多为明渠非均匀流。

人工渠道或天然河道中的均匀流，由于渠道底坡的变化、过水断面的几何形状或尺寸的变化、壁面粗糙程度的变化，或在渠道中修建人工构筑物，都将会形成明渠非均匀流动。如对于铁道、道路和给水排水等工程，常在河渠上架桥、设涵、筑坝、建闸等。这些构筑物的兴建，破坏了河渠均匀流形成的条件，造成了流速、水深的沿程变化，从而产生了非均匀流动。

不同于明渠均匀流的等速、等深流，明渠非均匀流具有如下特点：①流速和水深沿程发生改变；②水面线一般为曲线（称为水面曲线），已不再是相互平行的直线，同一条流线上各点的流速、大小和方向各不相同，明渠的底坡线、水面线、总水头线彼此互不平行，即 $i \neq J \neq J_p$，如图 7.28 所示。

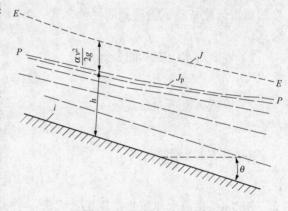

图 7.28　明渠三线示意图

7.6.2　棱柱形渠道非均匀渐变流微分方程

在实际工程中，明渠非均匀流的水力计算问题主要是探求水深的沿程变化，即确定水面曲线。水面曲线的计算，首先要求建立描述水深沿程变化规律的微分方程并以此方程为基础对水面曲线的形式作定性分析。

如图 7.29 所示，在底坡为 i 的棱柱形明渠非均匀渐变流中，其通过的流量为 Q，现选取 0-0 为基准面，沿水流方向任取一微小流段 ds，设上游断面 1-1 的水深为 h，断面平均流速为 v，坡底高程为 z；下游断面 2-2 的水深为 $h+dh$；断面平均流速为 $v+dv$，坡底高程为 $z+dz$，则可推出其微分方程为

$$\frac{dh}{ds} = \frac{i-J}{1-Fr^2} = \frac{i-\dfrac{Q^2}{K^2}}{1-\dfrac{\alpha Q^2}{gA^3}B} \tag{7.46}$$

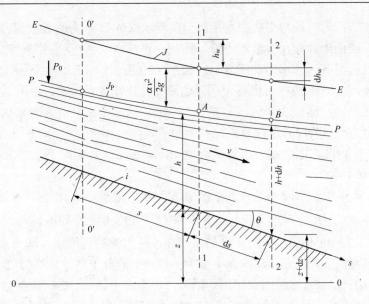

图 7.29　棱柱形明渠恒定非均匀渐变流

7.6.3　棱柱形渠道非均匀渐变流水面曲线分析方法

棱柱形渠道恒定渐变流基本微分方程为式（7.46）。为了便于分析，对于 $i>0$ 的渠道，假想水流做均匀流动，则

$$Q = A_0 C_0 \sqrt{R_0 i} = K_0 \sqrt{i} = f(h_0)$$

将上式代入式（7.46）得

$$\frac{\mathrm{d}h}{\mathrm{d}s} = \frac{i - (K_0^2 i / K^2)}{1 - Fr^2} = i\frac{1 - (K_0/K)^2}{1 - Fr^2} \tag{7.47}$$

式中　K_0——对应于 h_0 的流量模数；

　　　K——对应于实际非均匀流水深 h 的流量模数。

由式（7.47）可知，分子反映水流不均匀程度，分母反映水流的缓急程度。因为，水流不均匀程度需要与正常水深 h_0 作对比，水流缓急程度需要与临界水深 h_K 作对比，由此可知：在棱柱形渠道中其水深沿程变化的规律与上述两方面的因素有关。水面曲线形式必然与底坡 i 及实际水深 h 与正常水深 h_0、临界水深 h_K 之间的相对位置有关。为此，可将水面曲线根据底坡的情况和实际水深变化的范围加以区分。

（1）顺坡渠道 $i>0$，有三种情况。

第 I 种情况：缓坡，$i<i_K$，缓坡水面曲线以 M 表示。

第 II 种情况：陡坡，$i>i_K$，陡坡水面线，以 S 表示。

第 III 种情况：临界坡，$i=i_K$，临界坡水面曲线，以 C 表示。

（2）平底坡，$i=0$，平底坡水面曲线，以 H 表示。

（3）逆坡渠道，$i<0$，逆坡水面曲线，以 A 表示。

对于每一种情况，实际水深又可以在不同水深范围内变化。凡水深在既大于正常水深 h_0 又大于临界水深 h_K 的范围内变化者，称为第 1 区；凡水深在既小于正常水深 h_0 又小于临界水深 h_K 范围内变化者，称为第 3 区；凡水深在 h_0 及 h_K 之间变化称为第 2 区。

为此，画出平行于渠底线的两条平行线。一条与渠底的铅垂距离为正常水深 h_0，称为正

常水深参考线 N-N；另一条与渠底铅垂距离为临界水深 h_K，称为临界水深参考线 K-K。由于是棱柱形渠道，断面形式和尺寸沿程不变。因此，正常水深 h_0 及临界水深 h_K 沿流程均不变化，据此分区及确定各区的水面曲线名称，如图 7.30 所示。

现着重对顺波（$i>0$）棱柱形渠道中水面曲线变化规律进行讨论。由图 7.30 可知，在顺坡渠道中有缓坡 3 个区，陡坡 3 个区，临界坡 2 个区，这 8 个区共有 8 种水面曲线。通过对水面曲线基本微分方程（7.47）进行分析，可得如下规律：

1）在 1、3 区内的水面曲线，水深沿程增加，即 $\mathrm{d}h/\mathrm{d}s>0$，而 2 区的水面曲线，水深沿程减小，即 $\mathrm{d}h/\mathrm{d}s<0$。

分析如下：1 区中的水面曲线，其水深 h 均大于正常水深 h_0 和临界水深 h_K。由 $h>h_0$ 得 $K=AC\sqrt{R}>K_0=A_0C_0\sqrt{R_0}$，式（7.47）的分子 $1-(K_0/K)^2>0$。当 $h>h_K$，则 $Fr<1$，该式的分母 $(1-Fr^2)>0$。由此得 $\mathrm{d}h/\mathrm{d}s>0$，说明 1 区的水面曲线的水深沿程增加，即为壅水曲线。3 区中的水面曲线，其水深 h 均小于 h_0 和 h_K，式（7.47）中的分子与分母均为 "-" 值，由此可得 $\mathrm{d}h/\mathrm{d}s>0$，这说明 3 区水面曲线的水深沿程增加，也为壅水曲线。2 区中的水面曲线，其水深介于 h_0 和 h_K 之间，引用基本微分方程式（7.47），可证得 $\mathrm{d}h/\mathrm{d}s<0$，说明 2 区水面曲线的水深沿程减小，即为降水曲线。

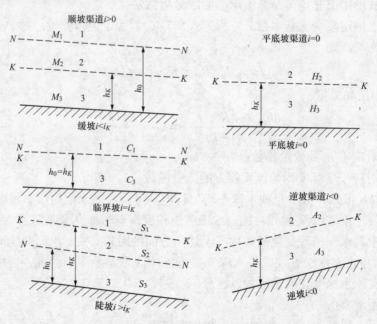

图 7.30　各区的水面曲线名称

2）水面曲线与正常水深线 N-N 渐近相切。

这是因为，当 $h\to h_0$ 时，$K\to K_0$，式（7.47）的分子 $1-(K_0/K)^2\to 0$，则 $\mathrm{d}h/\mathrm{d}s\to 0$，说明在非均匀流动中，当 $h\to h_0$ 时，水深沿程不再变化，水流成为均匀流动。

3）水面曲线与临界水深线 K-K 呈正交。

这是因为，当 $h\to h_K$ 时，$Fr\to 1$，式（7.47）的分母 $(1-Fr^2)\to 0$，由此可得 $\mathrm{d}h/\mathrm{d}s\to \pm\infty$。这说明在非均匀流动中，当 $h\to h_K$ 时，水面线将与 K-K 线垂直，即渐变流水面曲线的连续性在此中断。但是实际水流仍要向下游流动，因而水流便越出渐变流的范围而形成了急变流动的水跃或水跌现象。

4）水面曲线在向上、下游无限抬升时将趋于水平线。

这是因为，当 $h \to \infty$ 时，$K \to \infty$，式（7.47）中的分子 $1-(K_0/K)^2 \to 1$；又当 $h \to \infty$ 时，$A=f(h) \to \infty$，$Fr^2 = \alpha Q^2 B / gA^3 \to 0$，该式分母 $1-Fr^2 \to 1$，$dh/ds \to i$。由图 7.31（b）可知，这一关系只有当水面曲线趋近于水平线时才合适。因为这时 $dh = h_2 - h_1 = \sin\theta ds = ids$，故 $dh/ds = i$。

5）在临界坡渠道（$i=i_K$）的情况下，N-N 线与 K-K 线重合，上述（2）与（3）结论在此出现相互矛盾。

由式（7.47）可知，当 $h \to h_0 = h_K$ 时，$dh/ds = 0/0$，因此要另行分析。

将式（7.47）的分母改写

$$1 - \frac{\alpha Q^2 B}{gA^3} = 1 - \frac{\alpha K_0^2 i_K B}{gA^3} \cdot \frac{C^2 R}{C^2 R} = 1 - \frac{\alpha K_0^2 i_K}{g} \cdot \frac{BC^2}{A^2 C^2 R} \cdot \frac{R}{A} = 1 - \frac{\alpha i_K C^2}{g} \cdot \frac{B}{\chi} \cdot \frac{K_0^2}{K} = 1 - j \frac{K_0^2}{K}$$

式中 $j = \dfrac{\alpha i_K C^2 B}{g\chi}$ 为几个水力要素的组合数。

在水深变化较小的范围内，近似地认为 j 为一常数，则

$$\lim_{h \to h_0 = h_K} \left(\frac{dh}{ds} \right) = \lim_{h \to h_0 = h_K} i \frac{\dfrac{d}{dh}\left(1 - \dfrac{K_0^2}{K^2}\right)}{\dfrac{d}{dh}\left(1 - j\dfrac{K_0^2}{K^2}\right)} = \frac{i}{j}$$

再考虑式（7.37），即 $i_K = \dfrac{g\chi_K}{\alpha C_K^2 B_K}$，当 $h \to h_K$ 时，$j \approx 1$，故有

$$\lim_{h \to h_0 = h_K} \left(\frac{dh}{ds} \right) \approx i$$

这说明，C_1 与 C_3 型水面曲线在接近 N-N 线或 K-K 线时都近乎水平 [见图 7.30（c）]。

根据上述水面曲线变化的规律，便可勾画出顺直渠道中可能有的 8 种水面曲线的形状，如图 7.31（a）、（b）、（c）所示。

上述水面曲线变化的几条规律，对于平坡渠道及逆坡渠道一般也能适用。对于平坡渠道（$i=0$）的水面曲线形式 [H_2 与 H_3 两种，见图 7.31（d）] 和逆坡渠道（$i<0$）的水面曲线形式 [A_2 与 A_3 两种，见图 7.31（e）]，可采用上述类似方法分析，在此不再一一讨论。

综上所述，在棱柱形渠道的恒定非均匀渐变流中，共有 12 种水面曲线，即顺坡渠道 8 种，平坡与逆坡渠道各 2 种，现将这 12 条水面曲线的简图和工程实例归结为表 7.5 中。

在具体进行水面曲线分析时，可参照以下步骤进行：

（1）根据已知条件，给出 N-N 线和 K-K 线（平坡和逆坡渠道无 N-N 线）。

（2）从水流边界条件出发，即从实际存在的或经水力计算确定的，已知水深的断面（即控制断面）出发（急流从上游往下游分析，缓流从下游往上游分析），确定水面曲线的类型，并参照其壅水、降水的性质和边界情形，进行描绘。

（3）如果水面曲线中断，出现了不连续而产生水跌或水跃时，要作具体分析。一般情况下，水流至跌坎处便形成水跌现象。水流从急流到缓流，便发生水跃现象。至于形成水跃的具体位置，则还要根据水跃原理及水面曲线计算理论作具体分析后才能确定。

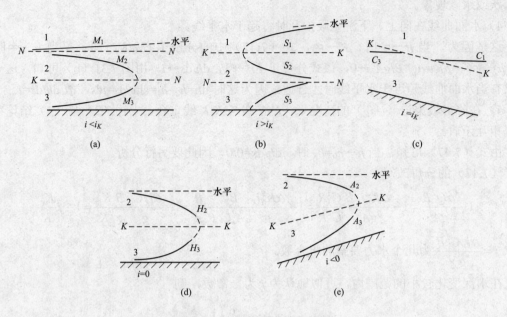

图 7.31 各种水面曲线形状图

为了能正确地分析水面曲线还必须了解以下几点：

（1）上述 12 种水面曲线，只表示了棱柱形渠道中可能发生的渐变流的情况，至于在某一底坡上出现的究竟是哪一种水面曲线，则根据具体情况而定，但每一种具体情况的水面曲线都是唯一的。

（2）在正底坡长渠道中，在距干扰物相当远处，水流仍为均匀流。这是水流重力与阻力相互作用，力图达到平衡的结果。

（3）由缓流向急流过渡时产生水跌；由急流向缓流过渡时产生水跃。

（4）由缓流向缓流过渡时只影响上游，下游仍为均匀流；由急流向急流过渡时只影响下游，上游仍为均匀流。

（5）临界底坡中的流动形态，视其相邻底坡的缓急而定其急缓流，如上游相邻底坡为缓坡，则视为缓流过渡到缓流，只影响上游。

表 7.5 水面曲线及工程实例汇总表

坡度	水面曲线简图	工程实例
$i < i_K$		

坡度	水面曲线简图	工程实例
$i>i_K$		
$i=i_K$		
$i=0$		
$i<0$		

思 考 题

1. 形成明渠均匀流的条件有哪些？为什么说明渠均匀流必然是等速、等深流？

2. 在明渠均匀流中，水力坡度 J、水面坡度 J_p 和渠底坡度 i 为何能彼此相等？

3. 什么叫正常水深？它与渠道底坡、糙率、流量之间有何关系？

4. 何谓水力最优断面？何谓最经济断面？对于矩形和梯形断面渠道，水力最优断面的条件是什么？

5. 同有压管流比，明渠流动有哪些特点？明渠均匀流的形成条件和特征是什么？

6. 明渠水流有哪三种状态？各有何特点？判别标准是什么？

7. 断面比能 e 与单位质量液体的总能量 E 有何区别？为什么要引入这一概念？

8. 何谓临界水深？有何实际意义？如何计算？

9. 弗劳德数 Fr 有什么物理意义？为什么可以用它来判别明渠水流的状态？

10．缓坡、陡坡、临界坡是如何定义的？怎样判别渠道坡度的缓陡？

11．怎样定性分析明渠水面曲线的变化？

12．在分析和计算水面曲线时，为什么急流的控制断面选在上游，而缓流的控制断面选在下游？

习　题

7.1　一梯形土渠，按均匀流设计。已知水深 $h=1.2m$，底宽 $b=2.4m$，边坡系数 $m=1.5$，粗糙系数 $n=0.025$，底坡 $i=0.0016$。求流速 v 和流量 Q。

7.2　已知流量 $Q=30m^3/s$，边坡系数 $m=1.5$，粗糙系数 $n=0.020$，土壤的不冲允许流速 $v=0.80m/s$，底坡 $i=0.0001$，试求设计土渠断面尺寸。

7.3　某渠道断面为矩形，按水力最优断面设计，底宽 $b=8m$，渠壁石头筑成（$n=0.028$），渠底坡度 $i=1/8000$，试计算其输水能力。

7.4　有一浆砌石的矩形断面长渠道，已知底宽 $b=3.0m$，正常水深 $h_0=2.0m$，粗糙系数 $n=0.025$，通过的流量 $Q=6m^3/s$，试求该渠道的底坡 i 和流速 v。

7.5　某一梯形断面土渠，通过流量 $Q=2m^3/s$，渠底坡度 $i=0.005$，边坡系数 $m=1.5$，粗糙系数 $n=0.025$，试按水力最优条件设计断面尺寸。

7.6　现开挖一梯形断面土渠，已知流量 $Q=10m^3/s$，边坡系数 $m=1.5$，粗糙系数 $n=0.02$，为防止冲刷的最大允许流速 $v=1.0m/s$，试求：（1）按水力最优断面条件设计断面尺寸；（2）渠道的底坡 i 为多少？

7.7　底宽 $b=5m$ 的矩形渠道，当通过流量 $Q=35m^3/s$ 时正常水深 $h_0=2m$，粗糙系数 $n=0.025$。试分别用 h_c 和 i_c 判别该渠道的底坡类型。

7.8　某混凝土衬砌的矩形渠道，底宽 $b=4m$，粗糙系数 $n=0.015$，当通过流量 $Q=25m^3/s$ 时正常水深 $h_0=2.5m$，试计算渠道实际底坡和临界底坡，并判别渠道中水流的流态。

7.9　长直的矩形断面渠道，底宽 $b=1m$，粗糙系数 $n=0.014$，底坡 $i=0.0004$，某流量下渠内均匀流正常水深 $h_0=0.6m$。试分别用 h_c、v_c、Fr 及 i_c 来判别渠中水流的流动状态。

7.10　混凝土衬砌的矩形长渠道，底宽 $b=3m$，粗糙系数 $n=0.014$，底坡 $i=0.001$，流量 $Q=5m^3/s$，渠道中设有梯形断面实用堰，已知堰前水深为 1.5m，要求定量绘制堰前断面至水深 1.1m 断面的水面线。

第8章 堰 流

 教学基本要求

了解堰流定义、分类及水力特征；掌握堰流基本计算公式，掌握薄壁堰、实用堰、宽顶堰的水力计算方法，掌握进行流量系数、侧收缩系数、淹没条件和淹没系数的确定方法，重点掌握宽顶堰流的水力计算。

 学习重点

堰流基本计算公式，薄壁堰、实用堰、宽顶堰的水力计算。

堰流属于急变流的范畴，其水头损失以局部水头损失为主，沿程水头损失往往忽略不计。这种水流形式在实际工程中应用极其广泛，如在水利工程中，常用作引水灌溉、泄洪的水工建筑物；在给排水工程中，堰流是常用的溢流设备和量水设备；在交通土建工程中，宽顶堰流理论是小桥涵孔水力计算的基础。

8.1 堰 流 及 其 特 征

8.1.1 堰流定义和分类

在明渠流中，为控制水位和流量而设置的顶部溢流障碍物称为堰，在水利工程中叫做坝，水流经堰顶溢流使堰前水面壅高，堰上水面降落，这种急变流现象称为堰流，如图8.1所示。在水利及市政等工程中，溢流堰是主要的泄水建筑物，常用作溢流集水设备和量水设备；在实验室常用作流量量测设备。研究堰流主要是分析堰的上下游水流流态，分析堰的过流能力。堰流的各项特征量如下：

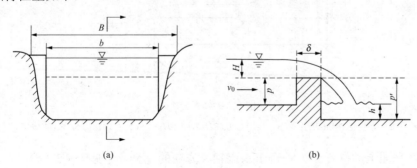

图 8.1 堰流

（a）下游正视；（b）剖面

（1）堰宽 b。水流漫过堰顶的宽度。

（2）堰顶厚度 δ。堰顶厚度也称堰壁厚度、堰顶宽度，上下游堰壁之间的厚度。

（3）堰上相关水头 H、H_0、H_d。H 为堰上作用水头（堰顶水头），距堰壁 $L=(3\sim5)H$ 处（不受堰顶水面降落的影响）的上游水位高程与堰顶高程差。H_0 为堰上总作用水头（堰顶总水头），考虑行近流速影响时的堰上作用水头，即 $H_0=H+\dfrac{\alpha_0 v_0^2}{2g}$。$H_d$ 为堰设计水头，是堰体形设计时的参数。当实际水头 H_0 与 H_d 相等时，堰的过流量即为设计流量。

（4）堰上、下游坎高 P、P'。分别为堰顶高程与上、下游河床高程之差。

（5）堰下游水深 h。

（6）上游渠道宽（上游来流宽度）B。

（7）行近流速（上游来流速度）v_0。

根据堰壁厚度 δ 与水头 H 的关系，堰可分为薄壁堰、实用堰和宽顶堰三类。

薄壁堰，$\delta/H<0.67$，如图 8.2（a）所示。过堰水流形成"水舌"，水舌下缘先上弯后回落，落至堰顶高程时，距上游壁面约 $0.67H$，堰顶厚度 $\delta<0.67H$ 时，堰顶对水舌无干扰，堰顶厚度不影响水流，故称为薄壁堰。薄壁堰主要用作量测流量。

实用堰，$0.67\leqslant\delta/H<2.5$，如图 8.2（b）所示。堰顶厚度对水流有一定的影响，但堰上水面仍有一次连续跌落，这样的堰型称为实用堰。工程上的溢流建筑物常属于这种堰。

宽顶堰，$2.5\leqslant\delta/H<10$，如图 8.2（c）所示。过堰水流在堰进口与出口处形成二次跌落现象，这样的堰型称为宽顶堰。水利工程中的引水闸底坝即属于这种堰。

当 $\delta/H\geqslant10$ 时，沿程水头损失不能忽略，流动已不属于堰流。

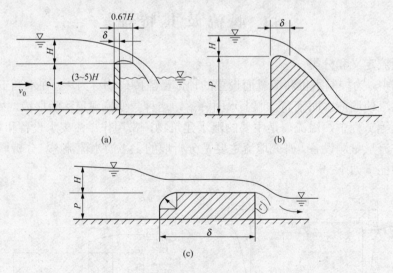

图 8.2　堰流分类

（a）薄壁堰($\delta<0.67H$)；（b）实用堰($0.67H\leqslant\delta<2.5H$)；（c）宽顶堰($2.5H\leqslant\delta<10H$)

按堰坎在平面上的位置分为垂直于水流轴线方向的正交堰［见图 8.3（a），或称为直堰］、与水流斜交的斜堰［见图 8.3（b）］、与水流相平行的侧堰［见图 8.3（c）］。

按堰口的形状分为矩形堰［见图 8.4（a）］、三角形堰［见图 8.4（b）］、梯形堰［见图 8.4（c）］及曲线型堰［见图 8.4（d）］。

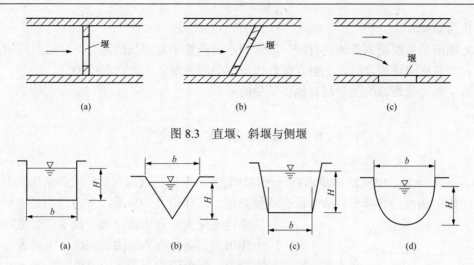

图 8.3 直堰、斜堰与侧堰

图 8.4 矩形堰、三角形堰、梯形堰及曲线型堰

按水流行近堰体的条件分为无侧收缩堰和有侧收缩堰。当矩形堰宽 b 等于引水渠宽度 B 时为无侧收缩堰 [见图 8.5（a）]，否则为有侧收缩堰 [见图 8.5（b）]。

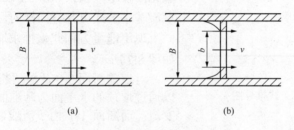

图 8.5 无侧收缩堰和有侧收缩堰

按下游出流是否影响泄流能力可分为非淹没堰和淹没堰。堰流与下游水位的衔接关系是一个重要的因素。当下游水深足够小，不影响堰流性质（如堰的过水能力）时称为自由式堰流 [见图 8.6（a）]；当下游水深足够大时，下游水位影响堰流性质，称为淹没式堰流 [见图 8.6（b）]。

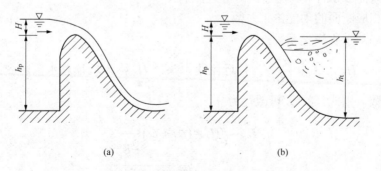

图 8.6 自由式堰流和淹没式堰流

8.1.2 堰流水力特征

堰流有以下水力特征：

（1）堰的上游水流受阻，水面壅高，势能增大；堰顶水深变小，速度变大，动能增大，

势能转化为动能。

（2）堰流是从缓流到急流的过渡。堰流的水力计算中考虑局部阻力、忽略沿程阻力。

（3）水流在流过堰顶时，一般在惯性作用下会脱离堰，水流会收缩。

本章主要讨论堰流的流量与其他特征量的关系。

8.2　堰流基本公式

堰流形式虽多，但其流动却具有一些共同特征。水流趋近堰顶时，流股断面收缩，流速增大，动能增加而势能减小，故水面有明显降落。从作用力方面看，重力作用是主要的；堰

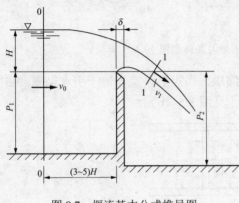

图 8.7　堰流基本公式推导图

顶流速变化大，且流线弯曲，属于急变流动，惯性力作用也显著；在曲率大的情况下有时表面张力也有影响；因溢流在堰顶上的流程短（$0 \leqslant \delta \leqslant 10H$），黏性阻力作用小。在能量损失上主要是局部水头损失，沿程水头损失可忽略不计（如宽顶堰和实用堰），或无沿程水头损失（如薄壁堰）。由于上述共同特征，堰流基本公式可具有同样的形式。

现用能量方程式来推求堰流计算的基本公式，如图 8.7 所示。

对堰前断面 0-0 及堰顶断面 1-1 列出能量方程，以通过堰顶的水平面为基准面。其中，0-0 断面为渐变流；而断面 1-1 由于流线弯曲属急变流，过水断面上测压管水头不为常数，故用 $z + \dfrac{p}{\gamma}$ 表示断面 1-1 上测压管水头平均值。由此可得

$$H + \frac{\alpha_0 v_0^2}{2g} = z + \frac{p}{\gamma} + (\alpha_1 + \zeta)\frac{v_1^2}{2g} \tag{8.1}$$

式中　v_1——断面 1-1 的平均流速；

　　　v_0——断面 0-0 的平均流速，即行近流速；

　α_0、α_1——相应断面的动能修正系数；

　　　ζ——局部水头损失系数。

设 $H + \dfrac{\alpha_0 v_0^2}{2g} = H_0$，其中 $\dfrac{\alpha_0 v_0^2}{2g}$ 为行近流速水头，H_0 称为堰顶总水头。令 $z + \dfrac{p}{\gamma} = \xi H_0$，$\xi$ 为某一修正系数，则式（8.1）可改写为

$$H_0 - \xi H_0 = (\alpha_1 + \zeta)\frac{v_1^2}{2g}$$

即

$$v_1 = \frac{1}{\sqrt{\alpha_1 + \zeta}}\sqrt{2g(H_0 - \xi H_0)}$$

因为堰顶过水断面一般为矩形，设其断面宽度为 b；断面 1-1 的水舌厚度用 kH_0 表示，k 为反映堰顶水流垂直收缩的系数，则断面 1-1 的过水断面面积应为 kH_0b；通过流量为

$$Q = kH_0bv = kH_0b\,\frac{1}{\sqrt{\alpha_1 + \zeta}}\sqrt{2g(H_0 - \xi H_0)} = \varphi k\sqrt{1-\xi}\,b\sqrt{2g}H_0^{3/2}$$

$$\varphi = \frac{1}{\sqrt{\alpha_1 + \zeta}}$$

式中　φ——流速系数。

令 $\varphi k\sqrt{1-\xi} = m$，称为堰的流量系数，则

$$Q = mb\sqrt{2g}H_0^{3/2} \tag{8.2}$$

式（8.2）虽是针对矩形薄壁堰推导而得的流量公式，如读者仿照上述方法，对实用堰和宽顶堰进行流量公式推导，将得出与式（8.2）同样形式的流量公式，只是流量系数所代表的数值不同。因此式（8.2）称为堰流基本公式。

在实际工程中，量测堰顶水头 H 是很方便的，但计算行近流速 v_0，则需先知道流量，而流量需由式（8.2）算出。由于式中 H_0 包括行近流速水头，应用式（8.2）计算流量不甚方便。为了避免这点，可将堰流的基本公式，改用堰顶水头 H 表示，即

$$Q = m_0\sqrt{2g}bH^{3/2} \tag{8.3}$$

式中 $m_0 = m(1 + \alpha_0 v_0^2/2gH)^{3/2}$，为计入行近流速的堰流流量系数。

从上面的推导可以看出：影响流量系数的主要因素是 ϕ、k、ξ，即 $m = f(\varphi, k, \xi)$。其中：φ 主要是反映局部水头损失的影响；k 是反映堰顶水流垂直收缩的程度；而 ξ 则是代表堰顶断面的平均测压管水头与堰顶总水头之间的比例系数。显然，所有这些因素除与堰顶水头 H 有关外，还与堰的边界条件、上游堰高 P 及堰顶进口边缘的形状等有关。所以，不同类型、不同高度的堰，其流量系数各不相同。

在实际应用时，有时下游水位较高或下游堰高较小影响了堰的过流能力，这种堰流称为淹没溢流，此时，可用小于 1 的淹没系数 σ 表明其影响，因此淹没式堰流基本公式可表为

$$Q = \sigma mb\sqrt{2g}H_0^{3/2}$$

或　　　　　　　　　　　$$Q = \sigma m_0 b\sqrt{2g}H^{3/2} \tag{8.4}$$

当堰顶过流宽度小于上游来流宽度或是堰顶设有闸墩及边墩时，过堰水流就会产生侧向收缩，减小有效过流宽度，并增加局部阻力，从而降低过流能力。为考虑侧向收缩对堰流的影响，有两种处理方法：一种是和淹没堰流影响一样，在堰流基本公式中乘以侧向收缩系数 ε；另一种是将侧向收缩的影响合并在流量系数中考虑。其公式为

$$Q = \varepsilon\sigma mb\sqrt{2g}H_0^{\frac{3}{2}} \text{ 或 } Q = \varepsilon\sigma m_0 b\sqrt{2g}H^{\frac{3}{2}} \tag{8.5}$$

对边界条件比较简单的堰，人们在长期的实践中，通过科学实验积累了丰富的资料，制订了一些尚能满足一般工程设计要求的经验公式供工程上使用，至于边界条件复杂的堰的流量系数，必须通过模型实验予以测定。

下面将分别讨论薄壁堰、实用堰和宽顶堰的水流特点和过流能力。

8.3 薄 壁 堰 流

薄壁堰流由于具有稳定的水头和流量关系，因此，常作为水力模型试验或野外流量测量中一种有效的量水工具。另外，工程上广泛应用的曲线型实用堰，其外形一般按照矩形薄壁堰流水舌下缘曲线设计。所以，薄壁堰流的研究具有实际意义。

薄壁堰按堰口形状不同，可分为矩形薄壁堰、三角形薄壁堰和梯形薄壁堰。矩形和梯形薄壁堰常用于较大的流量的测量，三角形薄壁堰常用于较小流量的测量。

8.3.1 矩形薄壁堰流

测量流量用的矩形薄壁堰，一般都做得和上游进水槽一样宽，这样，水流通过堰口时，不会产生侧向收缩。堰顶必须做成向下游倾斜的锐角薄壁（见图 8.8）或直角薄壁，以便水流过堰后就不再和堰壁接触，溢流水舌有稳定的外形。同时，应在紧靠堰板下游侧墙内埋设通气孔，使水舌内外缘空气压强相等，以保证通过水舌内缘最高点的铅直断面上也能具有稳定的流速分布和压强分布，从而有稳定的水头和流量关系。

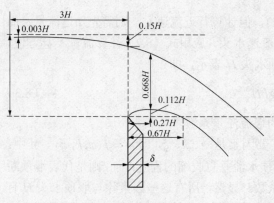

图 8.8 锐角薄壁堰

1. 矩形薄壁堰无侧向收缩自由溢流的水舌形状

巴赞（H.E.Bazin）对矩形薄壁堰稳定水舌的轮廓做了富有意义的观测，图 8.8 表示巴赞量测的水舌轮廓相对尺寸。在距堰壁上游 3H 处，水面降落 0.003H，在堰顶上，水舌上缘降落了 0.15H。由于水流质点沿上游堰壁越过堰顶时的惯性，水舌下缘在离堰壁 0.27H 处升得最高，高出堰顶 0.112H，此处水舌的垂直厚度为 0.668H。距堰壁 0.67H 处，水舌下缘与堰顶同高，这表明只要堰壁厚度 $\delta < 0.67H$，堰壁就不会影响水舌的形状。因此，把 $\delta < 0.67H$ 的堰，称为薄壁堰。矩形薄壁锐缘堰自由溢流水舌几何形状的观测成果，为后来设计曲线形剖面堰提供了依据。

2. 矩形薄壁堰溢流的计算

矩形薄壁堰的流量公式仍用堰流的基本公式（8.3），即

$$Q = m_0 \sqrt{2g} b H^{3/2}$$

流量系数 m_0 可采用巴赞公式

$$m_0 = \left(0.405 + \frac{0.003}{H}\right)\left[1 + 0.55\left(\frac{H}{H+P}\right)^2\right] \tag{8.6}$$

式中方括号项反映行近流速水头的影响。此式的适用条件原为：水头 $H=0.1 \sim 0.6$m，堰宽 $b=0.2 \sim 2.0$m。堰高 $P \leqslant 0.75$m。后来纳格勒（F. A. Nagler）的实验证实，式（8.6）的适用范围可扩大为 $H \leqslant 1.24$m，$b \leqslant 2$m，$P \leqslant 1.13$m。

流量也可用雷伯克（T. Rehbock）公式计算

$$Q=\left[1.78+\frac{0.24(H+0.0011)}{P}\right]b(H+0.0011)^{3/2} \tag{8.7}$$

式（8.7）适用范围为：$0.15m<P<1.22m$，$H<4P$。

对于有侧向收缩影响的流量系数，巴赞自己未做研究。他的同事爱格利（Hegly）根据实验提出采用下式

$$m_0=\left(0.405+\frac{0.0027}{H}-0.030\frac{B-b}{B_0}\right)\left[1+0.55\left(\frac{b}{B_0}\right)^2\frac{H^2}{(H+P)^2}\right] \tag{8.8}$$

式中　m_0——考虑侧向收缩在内的流量系数；

　　　B_0——引水渠宽度。

$B_0 \geqslant b$ 时，爱格利建议采用下式

$$m_0=\left(0.405+\frac{0.0027}{H}-\frac{0.033}{1+\frac{b}{B_0}}\right)\left[1+0.55\left(\frac{b}{B_0}\right)^2\frac{H^2}{(H+P)^2}\right] \tag{8.9}$$

薄壁堰在形成淹没溢流时，下游水面波动较大，溢流很不稳定。所以，一般情况下量水用的薄壁堰不宜在淹没条件下工作。当堰下游水位高于堰顶且下游发生淹没水跃时，将会影响堰流性质，形成淹没式堰流。前者为淹没的必要条件，后者则为充分条件。

如图 8.9 所示，设 z_K 为堰流溢至下游渠道即将发生淹没水跃（即临界水跃式水流联接）的堰上下游水位差。当 $z>z_K$ 时，在下游渠道发生远驱水跃水流连接，则为自由式堰流；当 $z<z_K$ 时，即发生淹没水跃。因此薄壁堰的淹没标准为

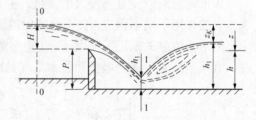

图 8.9　薄壁堰淹没溢流条件分析图

$$z\leqslant z_K \tag{8.10}$$

或

$$\frac{z}{P'}=\left(\frac{z}{P'}\right)_K \tag{8.11}$$

式中　z——堰上、下游水位差。

$(z/P')_K$ 与 H/P' 和计入行近流速的流量系数 m_0 有关，可由表 8.1 查取。

表 8.1　　　　　　　　　　薄壁堰相对落差临界值 $(z/P')_K$

m_0	H/P'							
	0.10	0.20	0.30	0.40	0.50	0.75	1.00	1.50
0.42	0.89	0.84	0.80	0.78	0.76	0.73	0.73	0.76
0.46	0.88	0.82	0.78	0.76	0.74	0.71	0.70	0.73
0.48	0.86	0.80	0.76	0.74	0.71	0.68	0.67	0.70

淹没式堰的流量公式为（8.4），其中淹没系数 σ 可用巴赞公式计算

$$\sigma = 1.05 \left(1 + 0.2 \frac{\varDelta}{P'} \right) \sqrt[3]{\frac{z}{H}} \qquad (8.12)$$

式中　$\varDelta$——下游水位高出堰顶的高度，即 $\varDelta = h - P'$。

例 8.1　一无侧向收缩的矩形薄壁堰，堰宽 b 为 0.5m，上游堰高 P 为 0.4m，堰为自由出游。今已测量堰顶水头 H 为 0.2m。试求通过的流量为多少？

解　流量按式（8.3）计算

$$Q = m_0 b \sqrt{2g} H^{\frac{3}{2}}$$

其中流量系数由式（8.6）计算

$$m_0 = \left(0.405 + \frac{0.003}{H} \right) \left[1 + 0.55 \left(\frac{H}{H+P} \right)^2 \right] = \left(0.405 + \frac{0.003}{0.2} \right) \left[1 + 0.55 \left(\frac{0.2}{0.2+0.4} \right)^2 \right]$$

$$= 0.446$$

则通过该堰的流量为

$$Q = 0.446 \times 0.5 \times \sqrt{2 \times 9.8} \times 0.2^{\frac{3}{2}} = 0.0857 (\mathrm{m}^3 / \mathrm{s})$$

8.3.2　三角形薄壁堰

矩形薄壁堰适宜量测较大的流量。在 $H < 0.15\mathrm{m}$ 时，矩形薄壁堰溢流水舌在表面张力和动水压力的作用下很不稳定，甚至可能出现溢流水舌紧贴堰壁下溢形成所谓的贴壁溢流。这时，稳定的水头流量关系已不能保证，使矩形薄壁堰量测精度大受影响。因此，在流量小于 100L/s 时，宜采用三角形薄壁堰作为量水堰（见图 8.10）。

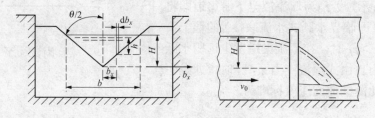

图 8.10　三角形薄壁堰

现在用矩形薄壁堰的基本公式推导三角形薄壁堰的流量公式。设三角形顶角为 θ，顶点以上的水头为 H，取微小堰宽 $\mathrm{d}b_x$ 水流视为矩形薄壁堰流，则有

$$\mathrm{d}Q = m_0 \sqrt{2g} \mathrm{d}b_x h^{3/2} \qquad (8.13)$$

式中　h——b_x 处的水头，由图 8.10 中几何关系得

$$\frac{b_x}{H-h} = \tan \frac{\theta}{2}$$

$$\mathrm{d}b_x = -\mathrm{d}h \tan \frac{\theta}{2}$$

代入式（8.13），将 m_0 看作常数，积分后得

$$Q = \frac{4}{5} m_0 \sqrt{2g} \tan \frac{\theta}{2} H^{5/2} \qquad (8.14)$$

式（8.14）就是顶角为 θ 的等腰三角形薄壁堰的流量公式。实用上，顶角 θ 常取直角。根据汤姆逊（P.W.Thomson）的实验，在 $H=0.05\sim0.25\text{m}$ 时，$m_0=0.395$。因此 $\theta=90°$ 的三角形薄壁堰的流量公式为

$$Q=1.4H^{5/2} \tag{8.15}$$

金（H.W.King）根据实验提出，在 $H=0.06\sim0.55\text{m}$ 条件下，流量公式为

$$Q=1.343H^{2.47} \tag{8.16}$$

还有一些类似的公式，只是系数和 H 的指数有很小的差异。建议在 $H=0.05\sim0.25\text{m}$ 时，采用式（8.15），在 $H=0.25\sim0.55\text{m}$ 时，采用式（8.16）。两式中单位，H 用 m，Q 用 m^3/s。

例 8.2　计算三角形薄壁堰的顶角 θ 为 $90°$，堰上水头 $H=0.12\text{m}$，试求通过此堰的流量。若流量增加一倍，堰上水头变化如何？

解　直角三角形薄壁堰的流量计算式为

$$Q=1.4H^{2.5}$$

代入数据得

$$Q_1=1.4H^{2.5}=1.4\times0.12^{2.5}=0.00698(\text{m}^3/\text{s})$$

$$Q_2=2\times0.00698=0.014\text{m}^3/\text{s}=1.4H_2^{2.5}$$

解得　$H_2=0.16\text{m}$。

8.3.3　梯形薄壁堰

当测量较大的流量（$Q>0.1\text{m}^3/\text{s}$）时，常用有侧收缩的梯形薄壁堰，如图 8.11 所示。梯形薄壁堰的流量是中间矩形堰的流量和两侧合成的三角形堰的流量之和，即

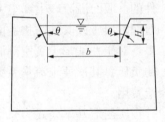

图 8.11　梯形薄壁堰

$$Q=m_0b\sqrt{2g}H^{\frac{3}{2}}+CH^{\frac{5}{2}}=\left(m_0+\frac{CH}{b\sqrt{2g}}\right)b\sqrt{2g}H^{\frac{3}{2}}$$

令 $m_t=m_0+\dfrac{CH}{b\sqrt{2g}}$，则有

$$Q=m_tb\sqrt{2g}H^{\frac{3}{2}} \tag{8.17}$$

意大利工程师西波利地（Cipoletti）的研究表明，当 $\theta=14°$，$b>3H$ 时，m_t 不随 H 和 b 而变化，且 $m_t=0.42$，上式可简化为

$$Q=0.42b\sqrt{2g}H^{\frac{3}{2}}=1.86bH^{\frac{3}{2}} \tag{8.18}$$

式中：b 及 H 以 m 计，Q 的单位是 m^3/s。$\theta=14°$ 的梯形堰又称西波利地堰。

利用薄壁堰作为量水设备时，注意测量堰上水头 H 的位置必须在堰板上游 $3H$ 处或更远。为了减少堰板上游水面波动，提高测量精度，在堰槽上一般设置稳流栅。

8.4　实 用 堰 流

实用堰主要用作蓄水挡水建筑物——坝，或净水建筑物的溢流设备。根据堰的专门用途

和结构本身稳定性的要求，其剖面可设计成曲线或折线两类（见图 8.12 和图 8.13）。

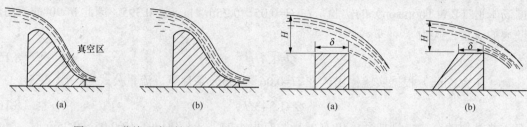

图 8.12 曲线形实用堰　　　　　　　图 8.13 折线形实用堰

曲线形实用堰的纵剖面外形轮廓，基本上按矩形薄壁堰自由溢流水舌的下缘形状（见图 8.8）构制。曲线形实用堰又分为无真空堰和真空堰两大类。若实用堰剖面的外形轮廓做成与薄壁堰自由溢流水舌的下缘基本吻合或切入水舌一部分，堰面溢流将无真空产生，这样构制的曲线形剖面堰称为非真空剖面堰。若实用堰的堰面与过堰溢流水舌的下缘之间存在空间，此空间在溢流影响下将产生真空，这样的曲线形剖面堰，称为真空堰。应该指出，无真空剖面堰和真空剖面堰，都是相对于某一设计水头（又称剖面定形水头）设计的。实际上，堰不可能只在设计水头下工作。如果实际水头大于无真空剖面堰的设计水头，过堰流速加大，溢流水舌将脱离堰面，水舌与堰面之间将形成真空，这时无真空剖面堰实际成了真空剖面堰；反之，如果实际水头小于真空剖面堰的设计水头，过堰流速减小，溢流水舌将贴近堰面，这时真空剖面堰实际成了无真空剖面堰。由此可知，无真空剖面堰和真空剖面堰的区分是有条件的。堰面溢流产生真空（负压），对增加堰的过流能力有利。但是，常导致堰体振动，并使堰面混凝土及其他防护盖面（如钢板等）受到气蚀破坏。所以，真空剖面堰在实际上应用不多。对于曲线形无真空剖面堰的研究，首先要求堰的溢流面有较好的压强分布，不产生过大的负压；其次要求流量系数较大，利于泄洪；最后，要求堰的剖面较瘦，以节省工程量及建造费用。

实用堰基本公式为

$$Q = mb\sqrt{2g}H_0^{3/2}$$

实用堰的流量系数 m 与堰顶剖面线型、上游堰高与设计水头之比、堰上水头与设计水头之比及上游堰面的坡度等因素有关，其精确数值应由模型试验确定。初步估算时，曲线形实用堰可取 $m = 0.45$，折线形实用堰可取 $m = 0.35 \sim 0.42$。

当下游水位超过堰顶（$h_s > 0$）时，实用堰成为淹没溢流

$$Q = \sigma_s mb\sqrt{2g}H_0^{3/2} \tag{8.19}$$

式中　　σ_s——淹没系数，随淹没程度 h_s / H 的增大而减小，具体见表 8.2。

表 8.2　　　　　　　　　　　实 用 堰 的 淹 没 系 数

h_s / H_0	0.05	0.20	0.30	0.40	0.50	0.60	0.70
σ_s	0.997	0.985	0.972	0.957	0.935	0.906	0.856
h_s / H_0	0.80	0.90	0.95	0.975	0.995	1.00	
σ_s	0.776	0.621	0.470	0.319	0.100	0	

当堰宽小于上游渠道的宽度$(b < B)$时，过堰水流发生侧收缩，造成过流能力降低，其计算式为

$$Q = m\varepsilon b\sqrt{2g}H_0^{3/2} \qquad (8.20)$$

式中 ε——侧收缩系数，工程中取 $\varepsilon = 0.85 \sim 0.95$。

例 8.3 宽 2.5m 的矩形断面渠道，流量为 1.5m³/s，水深为 0.9m，为使水面抬高 0.15m，以满足灌溉取水的需要，试求渠道中应设折线形实用堰（流量系数 $m=0.385$）的高度。

解 水面抬高后堰前水深

$$h + \Delta h = 0.9 + 0.15 = 1.05(\text{m})$$

行近流速水头

$$\frac{\alpha v_0^2}{2g} = \frac{1.5^2}{19.6(2.5 \times 1.05)^2} = 0.017(\text{m})$$

堰上水头由 $Q = mb\sqrt{2g}H_0^{3/2}$ 得

$$H_0 = \left(\frac{Q}{mb\sqrt{2g}}\right)^{2/3} = \left(\frac{1.5}{0.385 \times 2.5\sqrt{19.6}}\right)^{2/3} = 0.499(\text{m})$$

堰高

$$P = 1.05 - H = 1.05 - (0.499 - 0.017) = 0.57(\text{m})$$

8.5 宽 顶 堰 流

8.5.1 自由溢流

如图 8.14 所示宽顶堰自由式溢流，在堰进口不远处，水面降落。形成小于临界水深的收缩水深 $h_{c0} < h_K$ 堰上水流为急流，水面近似平行堰顶，在出口（堰尾）水面第二次降落与下游水流衔接。

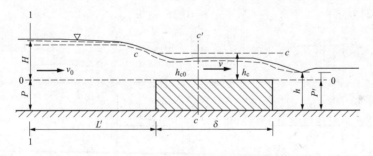

图 8.14 宽顶堰流自由式溢流

在宽顶堰的上游取一渐变流断面 1-1、再取堰顶上的收缩断面 $c-c$ 为另一渐变流断面，以堰顶为基准面，列上述构断面的能量方程

$$H + \alpha_0 \frac{v_0^2}{2g} = h_{c0} + \alpha\frac{v_c^2}{2g} + \zeta\frac{v_c^2}{2g} \qquad (8.21)$$

现设 $H_0 = H + \alpha_0\dfrac{v_0^2}{2g}$ 为包括行近流速水头的堰上水头，又令 $h_{c0} = kH_0$，k 是修正系数，它取决于堰口的形状和过水断面的变化，α_0 与 α 为相应断面的动能修正系数，ζ 是局部阻力系

数，代入上式，得

$$v_c = \frac{1}{\sqrt{\alpha+\zeta}}\sqrt{1-k}\sqrt{2gH_0} = \varphi\sqrt{1-k}\sqrt{2gH_0} \tag{8.22}$$

$$Q = v_c h_c b = v_c k H_0 b = \varphi k\sqrt{1-k}b\sqrt{2g}H^{3/2} = mb\sqrt{2g}H_0^{3/2} \tag{8.23}$$

式（8.23）为宽顶堰溢流的基本公式。

式中　　b ——堰宽；

$\quad\varphi$ ——流速系数，$\varphi = \dfrac{1}{\sqrt{\varepsilon+\zeta}}$ ，局部阻力系数 ζ 与堰口形式和过水断面的变化有关；

$$\tag{8.24}$$

$\quad m$ ——流量系数，$m = \varphi k\sqrt{1-k}$ 。 $\tag{8.25}$

m 取决于堰口形式和相对堰高，别列津斯基（Бере3иНСКИЙ.А.Р，1950 年）根据实验提出如下经验公式：

（1）矩形直角进口宽顶堰［见图 8.15（a）］

当 $0.3 \leqslant \dfrac{P}{H} \leqslant 3.0$ 时 $\qquad m = 0.32 + 0.01\dfrac{3-\dfrac{P}{H}}{0.46+0.75\dfrac{P}{H}} \tag{8.26}$

当 $\dfrac{P}{H} > 3$ 时 $\qquad\qquad m = 0.32$

（2）矩形修圆进口宽顶堰［见图 8.15（b）］

当 $0 \leqslant \dfrac{P}{H} \leqslant 3.0$ 时 $\qquad m = 0.36 + 0.01\dfrac{3-\dfrac{P}{H}}{1.2+1.5\dfrac{P}{H}} \tag{8.27}$

当 $\dfrac{P}{H} > 3.0$ 时 $\qquad\qquad m = 0.36 \tag{8.28}$

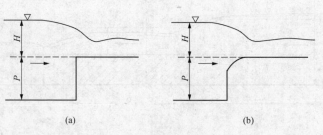

（a） （b）

图 8.15　宽顶堰进口情况

8.5.2　淹没溢流

当堰流下游水位较高时，下游水流顶部高过堰上水流顶部，堰上水深由小于临界水深变为大于临界水深，水流由急流变为缓流，下游干扰波向上游传播，称为淹没式溢流，如图 8.16 所示。

形成淹没溢流的必要条件：下游水位高于堰顶，即 $h_s = h - P' > 0$ 。

形成淹没堰流溢流的充分条件 $\quad h_s = h - P' > 0.8H_0 \tag{8.29}$

淹没宽顶堰出流的溢流量　　　　　　$Q = \sigma_s mb\sqrt{2g}H_0^{3/2}$　　　　　　　　　（8.30）

式中　σ_s 为淹没系数，随淹没程度 h_s / H_0 的增大而减小，见表 8.3。

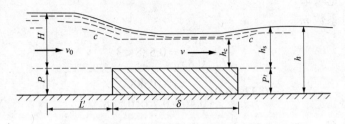

图 8.16　宽顶堰淹没溢流

表 **8.3**　　　　　　　　　　　　　**宽 顶 堰 的 淹 没 系 数**

$\dfrac{h_s}{H_0}$	0.80	0.81	0.82	0.83	0.84	0.85	0.86	0.87	0.88	0.89
σ_s	1.00	0.995	0.99	0.98	0.97	0.96	0.95	0.93	0.90	0.87
$\dfrac{h_s}{H_0}$	0.90	0.91	0.92	0.93	0.94	0.95	0.96	0.97	0.98	
σ_s	0.84	0.82	0.78	0.74	0.70	0.65	0.59	0.50	0.40	

8.5.3　侧收缩的影响

如图 8.17 所示，堰宽小于上游渠道宽 $(b < B)$ 时，水流进堰口后，水流与侧壁发生分离，使堰流的过流断面宽度实际上小于堰宽，局部水头损失增加，堰的过流能力降低，侧收缩的影响用收缩系数表示，自由出流有侧收缩的宽顶堰溢流量为

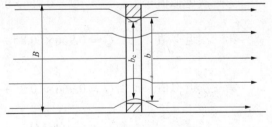

图 8.17　宽顶堰的侧收缩

$$Q = \varepsilon mb\sqrt{2g}H_0^{3/2} = mb_c\sqrt{2g}H_0^{3/2}　（8.31）$$

式中　b_c ——收缩堰宽，$b_c = \varepsilon b$；

　　　ε ——侧收缩系数，与相对堰高 P/H、
　　　　　相对堰宽 b/B、墩头形状有关，
　　　　　对单孔宽顶堰的经验公式为

$$\varepsilon = 1 - \dfrac{\alpha}{\sqrt[3]{0.2 + \dfrac{P}{H}}}\sqrt[4]{\dfrac{b}{B}}\left(1 - \dfrac{b}{B}\right)　\quad（8.32）$$

式中　α ——墩形系数，对矩形墩，$\alpha = 0.19$，对圆弧墩，$\alpha = 0.10$。

淹没式有侧收缩宽顶溢流量为

$$Q = \sigma_s m\varepsilon b\sqrt{2g}H_0^{3/2} = \sigma_s mb_c\sqrt{2g}H_0^{3/2}　（8.33）$$

例 8.4　求流经直角进口无侧收缩宽顶堰的流量 Q，已知堰顶水头 $H = 0.85\text{m}$，坎高 $P = P' = 0.5\text{m}$，堰下游水深 $h = 1.12\text{m}$，堰宽 $b = 1.28\text{m}$，取动能修正系数 $\alpha = 1.0$。

解　（1）首先判明此堰是自由式还是淹没式

$$\Delta = h - P' = 1.12 - 0.5 = 0.62 \text{m} > 0$$

故满足淹没式的必要条件，但 $0.8H_0 > 0.8H = 0.8 \times 0.85 = 0.68 \text{m} > \Delta$，不满足淹没式的充分条件，因此是自由式宽顶堰。

（2）计算流量系数 m

$$\frac{P}{H} = \frac{0.5}{0.85} = 0.588 < 3$$

$$m = 0.32 + 0.01 \frac{3 - 0.588}{0.46 + 0.75 \times 0.588} = 0.347$$

（3）计算流量 Q

$$H_0 = H + \frac{\alpha Q^2}{2g[b(H+P)]^2}$$

$$Q = mb\sqrt{2g}H_0^{1.5} = mb\sqrt{2g}\left[H + \frac{\alpha Q^2}{2gb^2(H+P)^2}\right]^{1.5}$$

在计算中，常采用迭代法解此高次方程。将有关数据代入上式，得

$$Q = 0.347 \times 1.28 \times \sqrt{2 \times 9.8} \times \left[0.85 + \frac{1.0 \times Q^2}{2 \times 9.8 \times 1.28^2 \times (0.85 + 0.5)^2}\right]$$

由迭代式

$$Q_{n+1} = 1.966 \times \left[0.85 + \frac{Q_n^2}{58.525}\right]$$

式中，下标 n 为迭代循环变量，取初值 $(n=0)Q_0 = 0$，得

第一次近似值　　　　　$Q_1 = 0.966 \times 0.85^{1.5} = 1.54 (\text{m}^3/\text{s})$

第二次近似值　　　　　$Q_2 = 0.966 \times \left(0.85 + \frac{1.54^2}{58.525}\right)^{1.5} = 1.65 (\text{m}^3/\text{s})$

第三次近似值　　　　　$Q_2 = 0.966 \times \left(0.85 + \frac{1.65^2}{58.525}\right)^{1.5} = 1.67 (\text{m}^3/\text{s})$

现　　　　　　$\left|\frac{Q_3 - Q_1}{Q_3}\right| = \frac{1.67 - 1.65}{1.67} \approx 0.01$

若此计算误差小于要求的误差限值，则

$$Q \approx Q_3 = 1.66 \text{m}^3/\text{s}$$

（4）校核堰上游是否为缓流

$$v_0 \approx \frac{Q_3}{b(H+P)} = \frac{1.66}{1.28 \times (0.85 + 0.5)} = 0.97 (\text{m/s})$$

$$Fr = \frac{v_0^2}{g(H+P)} = \frac{0.97^2}{9.8 \times 1.35} = 0.071 < 1$$

故上游水流确为缓流，缓流流经障壁形成堰流。

由上述计算可知，用迭代法求解宽顶堰流量高次方程，是一种行之有效的方法，但计算繁琐，可编制程序，用电子计算机求解。

1. 何为堰流？堰流有哪些类型？它们各有哪些特点？如何区分？
2. 明渠流与堰流的主要区别是什么？
3. 何为自由式堰流？何为淹没式堰流？淹没标准是什么？
4. 试用能量方程推导堰流的基本公式 $Q=m_0b\sqrt{2g}H^{\frac{3}{2}}$。
5. 简述薄壁堰的特点。

8.1　一无侧收缩矩形薄壁堰，堰宽 b=0.50m，堰高 $P=P'$=0.35m，水头 H=0.40m，当下游水深各为 0.15、0.40、0.55m 时，求通过的流量。

8.2　设待测最大流量 Q=0.30m³/s，水头 H 限制在 0.20m 以下，堰高 P=0.50m，试设计完全堰的堰宽 b。

8.3　已知完全堰的堰宽 b=1.50m，堰高 P=0.70m，流量 Q=0.50m³/s，求水头 H。（提示：先设 m_0=0.42）。

8.4　在一矩形断面的水槽末端设置一矩形薄壁堰，水槽宽 B=2.00m，堰宽 b=1.20m，堰高 $P=P'$=0.50m，求水头 H=0.25m 时自由式堰的流量 Q。

8.5　设欲测流量的变化幅度为 3 倍，求用 90° 三角形堰及矩形堰时的水头变化幅度。设矩形堰的流量系数 m_0 为常数。

8.6　一直角进口无侧收缩宽顶堰，堰宽 b=4.00m，堰高 $P=P'$=0.60m，水头 H=1.20m，堰下游水深 h=0.80m，求通过的流量 Q。

8.7　设上题的下游水深 h=1.70m，求流量 Q。

8.8　一圆角进口无侧收缩宽顶堰，流量 Q=12m³/s，堰宽 b=4.80m；堰高 $P=P'$=0.80m，下游水深 h=1.73m，求堰顶水头 H。

8.9　一圆角进口无侧收缩宽顶堰，堰高 $P=P'$=3.40m，堰顶水头 H 限制为 0.86m，通过流量 Q=22m³/s，求堰宽 b 及不使堰流淹没的下游最大水深。

8.10　设在混凝土矩形断面直角进口溢洪道上进行水文测验。溢洪道进口当作一宽顶堰来考虑，测得溢洪道上游渠底标高 z_0=0，溢洪道底标高 z_1=0.40m，堰上游水面标高 z_2=0.60m，堰下游水面标高 z_s=0.50m。求经过此溢洪道的单宽流量 $q=\dfrac{Q}{b}$。

第9章 渗　　流

教学基本要求

　　了解渗流的基本概念，水在土壤中的存在状态及渗流分类、渗流模型的概念及使用条件；重点掌握渗流的基本定律——达西定律原理及适用范围；理解渗透系数的定义及渗透系数值的确定方法；了解渗流理论在井和井群实际工程中的应用，潜水完整井、承压完整井及井群的渗流计算问题。

学习重点

　　渗流的基本概念，达西定律原理及适用范围，潜水完整井和承压完整井的渗流计算。

　　液体在孔隙介质中的流动称为渗流。水在土壤或岩石孔隙中的流动，是渗流的一个重要组成部分，简称地下水流动，是自然界最常见的渗流现象。由于岩土空隙形状尺度及连通性各不相同，地下水在不同空隙中的运动状态是各不相同的。地下水在多孔介质中的运动状态根据无量纲的雷诺数区分为层流与紊流。层流是指地下水在运动过程中流线呈规则的层状流动，而紊流是指流线无规则的运动。

　　地下水和地表水都是人类的重要水资源。渗流理论在水利、化工、地质、采掘、环境保护等生产领域广泛应用，在土建工程中，最常遇到的渗流问题一般有如下几个方面：

　　（1）在给水方面，有井（见图9.1）和集水廊道等集水建筑物的设计计算问题。

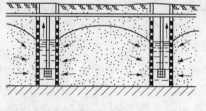
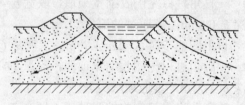

图 9.1　井　　　　　　　　　　　　　　图 9.2　渠道渗漏

　　（2）在排灌工程方面，有地下水位的变动、渠道的渗漏损失（见图9.2）及坝体和渠道边坡的稳定等方面的问题。

　　（3）在水工建筑物，特别是高坝的修建方面，有坝身的稳定、坝身及坝下的渗透损失等方面的问题。

　　（4）在建筑施工方面，需确定围堰或基坑的排水量和水位降落等方面的问题。

9.1　渗流基本概念

9.1.1　水在土壤中的存在状态

　　土壤是典型的孔隙介质，水在土壤中的渗流现象是水和土壤互相作用形成的。根据土壤中的水分所承受的作用力性质和大小，可以把水在土壤中的存在状态分为气态水、附着水、薄膜水、毛细水和重力水等。气态水以水蒸气状态散逸于土壤孔隙中，存量极少，不需考虑。附着水和薄膜水也称结合水，其中附着水以极薄的分子层吸附在土颗粒表面，呈现固态水的性质；薄膜水则以厚度不超过分子作用半径的薄层包围土颗粒，性质和液态水近似。结合水数量很少，在渗流运动中可以不考虑。毛细水因毛细管作用，保持在土壤颗粒间细小的孔隙中，除特殊情况外，一般也可以忽略。当土壤中含水量很大时，除少许结合水和毛细水外，大部分水都是在重力的作用下，在土壤孔隙中运动，这种状态的水称为重力水。重力水是渗流理论研究的主要对象。

9.1.2　岩土分类及其渗透性质

1．均质岩土

均质岩土是指其渗透性质与空间位置无关，可分成：①各向同性岩土，其渗透性质与渗流的方向无关，如沙土。②各向异性岩土，渗流性质与渗流方向有关，如黄土、沉积岩等。

2．非均质岩土

非均质岩土是指其渗透性质与空间位置有关。

本章仅讨论一种最简单的渗流问题——在均质各向同性岩土中的重力水的恒定渗流。

9.1.3　渗流模型

由于土孔隙的形状、大小及分布情况极不规则，要研究渗流在各孔隙通道中的流动情况极其困难，也没必要。实际工程中人们所关心的是渗流的宏观平均效果，而不是孔隙内的流动细节，为此引入简化的渗流模型来代替实际的渗流。

渗流模型是渗流区域（流体和土颗粒骨架所占据的空间）的边界条件保持不变，略去全部土颗粒，认为渗流区连续充满流体，而流量与实际渗流相同，压强和渗流阻力也与实际渗流相同的替代流场。

根据渗流模型的概念，设渗流模型的某一微小过水断面面积ΔA（包括土颗粒面积和孔隙面积$\Delta A'$）通过的实际流量ΔQ，则ΔA上的平均速度，称渗流速度

$$u = \frac{\Delta Q}{\Delta A} \tag{9.1}$$

而水在土孔隙中的实际速度

$$u' = \frac{\Delta Q}{\Delta A'} = \frac{u\Delta A}{\Delta A'} = \frac{1}{n}u > u \tag{9.2}$$

式中：$n = \dfrac{\Delta A'}{\Delta A}$，对于均质土，$n$是土的孔隙度，$n<1$，故渗流速度小于土孔隙中的实际速度。

渗流的速度很小，流速水头$\dfrac{\alpha v^2}{2g}$更小，从而可忽略不计，所以过水断面的总水头等于测压管水头，或者说，测压管水头差就是水头损失，测压管水头线的坡度就是水力坡度，即$J_\mathrm{p}=J$。微小流速不计流速水头，是分析渗流运动规律的前提条件。

用模型渗流取代真实的渗流必须满足以下条件：

（1）对于同一过流断面，模型的渗流量等于真实渗流量。

（2）作用于模型的某一作用面的渗流压力等于真实的渗流压力。

（3）模型中两端的水头损失与真实渗流中两端的水头损失相等。

9.1.4　渗流的分类

在渗流模型的基础上，渗流也可以按欧拉法的概念进行分类，例如，根据渗流空间各点

的运动参数是否随时间变化，可分为恒定渗流和非恒定渗流；根据运动参数与空间坐标的关系，可分为一元渗流、二元渗流和三元渗流；根据流线是否平行直线，可分为均匀渗流和非均匀渗流，而非均匀渗流又可以分为渐变渗流和急变渗流。

除上述分类外，按有无自由水面，还可分为无压渗流和有压渗流。无压渗流的自由水面称为浸润面，水面线称为浸润线。

9.2　渗流基本定律

9.2.1　达西定律

1852～1855 年，法国工程师达西通过试验研究，总结出渗流水头损失与渗流流速、流量之间的基本关系式，即达西定律。

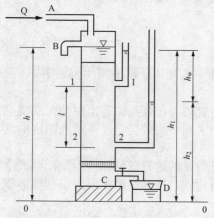

图 9.3　达西试验装置

达西试验装置如图 9.3 所示，一上端开口的直立圆筒，内装颗粒均匀的砂土，上部由进水管 A 供水，并用溢流管 B 以保持水位恒定，渗透过砂体的水通过底部滤水网 C 流入容器 D，并由此测定渗流流量。筒侧壁装有两个间距为 l 的测压管，用以测量断面 1-1 和断面 2-2 上的渗透压强。由于达西试验中的渗流流速很小，流速水头可以忽略，因此断面 1-1 和断面 2-2 的测压管水头差 ΔH 就是渗流在 l 长度的水头损失 h_w，其水力坡度 J 为

$$J = \frac{h_w}{l} = \frac{(h_1 - h_2)}{l} \tag{9.3}$$

试验表明，对于不同直径的圆筒和不同类型的土壤，通过的渗流量 Q 均与圆筒的横断面面积 A 及水头损失 h_w 成正比，与两断面间的距离 l 成反比，并与土壤的渗透性质有关，于是渗流量 Q 为

$$Q = kA \frac{h_w}{l} = kAJ \tag{9.4}$$

或

$$v = kJ \tag{9.5}$$

式中　k ——反映土性质和流体性质综合影响渗流的系数，具有速度的量纲，称为渗透系数；

　　　　v ——渗流的断面平均流速。

达西试验中的渗流为均匀渗流，各点的运动状态相同，任意空间点处的渗流流速 u（点流速）等于断面平均流速 v，由于水力坡度 $J = -\dfrac{\mathrm{d}H}{\mathrm{d}s}$，所以达西定律又可表示为

$$u = v = kJ = -k \frac{\mathrm{d}H}{\mathrm{d}s} \tag{9.6}$$

式（9.5）和式（9.6）称为达西定律，该定律表明，均匀渗流的速度与水力坡度的一次方成比例，因此，达西定律也称为渗流线性定律。后来的大量实验得出，达西定律式（9.6）可以近似推广用于其他孔隙介质的非均匀渗流和非恒定渗流，其表达式为

$$u = kJ = -k \frac{\mathrm{d}H}{\mathrm{d}s} \tag{9.7}$$

9.2.2 达西定律的适用范围

达西定律的适用范围可以用雷诺数来判别。因为土孔隙的大小、形状和分布在很大的范围内变化，相应的判别雷诺数为

$$Re = \frac{vd}{\nu} \leqslant 1 \sim 10 \tag{9.8}$$

式中　v——渗流断面平均流速；

　　　d——土颗粒的有效直径，取 d_{10}，即筛分时占 10% 质量的颗粒所通过的筛孔直径；

　　　ν——水的运动黏度。

为安全起见，可以把 $Re=1.0$ 作为线性定律适用的上限。本章所讨论的内容，仅限于符合达西定律的渗流。

9.2.3 渗透系数

渗透系数 k 可理解为单位水力坡度的渗流流速，其量纲为 $[LT^{-1}]$，它综合反映了土壤孔隙介质和水的相互作用对透水性的影响。渗透系数的大小取决于很多因素，但主要取决于土的颗粒形状、大小、不均匀系数和水温等。一般确定 k 值常用以下几种方法。

（1）实验室测定法。这一方法是在实验室利用类似图 9.3 所示的渗流实验装置，并通过式（9.5）来计算 k。此法施测简易，但不易取得未经扰动的土样。

（2）现场测定法。在现场利用钻井或原有井做抽水或灌水试验，根据相应的理论公式计算 k。

（3）经验公式法。这一方法是根据土壤粒径形状、结构、孔隙率和影响水运动黏度的温度等参数所组成的经验公式来估算渗流透数 k。这类公式很多，可用以做粗略估算。做近似计算时，可查用表 9.1 中的 k 值。

表 9.1　　　　　　　　　　　水在土壤中的渗透系数概值

土 壤 种 类	渗透系数 k（cm/s）	土 壤 种 类	渗透系数 k（cm/s）
黏 土	6×10^{-6}	亚黏土	$6 \times 10^{-6} \sim 1 \times 10^{-4}$
黄 土	$3 \times 10^{-4} \sim 6 \times 10^{-4}$	细 砂	$1 \times 10^{-3} \sim 6 \times 10^{-6}$
粗 砂	$2 \times 10^{-2} \sim 6 \times 10^{-2}$	卵 石	$1 \times 10^{-1} \sim 6 \times 10^{-1}$

9.2.4 裘皮依公式

受自然水文地质条件的影响，无压渗流多为非均匀渐变渗流，并可以按一元流动处理，过流断面可以简化为宽阔的矩形断面。

设非均匀渐变渗流，如图 9.4 所示。任取过水断面 1-1，距该断面 ds，取过水断面 2-2。根据渐变流的性质，过流断面近于平面，面上各点的测压管水头皆相等，又由于渗流的测压管水头等于总水头，则断面 1-1 与断面 2-2 之间任一流线上的水头损失相同，即

$$H_1 - H_2 = -\mathrm{d}H$$

因为渐变流的流线近于平行直线，断面 1-1 与断面 2-2 间各流线的长度都近于 ds，所以过水断面上各点的水力坡度相等，即

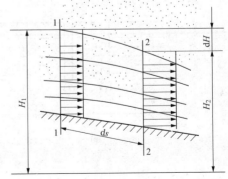

图 9.4　渐变渗流

$$J = -\frac{dH}{ds}$$

根据达西定律，过水断面上各点的流速相等，也等于该断面的平均流速，即

$$u = v = kJ = -k\frac{dH}{ds} \tag{9.9}$$

式（9.9）称裘皮依公式，该公式是法国学者裘皮依在 1857 年首先提出的，公式形式虽然和达西定律一样，但含义已是表征渐变渗流某一过流断面上的平均流速与水力坡度的关系。

例 9.1 测定土壤渗透系数 k 的装置如图 9.3。直立圆筒内径 D=45cm，断面 1-1 和断面 2-2 之间垂直距离 l=90cm，h_1-h_2=80cm，水位恒定时的渗流流量 Q=80cm³/s，土壤的 $d_{10}=1mm$，水的运动黏性系数 $\nu = 0.013cm^2/s$，求土壤的渗透系数 k。

解 以达西公式（9.5）计算 k 值时，必须保证流动的雷诺数 Re 小于 1，现判定这一条件是否满足。

圆管内断面平均流速 $v = \dfrac{Q}{A} = \dfrac{80}{(\pi 45^2/4)} = 0.0503cm/s$，将这一值代入式（9.8），得到

$$Re = \frac{vd_{10}}{\nu} = \frac{0.0503 \times 0.1}{0.013} = 0.387 < 1$$

流动适合达西定律。

式（9.5）中水力坡度 $J = \dfrac{h_w}{l} = \dfrac{h_1-h_2}{l} = \dfrac{80}{90} = 0.889$，最后得到 $k = \dfrac{v}{J} = \dfrac{0.0503}{0.889} = 0.0565cm/s$。

9.3 井 和 井 群

为了开采和疏干地下水，需要应用井、钻孔等建筑物来揭露地下水。在工程中，通常把这些建筑物称为集水建筑物。而井是最常见的用于抽取地下水的建筑物。例如，许多地区打井开采地下水，来满足工农业生产和城乡居民用水的需求；在工程中可以采用打井排水的方式降低地下水位，保证工程顺利进行等。所以，研究渗流在井群中的应用有着非常重要的意义。

按照井所穿入的含水层的不同，可以分为潜水井和承压水井；而按照穿入程度的不同，可以分为完整井和非完整井，井孔如果穿过含水层全部厚度达到不透水层基底，并从全部厚度上取水时则称为完整井，如果井孔只穿入含水层的部分厚度，或者只从部分厚度内取水，则称为非完整井。井的具体分类见图 9.5。

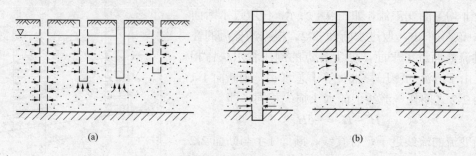

(a)   (b)

图 9.5 井的类型

（a）潜水井的类型； （b）承压水井的类型

9.3.1　潜水完整井

如图 9.6 所示，水平不透水层上的潜水完整井，井的直径为 50～1000mm，井深 200m，深者可达 1000m 以上。

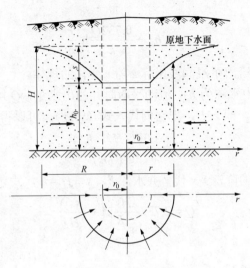

图 9.6　潜水完整井

设地下含水层具有压强等于大气压的无压水平表面，表面与下面不透水层上表面的距离也就是含水层水深为 H。设普通完整井的半径为 r_0，抽水前，井中水位与地下水水面平齐。抽水后，井中水位下降，周围含水层中的地下水汇入井中，地下水水面下降。对任一个确定的井中水深 h_0，都有一个平衡状态，这时汇入井中地下水流量等于抽水流量 Q，由于井中水位不再变化，浸润面形成一个稳定的不随时间变化的对称漏斗状曲面，如图 9.6 所示。在距井中心充分远 R（R 称井的影响半径）处，地下水位可以认为不受影响，水深保持为 H。

在含水层的流动中，除井壁附近，地下水流动的流线大致平行，属渐变渗流。设浸润线上一点坐标为（r，z），这里 r 指讨论点到井轴心线的距离，z 为讨论点水深。浸润线上另一点坐标为 $(r+dr, z+dz)$，在水平距离 dr 上，水的位能差为 dz，在浸润线上两点压强都为大气压，动能可以不计的条件下，dz 等于单位质量水在浸润线上流动微小距离 dr 时的水力损失，因而沿这一流线的水力坡度 $J=\dfrac{\mathrm{d}z}{\mathrm{d}r}$，由于渐变流中各流线大致平行，沿各流线的水力坡度也是这一值，由裘皮依公式可知，在半径为 r、高为 z 的柱面各点处渗流速度 u 都等于

$$u = kJ = k\frac{\mathrm{d}z}{\mathrm{d}r}$$

因而通过这一柱面的流量 Q 应为

$$Q = 2\pi rzu = 2\pi rzk\frac{\mathrm{d}z}{\mathrm{d}r}$$

或

$$z\mathrm{d}z = \frac{Q}{\pi k}\ln r + C$$

积分上式，得到

$$z^2 = \frac{Q}{\pi k}\ln r + C$$

当 $r=r_0$ 时，$z=h_0$，由上式可以得到积分常数 $C=h_0{}^2-\dfrac{Q}{\pi k}\ln r_0$，于是有

$$z^2=h_0{}^2+\frac{Q}{\pi k}\ln\frac{r}{r_0} \tag{9.10}$$

或

$$z^2=h_0{}^2+\frac{0.732Q}{k}\lg\frac{r}{r_0} \tag{9.11}$$

此即浸润线的方程，方程给出了浸润线坐标 z 随 r 变化的规律。

式（9.11）中 Q 指井中水深为 h_0，流动平衡时井的出水量，Q 可以由另一边界条件确定。在 $r=R$ 处，水深不受影响，即 $z=H$，把它们代入式（9.11），可以得到

$$Q=\frac{1.36k(H^2-h_0{}^2)}{\lg(R/r_0)} \tag{9.12}$$

以抽水深（地下水面的降深）s 代替井水深 h，$s=H-h$，式（9.12）改写为

$$Q=2.732\frac{kHs}{\lg\dfrac{R}{r_0}}\left(1-\frac{s}{2H}\right) \tag{9.13}$$

当 $\dfrac{s}{2H}\ll1$ 时，式（9.13）可简写为

$$Q=2.732\frac{kHs}{\lg\dfrac{R}{r_0}} \tag{9.14}$$

井的影响半径 R 与含水层中土壤性质有关，细砂 $R=100\sim200\text{m}$，中等颗粒砂土 $R=250\sim500\text{m}$，粗砂 $R=700\sim1000\text{m}$，R 也可用下面经验式计算

$$R=3000s\sqrt{k} \tag{9.15}$$

或

$$R=575s\sqrt{Hk} \tag{9.16}$$

式中：k 以 m/s 计，R、s、H 均以 m 计。

例 9.2　一水平不透水层上的潜水完整井半径 $r_0=0.3\text{m}$，含水层水深 $H=9\text{m}$，渗透系数 $k=0.0006\text{m/s}$，求井中水深 $h_0=4\text{m}$ 时的渗流量 Q 和浸润线方程。

解　井中水面下降量 $s=H-h_0=9-4=5\text{m}$，由此得井的影响半径 R

$$R=3000s\sqrt{k}=3000\times5\times\sqrt{0.0006}=367.42(\text{m})$$

由式（9.12）得到井的渗流量 Q 为

$$Q=\frac{1.36k(H^2-h_0{}^2)}{\lg(R/r_0)}=\frac{1.36\times0.0006(9^2-4^2)}{\lg(367.42/0.3)}=0.0172(\text{m}^3/\text{s})$$

井的浸润线方程式（9.11）给出，即

$$z^2=\frac{0.732\times0.0172}{0.0006}\lg\left(\frac{r}{0.3}\right)+4^2$$

或

$$z^2=20.984\lg r+26.97$$

9.3.2　承压完整井

如含水层位于两不透水层之间，其中渗流所受的压强大于大气压，这样的含水层称为承

压层或自流层，由承压层供水的井称为承压井或自流井，如图 9.7 所示。此处仅考虑这一问题的最简单情况，即两不透水层均为水平，两层间的距离 t 一定，且井为完整井。凿穿复盖在含水层上的不透水层时，地下水位将升到高度 H（图 9.7 中的 A-A 平面）。若从井中抽水，井中水深由 H 降至 h，井外的测压管水头线将下降形成轴对称的漏斗形降落曲面。

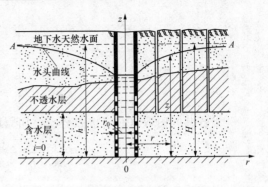

图 9.7　承压完整井

取距井轴 r 处，测压管水头为 z 的过水断面，由裘皮依公式，有

$$v = k\frac{\mathrm{d}z}{\mathrm{d}r}$$

半径为 r 的圆柱形过水断面平坡渗流微分方程

$$Q = Av = 2\pi rtk\frac{\mathrm{d}z}{\mathrm{d}r}$$

式中　z——相应于 r 点的测压管水头。

分离变量，从（r, z）断面到井壁积分得

$$z - h = \frac{Q}{2\pi kt}\ln\frac{r}{r_0} \text{ 或 } z - h = 0.366\frac{Q}{kt}\lg\frac{r}{r_0} \tag{9.17}$$

此即承压完整井的测压管水头线方程。承压完整井产水量 Q 的公式，可在式（9.17）中以 $z=H$，$r=R$ 得

$$Q = 2\pi kt\frac{H-h}{\ln\dfrac{R}{r_0}} = \frac{2\pi kts}{\ln\dfrac{R}{r_0}} \text{ 或 } Q = 2.732\frac{kts}{\lg\dfrac{R}{r_0}} \tag{9.18}$$

水位降深为

$$s = \frac{Q\ln\dfrac{R}{r_0}}{2\pi kt} \tag{9.19}$$

式中　R——影响半径，也可以按前面所述方法确定。

9.3.3　井群

在工程中为了大量汲取地下水，或更有效地降低地下水位，常需在一定范围内开凿多口井共同工作，这种情况称为井群。因为井群中各单井之间距离不是很大，每一口井都在其他井的影响半径之内，由于相互影响，使渗流区内地下水浸润面形状复杂化，总的产水量也不等于按单井计算出水量的总和。

设由 n 个潜水完整井组成的一井群，如图 9.8 所示，A 点是地面上一给定位置点，本节主要讨论 A 处地下水深的求解方法。

设 A 点到各井水平距离分别为 $r_1, r_2, \cdots, r_n$，各井半径分别为 $r_{01}, r_{02}, \cdots, r_{0n}$，各井出水量分别为 $Q_1, Q_2, \cdots, Q_n$。再假定各井单独工作时水深分别为 $h_1, h_2, \cdots, h_n$，由式（9.10），各单独工作井在 A 点产生的地下水深满足

$$z_1^2 = \frac{Q_1}{\pi k}\ln\frac{r_1}{r_{01}} + h_1^2$$

$$z_2{}^2 = \frac{Q_n}{\pi k}\ln\frac{r_2}{r_{02}} + h_2{}^2$$

$$\cdots$$

$$z_n{}^2 = \frac{Q_n}{\pi k}\ln\frac{r_n}{r_{0n}} + h_n{}^2$$

当各井同时取水时，按照势流叠加原理可以导出 A 处水深 z 满足

$$z^2 = \frac{Q_1}{\pi k}\ln\frac{r_1}{r_{01}} + \frac{Q_2}{\pi k}\ln\frac{r_2}{r_{02}} + \cdots + \frac{Q_n}{\pi k}\ln\frac{r_n}{r_{0n}} + C$$

现考虑一各井抽水流量相等的简单情况，即 $Q_1 = Q_2 = \cdots = Q_n = \dfrac{Q_0}{n}$，其中 Q_0 指各井抽水流量之和，这时上式简化为

$$z^2 = \frac{Q_0}{\pi k}\left[\frac{1}{n}\ln(r_1 r_2 \cdots r_n) - \frac{1}{n}\ln(r_{01} r_{02.} \cdots r_{0n})\right] + C \qquad (9.20)$$

下面确定式中常数 C。设井群的影响半径为 R，实际计算时，R 可近似取单井影响半径值。在地面上取一远离井群的点，这点在井群影响半径之外，因此这点地下水不受井群影响，地下含水层水深等于含水层原有水深 H，即 $z = H$ 并可认为各点据其距离 $r_1 \approx r_2 \approx \cdots r_n = R$。

把这些值代入式（9.20），即可求出常数 C

$$C = H^2 - \frac{Q_0}{\pi k}\left\{\ln R - \frac{1}{n}[\ln(r_{01} r_{02} \cdots r_{0n})]\right\}$$

将 C 值代入式（9.20），并改自然对数为常用对数，得到

$$z^2 = H^2 - \frac{0.732 Q_0}{k}\left[\lg R - \frac{1}{n}\lg(r_1 r_2 \cdots r_n)\right] \qquad (9.21)$$

式（9.21）即为 A 处地下水深 z 的计算式，注意式中并未出现各单井水深和半径。

例 9.3　三个潜水完整井布置在边长为 100m 的一等边三角形三顶点，求三角形形心处地下含水层水深 z。三井抽水流量均为 0.01m³/s，单井影响半径 R=500m，土壤渗透系数 k=0.0006m/s，抽水前地下含水层水深 H=8m。

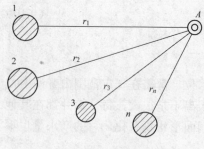

图 9.8　井群

解　三角形形心到各井距离相等，$r_1 = r_2 = r_3 = 57.735$m，$Q_0 = 3 \times 0.01 = 0.03\text{m}^3/\text{s}$，将它们及其他已知量代入式（9.21）右边，得到

$$z^2 = H^2 - \frac{0.732 Q_0}{k}\left[\lg R - \frac{1}{n}\lg(r_1 r_2 r_3)\right]$$

$$= 8^2 - \frac{0.732 \times 0.03}{0.0006}(\lg 500 - \lg 57.735)$$

$$= 29.686(\text{m}^2)$$

故形心处地下含水层水深 z=5.45m。

思　考　题

1．什么是土壤中重力水？

2．何为渗流模型？为什么要引入这一概念？

3．渗流流速指的什么流速？它与真实流速有什么区别？

4．试比较达西定律与裘皮依公式的异同点及应用条件。

5．何为渗透系数？它的物理意义是什么？怎样确定渗透系数值？

6．影响完整井渗流量的主要因素有哪些？

习　　题

9.1　土壤达西试验装置中，已知圆筒直径 D=45cm，两断面间距离 l=80cm，两断面间水头损失 h_w=68cm，渗流量 Q=56cm³/s，求渗透系数 k。

9.2　在实验室中用达西实验装置测定土壤的渗透系数 k，已知圆筒直径 D=20cm，两测压管距 l=42cm，两测压管的水头差 h_w=21cm，测得的渗透量 Q=1.67×10⁻⁶m³/s，求渗透系数 k。

9.3　渗流装置的断面面积 A=37.21cm²，两个断面间距离 l=85cm，测得水头差 ΔH=103cm，渗流量 Q=114cm³/s，求土壤的渗透系数 k。

9.4　如图 9.9 所示，有一断面为正方形的盲沟，边长为 0.2m，底长 L=10m，其前半部分装填细砂，渗透系数 k_1=0.002cm/s，后半部分装填粗砂，渗透系数 k_2=0.05cm/s，上游水深 H_1=8m，下游水深 H_2=4m，试计算盲沟渗流量。

9.5　上题中，如果盲沟中填满渗透系数 k_1=0.002cm/s 的细砂，再次计算盲沟渗流量。

9.6　达西渗流定律和裘皮依公式的应用范围有什么不同？

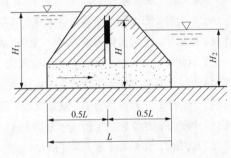

图 9.9　习题 9.5 图

9.7　有一水平不透水层上的完全普通井，直径为 0.4m，含水层厚度 H=10m，土壤渗透系数 k=0.0006m/s，当井中水深稳定在 6m 时，求井的出水量。（井的影响半径 R=293.94m）

9.8　有一水平不透水层上的完全普通井，直径为 0.3m，土壤渗透系数 k=0.00056m/s，含水层厚度 H=9.8m，抽水稳定后井中水深 h_0 为 5.6m，求此时井的出水量。［井的影响半径 $R=3000s\sqrt{k}=3000(H-h_0)\sqrt{k}$ ］

9.9　为实测某区域内土壤的渗透系数 k 值，现打一普通完整井进行抽水试验，如图 9.10 所示。在井的影响半径之内开一钻孔，距井中心 r=80m，井的半径 r_0=0.20m，抽水稳定后抽水量 Q=2.5×10⁻³m³/s，这时井水深 h_0=2.0m，钻孔水深 h=2.8m，求土壤的渗透系数 k。

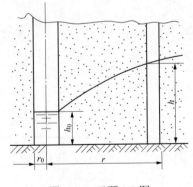

图 9.10　习题 9.9 图

9.10　有一普通完整井，半径为 0.1m，含水层厚度为 8m，土壤的渗透系数为 0.001m/s，抽水时井水深为 3m。试估算井的出水量。

参　考　文　献

[1] 何文杜. 水力学 [M]. 北京：人民交通出版社，2011.

[2] 尹小玲，于布. 水力学 [M]. 3 版. 广州：华南理工大学出版社，2014.

[3] 肖明葵. 水力学 [M]. 3 版. 重庆：重庆大学出版社，2013.

[4] 张维佳. 水力学 [M]. 北京：中国建筑工业出版社，2008.

[5] 张维佳. 流体力学 [M]. 北京：中国建筑工业出版社，2011.

[6] 毛根海. 应用流体力学 [M]. 北京：高等教育出版社，2006.

[7] 刘鹤年. 流体力学 [M]. 北京：中国建筑工业出版社，2001.

[8] 齐清兰，霍倩. 流体力学 [M]. 北京：水利水电出版社，2012.

[9] 龙天渝，蔡增基. 流体力学 [M]. 北京：中国建筑工业出版社，2004.

[10] 李玉柱，范明顺. 流体力学 [M]. 2 版. 北京：高等教育出版社，2008.

[11] 陈卓如. 工程流体力学 [M]. 北京：高等教育出版社，2004.

[12] 刘鹤年. 水力学 [M]. 武汉：武汉大学出版社，2001.

[13] 施永生，徐相荣. 流体力学 [M]. 北京：科学出版社，2005.

[14] 杜广生. 工程流体力学 [M]. 2 版. 北京：中国电力出版社，2014.

[15] 周云龙，洪文鹏. 工程流体力学 [M]. 3 版. 北京：中国电力出版社，2006.

[16] 裴国霞，唐朝春. 水力学 [M]. 北京：机械工业出版社，2007.

[17] 刘占孟，兰蔚. 流体力学 [M]. 北京：科学出版社，2014.

[18] 王烨. 水力学 [M]. 北京：中国建筑工业出版社，2014.